Der
Wintergarten.

Novellen

von

Ludwig Achim von Arnim.

Berlin, 1809.
In der Realschulbuchhandlung.

Zueignung.

Es war an des Orangengartens Pforte,
Wo Dich der Wagen donnernd von mir riß; —
Ich sah ihm nach, — so blieb an diesem Orte
Noch etwas mir auf weiter Welt gewiß, —
Der Wagen schwand, der Schmerz kam nun zu Worte,
Es drückte mich der Thränen Finsterniß:
All was mir lieb, es sind nun bloß Gedanken,
Und was mir nah, es sind der Aussicht Schranken.

Des Tages Auge sah auf mich hernieder,
Gleich wie ein Leu aus einer Wüsteney,
Zerrissen sind die fest verbundnen Glieder,
Als wir beysammen, waren eins wir zwey;
Blieb mir die Stimme nicht der Klagelieder,
Mir blieb ein Herz, zu fühlen, was vorbey;
Die Welt wird eng, das Herz um so viel bänger,
Die Tage kurz und alle Schatten länger.

Da stand am Weg ein Kreuz aus Stein gehauen,
Mitleidig sah vom Kreuz ein Gott herab,
Ich sehnte mich, ihn einzig anzuschauen,
Vor ihm zu knieen, wie der Bettlerknab,
Der mich verließ, dem Gotte zu vertrauen,
Denn Klockenklang versprach ihm höhre Gab;
Da hielt die Welt so zweifelnd mich gebunden,
Ich wär nicht gerne gleisnerisch befunden.

Da stürzt ich mich ins grüne Meer der Bäume,
Das neben mir im Morgenwind gerauscht,
Derselbe Geist erfüllte diese Räume,
Der dort am Kreuze meinen Schmerz belauscht,
Und daß ich nichts von seiner Gunst versäume,
Die Andacht hat die Bilder leicht vertauscht
Ein reiner Dienst hält Kirche im Gemüthe,
Der Geist sich offenbart in Frucht und Blüthe.

So fand ichs dort bey den Orangenreihen,
Der Gärtner pflückte schon die Blüth und Frucht,
Den Vogel hört' ich drüber ziehend schreien
Der Deines Wagens Spuren sehnlich sucht

Was uns gemeinsam freute unter Mayen,
Es zieht Dir nach mit dieses Jahres Flucht,
Die Sehnsucht strahlt manch Bild in meine Seele;
Wem theil' ich's mit, was mich erfreu und quäle?

Es war ein Helm von altem, rostgen Eisen,
Worin der Gärtner seine Frucht gepflückt,
Manch schwerer Hieb ließ sich darauf noch weisen,
Doch schwerer hat ihn schöne Frucht gedrückt;
So must der Helm vor meinen Augen reißen,
Der fest geschmiedet schien und reich beglückt:
Der alten Waffen schwer errungner Segen,
Und schöner Künste Frucht, läßt sich nicht hegen.

Gleichgültig ließ der Gärtner sie da fallen,
Die schöne Frucht, er hatte deren viel,
Da hört ich sie am Boden tönend schallen
Und Schellen schmetterten mit leichtem Spiel;
Ich fand das Tamburin mit Wohlgefallen,
Das unten lag, worauf sie tönend fiel,
Das Schöne ist auf Erden unverloren,
Es klingt zur rechten Zeit, den rechten Ohren.

Es ist so schön in Andern sich verlieren,
Und alles klinget dann erhöht zurück,
So mag die Frucht das Tamburin gern zieren,
Das Tamburin bewahrt mit Klang dies Glück,
Ein Schrecken ist der Klang den wilden Thieren
Und ich bewahr die Frucht vor Wintertück;
Dir reich ich beyde, die ich so gefunden.
O liebe beyde, die mein Glück verbunden.

Wenn wir vereint zum Tempel wieder steigen,
Wer scheidet dann, was jedem lieb am Rhein,
All was uns lieb, das wird sich unser zeigen!
Wird Dir die Frucht des Gartens lieblich seyn,
So ist sie ohne Zueignung Dir eigen
Und wird in Deiner Lust dann doppelt mein;
Des Fernen Trost must Du mit Lust nun lesen,
Denn mir gilt nichts, was mir allein gewesen.

Einführung der Leser.

„Überaus ein edel und hübsche Meinung ist's, sich „in dem Spiegel der alten Historien, die uns von „den Voraltern verlassen sind, zu besehen, uns da- „durch zum Guten zu wenden, das Üble zu fliehen, „Herzen und Gedanken in den Dienst des Allmäch- „tigen zu richten. Darum ich der Ritter von Thurn „also spreche: Meine lieben Töchter, ich bin nun „hinfort mehr alt und krank, habe die Welt mehr „erkundiget und gesehen, denn ihr, darum so will „ich euch ihren Lauf anzeigen nach meinem Ver- „stand, der leider nur schwach ist, aber stark wird „in der Liebe zu Euch. Alles kommt von Gott, „deshalb sey es das erste Werk der Frauen, sobald „sie Morgens erwachen, sein Lob und seine Ehre zu „singen, denn das ist mehr als Bitten und Klagen

„und ein Werk der Engel, die schon beim aufge„henden zarten Morgensterne, dem allmächtigen „Gotte Lob und Ehre singen und erbiethen." — Diese guten Worte eines alten Ritters mögen in diesem verdrießlichen, immer wiederkehrenden Winter, wo allen schönen Kindern Zeit und Weile lang wird, wohl zur rechten Zeit wiederholt werden; doch keinem geziemen sie besser, als der nun zerstreueten, übellaunigen Wintergesellschaft, zu deren Unterhaltung die folgenden Geschichten zusammengebracht wurden, die sehr unzufrieden mit der ganzen Welt, doch immer etwas Neues von ihr wünschte, endlich aber mit allem, was bloß erzählt und nicht geschehen, ganz nachsichtig, aufmunternd, wohlwollend und zufrieden schien. — Die Leser werden mich noch nicht ganz verstehen, wenn sie diese Stimmung nicht selbst einmal durchlebt haben; sie treten in die Thüre, während wir mit einer langen Unterhaltung fast zu Ende gekommen, doch sollen sie nach Pflicht und Herkommen in das frühere Schicksal meines Buchs eingeführet werden, um sein künftiges gnädig zu bestimmen. Somit bin ich genöthigt einen Theil meiner eignen Schicksale zu erzählen. — Auf einer Geschäftsreise nach den Wohnplätzen der alten Lieder holte ich auf einsamem Sandwege, der sich durch einzelne breitgewachsene Kienen fortschlich, einen alten grauen Mann ein, der mit seinem langen grauen Barte, grauem Mantel, grauer Mütze, staubgrauen Stiefeln und grauen Augen, erst nur eine vertiefte Wolke zu seyn schien. Er trug stöhnend einen schweren grauen Kasten und bat mich, ihn mitzunehmen. Wer kann alle Leute fahren lassen, die jetzt Fußreisen machen, den Alten nahm ich indessen mehr zur Unterhaltung, denn aus Mitleiden auf. Als Postgeld mußte er mir seine Geschichte mittheilen, die sonderbar genug lautete. Er hatte einen Kobold zur Einquartirung bekommen, über den er in Verzweiflung sein Haus angezündet. Als er nun diesen einzigen Kasten mit seinen letzten Habseligkeiten auf dem Rücken, sich nach dem Feuer lustig umsah und des Kobolds lachte, dem das Zimmer bald allzustark eingeheizt scheinen mußte, da lachte der Kobold hellaut in seinem Kasten, erschreckte ihn und fragte: Du wirst mich so nicht los, was hilft dir nun dein Abbrennen? liegt der Kasten nicht schwerer auf dir, als sonst das ganze Haus? — Was sollte er machen, von den letzten Habseligkeiten wollte er sich nicht trennen, und so mußte er den Kobold, so schwer er war, mit sich forttragen. Ich wurde natürlich sehr neugierig das Ding zu sehen, und mochte leicht über den Kobold so ungeschickt fragen, wie jener Bürgersmann beim Panorama, ob es lebendig oder ausgestopft. Genug, der gräuliche Alte meinte, der Kobold würde mir sicher einmal vorkommen, und ich nahm es in der Gesinnung Friedrichs, der das mit Recht für einen besondern Teufel hielt, wenn man in die Tasche faßte und nichts darin fände. Der Alte indessen zählte sein Geld in den Westentaschen halbheimlich nach: ich hätte wohl manches noch von ihm erfahren können, was mich nachher überraschte, aber die Unterhaltung ging aus, weil ich an allerlei Zukünftiges dachte, mein großes und einziges Talent der Hoffnung auszukultiviren. Ich hatte in dieser Gattung sehr herrliche Gedanken unterweges, dem Alten wollte ich sie aber nicht mittheilen, er hätte sie für die seinen ausgeben können, jetzt weiß ich kein Wort mehr davon, und der Himmel weiß, welche von mir ausgegangene Seele mit diesem Gedankenkapitale wuchert. Der Leser entschuldige diese mir trostreiche Idee vom Vergessen, da der Wucher gar nicht mehr verboten und den edelsten Männern anständig und gerecht ist.

Endlich bewegte die Frage, was er in der Stadt machen wolle, meine trocknen Lippen, als wir schon die Thore derselben in der Ferne dunkeln sahen; denn der Menschen Werke sehen Abends besonders dunkel aus. Er meinte, daß er diesen Winter nicht überleben könnte, ohne sich selbst zu überleben, was er nun besitze, das wolle er in den Paar Monaten zu seinem besten Vergnügen verpumpeln. Ein sonderbarer Ausdruck, der nach Fulda so viel wie verstoßen, also beinahe so viel wie verlustiren heißt. Dann fragte er mich, wo guter Punsch zu bekommen; ich versicherte ihm, wenn die Straßen auch nicht sonderlich hell erleuchtet wären, damit die Einwohner einander nicht erkennnten, wenn sie Abends sämmtlich einander um Brod anbettelten, so würde er diese Herzensfreude doch überall durch rothe Erleuchtung angekündigt finden. So kamen wir im Dunkel ans Thor, eine Laterne sah uns ins Gesicht, ich freute mich, daß der Soldat wieder eine neue Uniform trug, die ihn warm hielt und sehr bequem saß; mein Reisegefährte nannte sich Winter. Ich war müde und wünschte deswegen des Durchsuchens überhoben zu seyn, ungeachtet ich meine Handlung mit verbotenen Waaren längst zur Ausstattung eines unschuldigen Mädchens abgetreten hatte. Aber der Sucher versicherte immer, des Brod ich esse, des Lied ich singe, und ich hatte kein Brod bei mir. Es wurde alles pflichtmäßig durchsucht, und ich erfuhr in der Zeit, daß die Feinde gerade den Tag durch das Thor abmarschirt wären, und wie die Bürger jetzt in so großer Verlegenheit, wo nun andre Feinde hernehmen, da sich nun einmal jeder darauf eingerichtet. Zuletzt kam es an den Kasten des Alten, den dieser schon auf den Rücken geladen, um davon zu gehen. Vergebens warnte der Alte, sie möchten ihn nicht eröffnen, was sie darin fänden, würde ihnen sehr unlieblich seyn.. Das erregte erst recht die Neugierde; ich wollte auch aus dem Wagen ihm über die Schulter sehen, aber kaum waren die Schlösser eröffnet, so stieg eine solche Schneewolke heraus, oder sank herab vom Himmel, was ich nicht unterscheiden konnte, daß meine Pferde vor Schrecken durchgingen. Was aus dem Alten geworden, wußte ich nicht; als wir der Pferde wieder mächtig, war ich froh ein Wirthshaus zu erreichen und mich in ein Bett zu drücken. Am Morgen sah ich beim Erwachen schon alles zugeschneit; ich lobte nicht den Himmel, ungeachtet ich den Ritter von Thurn schon lange gelesen, es fällt einem so etwas nur nie zur rechten Zeit ein und darum ist das Schreiben gut, weil es langsamer geht als das Leben, und viel Gutes dabei erinnerlich wird. Erst beim Schreiben an alte Bekannte, die ich unter blühenden Pomeranzenwäldern verlassen, fiel mir ein, daß der Alte wohl gar eine allegorische Person, der Winter, ich meine der Repräsentant der Jahreszeit, gewesen sey, den ich so unschuldig und umsonst mitgenommen; dabei blieb's, im Winter macht sich alles kürzer ab, in Gedanken wie auf Wegen. So zog also der Winter ein, wo die Feinde ausgezogen, und meine frohen Erwartungen und Gedanken erstarrten wie der lebendige Strom, der durch die Straße floß. Alles besetzte und bewachte dieser traurige Winter mit seiner langweiligen Heerschaar, sebst wo die kaufmännischen und adlichen Häuser ihre hohen Stirnen, mit mancherlei Bildwerk gekrönt, erheben, hing er seinen weißen Glanzteppich auf, und selbst an dem Boden knirschten die gejagten Füße noch unwillig, daß auch der treue Boden, den selbst die Feinde mußten stehen lassen, seine Farbe angenommen. Sogar meinen Athem fand ich im Dienste des Winters, wie er sich an die Fensterscheiben legte und mir den tröstenden Anblick der Sonne verschloß. Da flüchtete ich mich ins Freye und fand alles so stille, als wenn gar nichts geschehn, die Sträucher traten mir stumm in den Weg, ich hieb mich durch mit meinem Stocke; Krieg oder Frieden, dachte ich, eins von beiden sey nur gewiß, dieser Mittelzustand bringt mich um — meine Ohren. O weh! ich fühlte meine Ohren nicht mehr, die heiligen Zeugen der Ehrlichkeit waren beide erfroren. Die Hände an den Ohren, sprang ich blindlings durch den Schnee, sowohl durch den gelagerten, als auch durch den, der in träger Allmäligkeit erst die Stelle auszusuchen schien, wohin er zu fallen beliebte. So eilfertig kam ich an ein schönes Landhaus, dessen Thür ich aufsprengte, die Stubenthüren waren fester geschlossen; ich trat auf den Hof und rief nach Leuten, da war aber niemand zu sehen, noch zu hören, als eine dichtbeschneite Statue, die bei meinem Anblick schreckhaft aufschrie, davon lief und in einer Seitenthüre verschwand. Ich erschrak erst, als ich alle Schwierigkeiten bedachte, ehe Statuen schreien und laufen lernen. Doch hat das ja so mancher gelernt, von dem es niemand möglich hielt, und die Beine müssen solcher Statue noch mehr frieren als mir, da sie keine Stiefel anhatte, wie ich aus den zierlichen Fußtritten im Schnee abnahm. Nun fühlte ich mit Entsetzen, daß es Geister gebe, wenn auch dies keiner gewesen. Neugierde trieb mich nach, aber die Thüre wurde zugehalten; ich bat dringend mich einzulassen, weil ich von Frost und Verwunderung erstarrt. Endlich öffnete sich die Thüre, ein Mädchen führte mich stumm und verdrießlich in ein neugothisch verziertes Zimmer, das von Sophas durchkreuzt und von einem Kaminofen angenehm durchwärmt war. Ich näherte mich dem Ofen mit Vorsicht, meine Ohren schmerzten, doch glaubte ich, daß die vorangehende Bewegung und Verwunderung, sie schon wieder belebt hätte. Ein schönes Bild in fremder Uniform beschäftigte bald meine Aufmerksamkeit, es standen frische kleine Tulpen in Töpfen davor; eine Flötenuhr fing an sehr traurig aufzuseufzen; eine ansehnliche Frau mit hellbraunen lockigen Haaren, in dunkelrothem Sammtkleide, trat in das Zimmer. Ich entschuldigte meine Zudringlichkeit mit der Noth; von der beweglichen Statue wollte ich nicht anfangen; ich sprach nur von wunderbaren Zeiten, wo alles liefe, nur die Ströme nicht. Sie sah meine Bescheidenheit, und löste mit einiger Verlegenheit das Räthsel. Die bewegliche Statue war sie selbst, sie hatte ihre Dienerschaft fortgeschickt und glaubte das Haus festverschlossen, um ihre Nerven, die durch Unglücksfälle sehr gelitten, in dem gewaltsamen Schneebade zu stärken. Sie hatte in ihrem Wesen viele Güte bey etwas verlebt Heroischem; das Leben schien ihr gleichgültig, aber die Krankheit war ihr verhaßt. Ich versicherte ihr, daß ich leider nichts, als eine bewegte Schneestatue gesehen und den Schnee hätte ich längst über alle Neugierde kennen gelernt, da ich ihn mit dem Winter ins Land gefahren. Sie meinte, daß ihr beydes lieb sey, der Schnee, weil er die Gegend und tausend schmerzliche Erinnerungen umkleide, mein Nichtsehen, weil die schönste lebende Gestalt unsrer Zeit selten dem schlechtesten, plastischen, alten Kunstwerke zu vergleichen würdig. — Das klang sehr modern, doch machte uns diese gemeinschaftliche Liebhaberey an alten Kunstwerken bald vertraulicher, auch siedelt sich jeder, der von Reisen kommt, gerne an; ich blieb ohne eingeladen zu seyn. Es kamen allerley Bekannte der gnädigen Frau. Zuerst ihre schlanke Schwester, ein sehr kluges Mädchen, die ihr manchen guten Rath gab, geistig ohne geistreich zu seyn, alles im Ebenmaaß zwischen Seele und Körper; da etwas Aehnliches unter Männern sehr selten, so hatte sie nie geliebt und war doch Männern gewogener als den Frauen; thätige Meisterin in der Stickerey, nahm sie wenig lauten Antheil an unsern

Unterhaltungen, doch war sie durch Theeeinschenken eine immerwährende Wohlthäterin. Dann folgte ein junger Invalide auf einem hölzernen Beine; die Ueberlegenheit seines ganzen Wesens bewährte das Anspruchlose seines Spotts, auch zog er sich selbst meist vielmehr auf als andre, indem er seine rege Aufmerksamkeit gegen die Frau vom Hause zu verstecken suchte; wir werden ihn bald näher kennen lernen. Nach ihm trat der magere Gesandte eines Hofes, der gar nicht mehr vorhanden, mit einer gelehrten Schauspielerin ein, die als Frau von Grundsätzen galt und ihren Ruf mit vielem Sprechen nicht aufs Spiel setzen wollte. Unbemerkt wischte ein Frauenzimmer zur Thür hinein, das genial genannt wurde, sie gab mit dem ersten Händedrucke einige Schneebälle in die Hände der Freundschaft. Noch kam ein sehr gesundes Fräulein, die schon vielen treflichen Jünglingen den Korb gegeben, weil ihre grosse Augen prüfend jedermann zu Erklärungen auszufordern schienen; was man in ihrer Nähe immer zuerst empfand, war der Wunsch, so einer von den guten alten Herren zu seyn, denen kein Mädchen einen Kuß versagt, weil sie in unschuldiger Gewohnheit sind, alle Mädchen zu küssen. Sie war begleitet von einem kranken Mädchen, die gerne alle Intriguen andrer hörte und besorgte, weil langes Leiden und Schwäche sie von allem eignen Antheil frey sprach und ihr das Recht einer Verheiratheten gab. Es war nur ein Gesetz in der Gesellschaft, das aber strenge beobachtet wurde, nichts Bestimmtes von den Begebenheiten der Zeit zu reden und dafür allerley Geschichten aus andern Zeiten und Ländern zu sammeln, die dann gemeinschaftlich genossen wurden, entweder frey vorgetragen oder abgelesen. Die meisten wünschten eine oder die andre dieser Erzählungen zu besitzen, das ward mir Veranlassung sie zu sammeln und abdrucken zu lassen. Die übrigen Leser entbehren nun freilich des besondern Interesse, auch mancher Beziehung, die zu weitläuftig wäre auseinanderzusetzen, doch ist das nur für Nebensachen bedeutend, auch wird der Gescheidte sie leicht aus den allgemeinen angegebenen Verhältnissen der Zuhörer errathen, — es giebt einen Gott, der den Finger auf den Mund legt. Sey es mir wenigstens erlaubt, ihr guten Töchter des Ritters von Thurn, in den Einleitungen Eure Gesinnungen durch den doppelten Schleyer Eurer Bescheidenheit und meiner Rückhaltung durchscheinen zu lassen, zugleich sage ich Euch meinen Dank für das antheilende Zuhören, das ganz den Geschichten hingegeben, die Vorleser vergaß, mit allen ihren Fehlern. So oft ich vorgetragen, mußte ich im Beginnen von Hochachtung gegen euch beengt, meinen Rock aufknöpfen; aber von euren aufmerksamen Augen belebt, zum Schlusse keck dramatisiren, was ich ganz trocken und verloren hingeben wollte. Wahrhaftig, ich überraschte mich oft selbst und verlor mich so ganz in den Geschichten, daß ich beym Aufhören, wie jene verschüttete Schweizerin, stille in mir dachte, der jüngste Tag sey schon angebrochen, bis mir die bekannten lieben Angesichter wieder zusprachen mit neuer Freude, — und es war noch nicht aus mit der Welt. — Tausend Leser wie ihr, theilnehmend und gütig, und die deutsche Lesewelt wäre nimmermehr verloren und verrathen.

Erster Winterabend.

Die Liebesgeschichte des Kanzler Schlick und der schönen Sienerin.

Nach einer alten Erzählung.

Gnädige Frau! Sie werden es nicht übersehen haben, wie gern ich Sie oft angesehen. Ihre Ähnlichkeit mit einem mir sehr werthen Gemälde war nicht der einzige Grund, mehr wirkte noch das reizend Zusammenstimmende aller Ihrer Bewegungen, die von einer neuen, alles beherrschenden Sehnsucht erfüllt waren. Sie waren unendlich reizend als Sie liebten und Sie verlieren jetzt täglich von Ihren Reizen, nun Sie nicht mehr lieben. Ich bitte Sie gnädige Frau um Ihrer Schönheit willen, vergessen Sie entweder den Flüchtling ganz, den die Ehre in entfernte Gegenden geführt zu den stolzen Spanierinnen, oder sterben Sie vor Sehnsucht, oder lieben Sie einen andern, oder lieben Sie die Tugend. Und wenn Sie gerade keinen andern und keine Tugend wissen, die Sie lieben möchten, lieben Sie mich, und lieben Sie die Tugend in mir: ich bin die Tugend des Mitleidens um Ihre Schönheit, die noch als lebendige Gestalt vor mir steht, während sie auf Ihren Wangen nur als eine halb vergessene Erinnerung noch für kurze Nachsommertage zu weilen und in die Vergangenheit umzublicken droht. Besinnen Sie Sich und finden Sie mich dann noch immer allzuhäßlich, so verschmähen Sie wenigstens meinen Trost nicht, den ich Ihnen aus gutem Herzen und alten Geschichten zusammengelesen. Sie werden finden, daß Ihnen nichts Besonderes widerfahren mit dem Adjudanten des Marschalls, dem Sie als Gefangenen eine milde Zuflucht in Ihrem Hause gestatteten und der Sie als Sieger verließ, zwar klagend und ewige Treue verlobend, aber Sie wissen besser als ich wie er die in Paris gehalten. Sie möchten nun gern wissen, woher ich das alles weiß, aber meine Gnädige, ehe Sie mich nicht lieben, verrathe ich das nicht: genug, es ist kein Brieflein von Ihnen, das ich nicht abgeschrieben, ich erinnere nur des Zeichens wegen an jenen, worauf Uniformknöpfe gesteckt waren, ferner an das kleine braune Mahl, wo Ihr Herz pocht, an die Verkleidung, wie Sie als Straußermädchen bey der großen Parade neben Ihrem Liebling standen, der das Ehrenkreuz erhielt, wie gingen Sie nachher so eilig mit ihm in seine Wohnung! Sie sehen der Verräther schläft nie, oder hat er auch geschlafen, worüber Sie vielleicht keine Nachricht geben wollen, so schlafe ich nicht, ich lasse alles drucken, wenn Sie meine Hand nicht durch einen Händedruck lähmen. Doch Scherz beiseite, der sich für Ihre Trauer und für meine Gutmüthigkeit nicht schickt, Sie sehen wohl, wir leben nicht mehr in der guten Ritterzeit, für die ich Sie durch häufiges Vorlesen des Heldenbuchs vorbereiten wollte, wo Reisen und Kriegsunternehmungen nur darum ausgeführt wurden, um Liebe aufzusuchen und in ihrem Dienste nur einmal im Leben aber ganz allen Schmerz und Freude, Hoffnung und Trostlosigkeit zu einer ewigen Treue zu häufen. Wenn Sie aus diesem hellen Traume mitten in der dunklen Nacht unsrer Zeit aufgewacht sind, wo in tausend Mißgriffen der eine nicht sein Zimmer, der andre nicht sein Bett finden kann und alles in trostloser Mannigfaltigkeit gestört und verwirrt wird, so trösten Sie Sich damit, daß diese Verwirrung auch schon sehr alt gewesen, älter als alle dreieckigte Hüthe in der Welt. Sie werden das nicht glauben wollen, es scheint Ihnen alles einzig, lesen Sie darum diese Geschichte aus der Zeit des Kaiser Sigismund, die Liebesgeschichte seines Kanzler, des Ritters Caspar Schlick, wie sie der Papst Pius der Zweite beschrieben, er, als ein Geistlicher, wird alles Unanständige vermieden haben, ich habe nur ausgezogen, damit ich der meuchelmörderischen Stichelei nicht beschuldigt würde. Vielleicht gelingt es mir, Sie und viele unsrer Landsmänninnen in ihrer Liebe künftig patriotischer zu machen, sie ganz der vaterländischen Jugend zuzuwenden: ein ählicher Zweck wie in den Römischen Elegieen, in den Venezianischen Epigrammen, in der Fiammetta und in der Corinna. Europa ist zu mannigfaltig ausgebildet um sich einer Leidenschaft ganz zu ergeben, wir stehen nun einmal gar nicht mehr auf der Erde wie die andern Welttheile, sondern, von diesen auf dünnem Seile in der Luft getragen, sey es unser Bemühen wie gute Seiltänzer, wo wir der Menge unvermeidlich als fallend erscheinen, uns am höchsten von dem Seile aufschnellen zu lassen; das feste Bestehen ist doch einmal nicht möglich. So sehe ich Sie, gnädige Frau, wie Sie nach dem Lesen dieser Geschichte aus dem Halbdunkel Ihres Zimmers und Ihrer Traurigkeit aufspringen, mir entgegen eilen, Sie kennen den hüpfenden Gang meines hölzernen Beines, mir in die Arme fliegen und alle unpatriotischen Liebesgedanken vergessen, die wie fliegende Brücken über wilde Ströme, je reissender diese die Länder scheiden, desto schneller die getrennten Bewohner zusammen führen. Jetzt hat aber der Eisgang die Brücken und Ihren Geliebten fortgerissen. — Sie sehen, seit ich Invalide geworden, weiß ich recht schöne Betrachtungen anzustellen.

Der Invalide.

Das gesunde Fräulein behauptete am Schlusse des Briefes, das wäre boshaft, und der Invalide müßte knieend Abbitte thun. Wir kennen uns besser, sagte die Frau vom Hause, und gab ihm die Hand. Sie gäben viel darum, wenn Sie nicht über das Rührende lachen müßten, weil Ihnen sonst die Augen wehe thun. — Und mein hölzernes Bein bleibt doch von Holz, fügte er hinzu und las weiter.

Curial und Lukrezia.

Als Kaiser Sigismund zum erstenmal in Siena eintritt, da war ihm, wie jedermann noch weiß, ein Pallast bey St. Marthens Kirchlein zugerichtet, und als demselben die Ehre geistlicher Ordnung und Heiligkeit dort gebracht war, kamen ihm vier Frauen entgegen: Sigismund, wiewohl alt von Jahren, war doch schnell und behend in Begierden, hatte viel Anredung und Kunde der Frauen, und war ihm nichts kurzweiliger als Angesichter hübscher Weiber, darum als er die ersah, sprang er von dem Pferde und kehrte sich um gegen seinen mitkommenden Diener Curial und sprach: Habt ihr je dergleichen Frauen gesehen, ich zweifle ob es seyen menschlich Angesicht oder englisch? Die Frauen neigten ihre Augen gegen die Erde, und als viel sie schämiger wurden, als viel wurden sie schöner und hübscher gesehen. Denn von Röthe, die sich auf ihren Wänglein ausbreitete, gaben sie solche Farbe, als gut Indisch Helfenbein, geröthet in dem Blute der Purpurschnecke. Doch leuchtete vor allen Lukrezia, eine Jünglingin unter zwanzig Jahren, dem überreichen Menelaus vermählt, der unwürdig war, daß solch ein Demant in seinem Hause dienen sollte, aber wohl würdig, daß ihn sein Hausfrau machte, als man spricht, zu einem gehörnten Hirsche. Ihre Gliedmaßen an Gerade und Länge die andern übertrafen. Ihr Haar war dick und lang und von Farbe gleich dem Golde, zierlich geflochten und aufgebunden. Ihre Stirn hoch und von gebürlicher Weite, ihre Augbraunen bögleinweis gestellt, mit wenigen aber dichten schwarzen Haaren, ihre Augen leuchteten darunter wie die Sonne, die zugleich die Gesichter der Menschen mag erheben, letzen und blenden. Ihre Nase nicht nach dem Senkbley gesetzt, schied doch die rosenfarbnen Wänglein in gleicher Mensur und Maße. Nichts war lieblicher und lustiger als diese Wänglein, denn so oft die Frau lachte, wurden kleine Grüblein zu beyden Seiten gefället. Niemand sah sie, der nicht begehrte sie zu küssen, ihr Mund war klein und roth zum Einbeissen, ihre Zähne klein, iu gleicher Ordnung gesetzt und dazwischen lief ihr Zünglein mit lieblicher Rede und süßem Gesang hell und klar, recht wie die Weisse ihrer Kehle und ihres Halses. Ihre äussere Gestalt gab zu merken, die Geschicklichkeit ihrer innern Form und Vernunft, so daß niemand sie sah, der nicht ihren Mann anfeinden mochte. Ihre Ehrbarkeit ergötzte sich nicht, wie viele Frauen thun, mit strengem Angesicht, sondern mit fröhligem Antheil in tugendhafter Mäßigkeit. Ihre Kleider waren mannigfaltig und war da kein Mangel an Hefteln, Gürteln, die Zierung des Hauptes auch wunderbar mit vieler Zusammenfügung des Goldes und Edelgesteins in dem Kranz wie an den Fingern.

Unter den Frauen, die dem Kaiser vor dem Pallast entgegentraten, war auch Kathrina Petrusy, die über wenig Tage darnach starb. Der Kaiser war bey ihrem Begräbniß gegenwärtig und ihren Sohn vor dem Grabe, wiewohl er noch ein junges Kind, mit Ritterschaft begabte. War auch die Leiche der Kathrina gar schön und wundersam geziert, so wendeten sich doch alle Augen, wohin sich Lukrezia wendete, wie Orfeus mit seinem Getöne Steine und Wald mit sich gezogen. Doch einer von allen ward mehr als gebürlich mit Ansehen in sie geführt, Eurial (Schlick), ein Ritter aus Franken, Liebling des Kaisers, seines Alters zwey und dreissig Jahr, nicht fast langen Leibes, aber einer fröhligen, gütigen Gestalt mit lieblichen leuchtenden Augen, stets zu Gnaden und gütiger Tugend gerichtet. Die anderen Hofleute waren durch langes Umziehen an Gelde entblößt, aber Eurial, der reich war und durch die Freundschaft des Kaisers viel zum Geschenk erhielt, erschien von Tag zu Tag köstlicher, mit vielen Dienern in Kleidern von Golde und karmesin Sammt, auf Pferden mit glänzendem Geschirr. Auch hatte er Musse, die man gebraucht zu der sanften süssen Hitze und grossen Kraft des Gemüthes, die wir Liebe nennen, darum gesiegte in ihm Muthwille, daß er seiner selbst nicht mächtig war und die Lukrezia ansehend sie inbrünstiglich lieb zu haben anhob. Nun waren daselbst viel junge Männer, hübscher tugendlicher Gestalt, aber allein diesen thät Lukrezia in sich erwählen. An diesem Tage wußte keiner von des andern Gesinnung, sondern jedes meinte umsonst lieb zu haben. Als die geistliche Erbiethung geendet war und Lukrezia heim kam, ist ihr Gemüth ganz geführt in Eurial, sie vergaß, daß sie vermählet war und haßte ihren Mann und redete mit sich selbst: „Mir hilft nicht mehr sein freundlich Hälsen und Umfahen, noch weniger freut mich sein Küssen, sogar seine Worte mich verdriessen; zu aller Zeit ist vor meinen Augen die Bildung und Gestalt des fremden Menschen, der heut dem Kaiser allernächst gewesen. Ein andres rathet leibliche Anfechtung, ein andres mein Gemüth, ich weiß welches das Bessere ist, aber dem Bösen folg ich. O hochgelobte Bürgerin, was willst du mit einem fremden Pilgrim thun?“ — Das wußte sie aber auch recht bald sich zu sagen. „Warum nicht. Wage ich's und gebe Hülfe der Liebe, entweder wird er bleiben bey mir hier oder aber, so er hinweg zieht mich mitnehmen mit sich, um ihn verlasse ich Mutter, Mann und Heimath. Meine Mutter ist zu aller Zeit widerwärtig gewesen meiner Freude, und lieber will ich eines Mannes mangeln, als den meinen haben, der mir aufgezwungen, als ich noch von nichts wußte. Heimath? Wo noch Lust zu leben, da ist Heimath.

Nachrede? Was soll mir der Menschen Rede, die ich nicht höre!" —

Das Haus der Lukrezia lag zwischen des Kaisers Hofe und Eurials Herberge, so daß er nicht zu Hofe kommen konnte ohne Lukrezien in hohen Fenstern zu sehen und immer erröthete sie, so oft sie ihn ersehen mochte, welches den Kaiser zuletzt mitwissend machte dieser Liebe. Denn als er nach seiner Gewohnheit jetzt hin und her spazieren ritt, vermerkte er die Frau verändert werden in Erwartung Eurials, der ihm stets folgte. Da kehrte sich der Kaiser um gegen ihn und sprach: „Eurial, thust du hier den Männern ihre Weiber entrichten, die Frau hat dich lieb!" — Und als er zu dem Haus Lukreziens kommen ist, bedeckte der Kaiser mit seinem Huth Eurials Augen und sprach: „Ich will mich an deiner Statt brauchen." Darauf antwortete Eurial: „Was Zeichen ist das, Kaiser? Ich habe keinen Handel mit ihr, dieses aber ist unsicher zu thun, denn die umstehenden Leute argwöhnen möchten." — Es ritt Eurial ein apfelgraues Pferd, ausgezeichnet durch starken Hals mit dickem Kamme, auf die rechte Seite geworfen, der kleine Kopf winkte mit den Ohren, der kurze Bug und ein feister Rücken und eine kecke Brust zeigten seine Stärke, und so man trompetet, stand es mit Kunde ganz still, ausgenommen daß es den reichen Zaum unter seinen Nasenlöchern stets kauend bewegte, dann auch mit festem Horne seines Fußes und lautem Getöne die Erde umwühlte. Diesem Pferde glich Eurial, so oft er Lukrezien ansichtig ward. Als aber Lukrezia ihn oft gesehen und ihre inbrünstige Liebe nicht mehr meistern mochte, gedachte sie, wem zu vertrauen. Da war unter ihres Mannes Knechten ein alter Deutscher, Sosias, und als der Kaiser wieder mit großer Schaar seiner Edeln vorbeyritt, da sprach zu ihm Lukrezia: Wo findet man unter allen Völkern dergleichen Leute, so geraden Leibes mit aufrechten Achseln, gelben Haares, löblichen Angesichts, milchfarbenen Halses, wohin sie sich kehren, was starke Brüste, das ist ein ander Geschlecht der Menschen als unser Erdreich hat geboren, es ist ein Same der Götter. O daß das Glück von diesen mir einen Mann gegeben! — Begehrest du eines? fragte Sosias. — Von allen, antwortete sie, niemand als Eurial, ich weiß nicht mit welcher Liebe ich werd gebrennet. — Da ermahnte sie Sosias zur Keuschheit: Durch dieses mein graues Haar und durch diese Brust itzund voll Sorgen und durch meine treue Dienste begehr ich, brich ab und lösche solche Ungestümigkeit.“ Auf das Lukrezia redet: Ich werde dir zu Willen. Mein Urtheil ist gesetzt zu sterben. — Ich leids nicht, sprach Sosias, wir wollen den Eurial versuchen! — Sosias meinte mit falscher Freude die Frau also zu führen, bis der Kaiser hinweg wäre. Darum er oft gleissnet zu Eurial gegangen zu seyn und sagte, wie sich dieser der Frauen Liebe freute und suchte

Ort und Zeit, wie sie möchten zusammenkommen. Um doch nicht ganz zu lügen, redete er einmal den Eurial an und sprach: „O wüßteß du, wie lieb du hier gehabt bist!“ Und da der fraget, wer es wäre, sagte er ihm nichts weiter. Aber Eurial mit dem Bogen der Liebe getroffen, erkannte den Sosias nicht und meinte ihn nicht gesandt von Lukrezien, wie wir denn alle geringes Hoffen haben in großer Begierde. Oft strafte er sich selbst für diese also: Eurial, was ist die Gewalt der Liebe, langes Weinen, kurzes Lachen, wenig Freude, viel Furcht. Was hängst du an diesem Lugen. Ich Armer thu umsonst diesen Dingen widerstreiten. Wer ist ein größerer Buhler gewesen als unser Kaiser? — Immer schloß er: Liebe überwindet alle Dinge. Ein schwarzes Turturtäublein wird lieb gehabt von einem gelben Vogel! — Als nun dies also gesestet und beschlossen worden, suchte er eine alte Kupplerin, der er einen Brief gab an Lukrezien. „Ich entböte dir gern, Lukrezia, Gruß und viel Heil, aber alles Heil meines Lebens hängt an dir. Was Liebe sey, habe ich vorher nicht gewußt, du hast mich ihrer Gewalt unterworfen, dich hab ich lieb Tag und Nacht, dein begehr ich, dir ruf ich, dein wart ich, von dir gedenk ich, dich hoff ich, von dir ergötz ich mich, dein dein ist mein Gemüth, bey dir bin ich ganz. Du magst mich im Leben erhalten oder tödten, schreib mir, und sey gegen mich nicht härter in Worten, als du gewesen bist mit Augen.“ —

Die Kupplerin traf Lukrezien allein und redete zu ihr: Diesen Sendbrief schickt dir der edelste und mächtigste Liebhaber, der an dem Kaiserlichen Hofe seyn mag. — Diese Frau war aber in mancherley Büberey bekannt, darum es Lukrezien leid that, daß eine solche Frau zu ihr gesandt wäre und strafte sie mit Worten: Welche Unsinnigkeit hat dich geführt in dies hohe Haus, was hält mich, daß ich dir nicht falle in die Haare, gieb her den Brief, daß ich ihn zerreisse und verbrenne. — Sie nahm das Papier, zerriß das in viele Stücke, trat darauf, warf sie in die Asche, und jagte die Frau zur Thür hinaus. Lukrezia aber, da das alte Weib hinwegkommen war, suchte die Stücklein des Sendbriefs und setzte zusammen die zerrissenen Worte, und da sie daraus einen leserlichen Brief gemacht und den zu tausendmalen gelesen hat, küßte sie ihn zu tausendmalen und zuletzt wand sie ihn in ein seiden Tüchlein und legte ihn unter ihre köstliche Kleinodien, jetzt dies Wort und dann jenes Wort nachsuchend, lesend und erwägend, wodurch ihre Liebe von Stund zu Stund wuchs. Doch schrieb sie an Eurial: „Ich bin nicht die, als du meinst, oder der du solche Frauen schicken sollst, mir soll keine andre Liebe nachfolgen, denn die fromm, ehrbar und keusch. Gott pfleg dein in Gesundheit!" — Das alte Weib hingegen trat zu Eurial und sprach: Die Frau hat dich mehr lieb als sie von dir lieb gehabt wird, sie küßte das Papier wohl tausendmal. So gab sie Ursache, daß andre Briefe für und wieder gesendet wurden. Eurial befliß sich mit inbrünstiger Begierde Italiänisch zu lernen, und ward darin in kurzer Zeit fertig. Bald schrieb er ihr: „Sie solle nicht zum Argen merken, daß er ihr eine verrufene Frau geschickt, weil ihm als einem fremden Manne solches unwissend begegnet; das Hübsche der Gestalt ein lustsam Gut wäre, wo aber nicht Zucht und Scham beywohnte, da wäre sie unwürdig, blöd und hinfallend." Und schickte ihr mit diesem Briefe einige Geschenke. Lukrezia schrieb darauf: „Daß du mich lieb habest, achte ich nicht groß, denn du nicht der erste bist, den meine Gestalt hat betrogen, viele und andere haben mich lieb gehabt, aber wie derselben Arbeit ist umsonst gewesen, also die dein. Mit dir Worte haben mag ich nicht und wills auch nicht, weun du keine Schwalbe bist, kannst du mich nicht finden, denn alle Thore sind beschlossen. Die Gaben habe ich empfangen, denn mich ergötzt ihre künstliche Arbeit, doch damit es nicht als ein Pfand der Liebe scheine, so schicke ich dir einen Ring, daß er bey dir sei als eine Bezahlung, der Edelstein in dem Ringe ist nicht minder kostbar als Deine Gaben. Gott pfleg dein."

Eurial schrieb also hinwieder. Mich betrübet, daß du meine Liebe zu dir so klein achtest, denn obwohl dich viele lieb haben, so liebt doch keiner wie ich, aber du glaubst das nicht, denn ich kann nicht mit dir zu Reden kommen. Wollte Gott daß ich möchte werden ein Schwälblein, aber lieber möchte ich werden ein Floh, daß du mir nicht möchtest beschließen dein Fenster. Mir thut es nicht so leid, daß ich ausgeschlossen bin, als daß du mich nicht einlassen willst, da ich doch nichts zu thun begehre, als nach deinen liebsten Willen, und ob du mir befiehlst zu gehen in ein Feuer, ich vollbrächts. Wie willst du mich tödten mit Worten, während du mir das Leben giebst mit deinen Augen, sprich daß du mich lieb habest, und ich bin selig. Dein Ring kommt nicht von meinem Finger, und ich mache ihn an deiner statt naß mit meinen Küssen, verschmähe nicht die kleinen Gaben, die ich dir schicke. Gott pfleg dein, gieb mir Kurzweil, die du vermagst." — Hierauf schrieb Lukrezie folgenden Sendbrief:

„Ich wollte gern dir zu willen werden, denn das wäre wohl würdig dein Adel, ich will geschweigen wie wohl mir gefällt deine Gestalt und dein Angesicht, voll aller gütlichen Tugenden. Aber mir ist nicht zu nutze, daß ich lieb hab, ich bekenne mich selbst, wenn ich anheb lieb zu haben, so halte ich weder Maaß noch Regel. Du magst hier nicht lange weilen, so möchte ich dein, wenn ich das Spiel kenne, nicht mangeln noch entbehren. Du würdest mich nicht mit dir hinwegführen, doch könnte ich nicht bleiben. Mich können warnen viel Frauen, die von fremden Liebhabern sind verlassen. Ihr Männer seyd eines festeren Gemüths und möget diese ungestüme Anfechtungen eher stillen, denn wir Frauen.

Eine Frau, wenn sie in Liebe anhebt zu wüthen, so mag allein das Ende solcher Liebe im Tod erfolgen, denn Frauen nicht allein lieb haben, sondern in Liebe unmenschlich wüthen und wo sie rechte Wiedervergeltung finden, so achten sie weder Rede, Leumund, noch Leben; allein ist unsre Arzney, wenn uns der Wille des liebgehabten Menschen geschieht, und fürchten kein Übel, so uns geschieht um unsrer Begierde. Darum ist mir von edeln Frauen gerathen, daß ich mir verschließe den Weg der Liebe, besonders gegen dich, der du nicht hier bleiben magst. Wenn du mich so lieb hast, als du sprichst; so sollst du nicht an mir suchen noch begehren, das mir zum Tode gereichen würde. Für deine Gaben schicke ich dir hiebey ein gulden Kreutz mit Perlen geziert, und wiewohl es klein ist, so mangelt es doch nicht der Kunstbarkeit." —

Als Eurial diesen Brief empfangen schwieg er nicht, sondern war mit neuer Geschrift entzündet:

„Gott grüße dich, mein einiges Gemüth, das mich selig machet mit Briefen, ob du wohl etwas Gallen darunter hast vermischet, so hab ich sie doch oft gelesen und oft geküsset. Wolltest du meine Liebe mindern, so solltest du nicht also deine Kunst erweisen. Darum sind es unnütze Worte, mit denen du bittest, daß ich aufhöre dich zu lieben. Bitte daß alle Berge in die Thäler kommen, und alle Bäche rückwärts fließen, als du bitten magst, daß ich dich nicht lieb habe; eben so leicht mag die Sonne von ihrem Umlauf ablassen. Ist's, daß hohes Gebirge des Schnees, das Meer der Fische, und der Wald der Thiere entbehrt, dann werde ich dich vergessen. Es ist nicht klein und leicht den Männern, als du meinst, die Flamme der Liebe zu löschen, was du deinem Geschlechte zugiebst, das geben wir dem unsern auch. Hat fremder Männer Liebe viele Frauen betrogen, so kann ich dir auch viel Männer nennen, die von Frauen sind ungebührlich betrogen. Denke nicht der Dinge die widerwärtig sind unsrer Liebe, du sollst mich auch nicht fremd nennen, dieweil ich wahrlich mehr Bürger bin als die, so hier geboren, denn jene macht der Glücksfall, mich aber freye Wahl dazu, und sollte ich auch von hierr eisen, so wird doch meine Wiederkehr schnell seyn. Ich werde auch nicht mehr in deutsche Lande kommen, sondern meine Sachen einrichten, um so lange bey dir zu bleiben. als du magst. Es sind viele kaiserliche Geschäfte in diesem Lande, die werden mir dann übergeben, dies Amt will ich mir erwerben; so wenig ich leben mag ohne Herz, so wenig ohne dich. Je wohlan, erbarm dich doch zuletzt deines Liebhabers, ich wundre mich selbst, wie ich so viel Pein mag erleiden, so viele Nächte ungeschlafen bleiben und so viele Tage in Fasten. Hätte ich dir Vater oder Mutter getödtet, du hättest nicht größere Pein an mir vollbringen mögen. Es ist noch wenig was mir Seele und Leib zusammenhält, ach meine Lukrezia, meine Frau, mein Heil, meine Zuflucht empfang mich in Gnaden.

Gott pfleg dein. Ich bin ein Thurm, der inwendig gebrochen ist, und aussen scheint fest, du bist meine Hofnung und meine Furcht.“ —

Lukrezia ist durch diese Worte überwunden worden, da eröfnete sie ihm ihre Liebe: „Ich mag dir nichts mehr versagen, noch widerwärtig seyn. Ach mir Armen, daß ich deine Briefe empfangen. Ist daß du mich verlassest, so bist du ein Wütherich, Verräther und ein allerböster aller Menschen. In allen Dingen ist anzusehen das Ende. Ich als eine Frau verstehe wenig, du aber als ein Mann mußt Sorge tragen für mich und für dich. Ich geb mich jetzt dir und folge nach deiner Treu und hab dir auch nichts anders zu sagen, als daß ich ewig dein sey. Gott pflege dein meine Hülfe und Führer meines Lebens.

Nun war beyder Begierde, wie sie zusammen kämen, aber das war schwer, denn Menelaus hütete seine Lukrezia streng, ein Laster, das alle Italiener haben; die Frauen aber am liebsten des begehren was ihnen am meisten ist verboten, und sind ungezähmte Thiere, die keinen Zaum leiden. Lukrezia hatte einen Bruder, war ein Bastard, den hatte sie mitwissend gemacht, um Briefe an Eurial zu bringen. Dieser Bastard wohnte bey seiner Stiefmutter, die Lukrezia oft besuchte, bey der sollte Eurial in einer Kammer verschlossen liegen und wenn die Mutter zur Kirche gegangen sollte Lukrezia kommen um sie zu besuchen, ihrer warten und Eurial sprechen. Das wurde zwey Tage voraus festgesetzt, die schienen den liebhabenden Menschen ein Jahr; aber die Mutter bemerkte diesen Vorsatz, beschloß ihr Haus an dem Tage vor ihrem Stiefsohn, welches den Eurial nicht minder als die Lukrezia beleidigte. Sie vertraute darauf ihre Heimlichkeit dem Pantal ihres Mannes Schwager und indem sie sich von allen Seiten bedachten, mußte Eurial nach Rom reiten um mit dem Papst zu reden, welches den Eurial nicht minder als die Lukrezia beleidigte. Er blieb da zwey Monat, in welcher Zeit Lukrezia ihre Fenster nicht öfnete und Trauerkleider anlegte. Und sie stand erst auf von ihrem Bette, als sie hörte daß Eurial wiedergekommen und der Kaiser ihm entgegenritt. Da legte sie an ihre vorige Zierden und schloß auf ihre Fenster des Kommenden in Freude zu warten. Und als der Kaiser dieses sah sprach er zu Eurial: „Nun mehr ist es kein verborgen Ding, in deiner Abwesenheit hat niemand Lukrezien gesehn, jetzt ist sie auf bey der Morgenröthe. Niemand mag den Husten verbergen!" — Dazu Eurial redet: „Du schimpfst Kaiser, als du gewohnt bist mit mir und willst mich führen ins Gelächter; die Pracht deiner Mitreiter und der Pferde Wiehern haben sie vielleicht erweckt." — Und da er das also geredet, blickte er heimlich und verstohlen Lukrezien an und warf A u g e n i n A u g e n. Das war nach seiner Wiederkunft beyder Trost und Ergötzung.

Über wenig Tage darnach, als Nisus ein treuer Diener Eurials geflissen war in der Sache zu helfen, fand er eine Schenke hinter Menelaus Hause, die hinten eine Aussicht hatte in Lukreziens Kammer. Darum machte er sich den Weinschenken zum Freund und führte Eurial dahin. Es war zwischen beyden Häusern ein enges Gäßlein, wohin weder Menschen noch Sonne je kommen mochten, da war Lukreziens Fenster drey Ellenbogen von ihnen entfernt, und da saß der Liebhaber lange. Endlich kam Lukrezia und als sie hin und her sah, redete Eurial: Was thust du Regiererin meines Lebens, wohin kehrst du deine Augen, du mein Herz, meine Wollust, ich bin hier, mich sieh, hier bin ich! — Bist du aber hier, sprach Lukrezia, o du mein Eurial bist du hier, o wollt Gott, daß ich dich auch möchte umfahen. — Das will ich bald, sprach Eurial, hier will ich eine Leiter anlehnen, du schließest auf deine Schlafkammer, wir haben viel zu lange die Freude unsrer Liebe verzogen. — Davor hüte, antwortet Lukrezia, willst du mich in Ehren und Seligkeit behalten, es ist hier zur Rechten ein Fenster unsers allerbösesten Nachbarn, es ist auch dem Weinschenker nicht zu trauen, der um wenig Geld dich und mich in den Tod gäbe. — Darauf sagte Eurial: aber diese Geschichte ist auch mein Tod, es sey denn, daß ich dich umhalse. — Viele und lange Worte haben sie so gewechselt und sind auch einige Gaben verehrt worden. Dem Sosias sagte nachher Lukrezia, der ihr diese Liebe ausreden wollte: „Es ist also wie du sagst Sosias, du bist bisher, ich weiß nicht wie, immer widerwärtig gewesen meinen Begierden. Du weißt wie sehr ich brenne, ich mag die Flamme nicht mehr leiden. Hilf mir, daß wir bey einander seyn mögen. Eurial ist krank von Liebe und ich sterbe; es ist nichts schädlicher, als weiter unsrer Begierde zu widerstreben; wenn wir einmal zusammenkämen, würden wir uns mäßiger liebhaben, und unsre Liebe bliebe versteckt; darum gehe hin und sage Eurial den einzigen Weg, wie er zu mir kommen möge. Das ist über vier Tagen, wenn die Bauern das Korn bringen, dann muß er sich anthun wie ein Träger und sich bedecken mit einem Sack, und das Korn eine Leiter hinauftragen in die Kornschütte, so wird er meine Schlafkammerthür, als die erste Thür gegen die Leiter finden, da will ich allein seyn und warten, klopf du an die Thür, und dann geht er zu mir. Als Sosias sah, daß er sie nicht davon abbringen konnte, fürchtete er größeres Übel, wenn er die Sache nicht selbst gleich auszuführen übernommen. Eurial schätzte alles für leicht und klagte über nichts als über das lange Warten. O blinde Begierde des durstenden Gemüthes und du unerschrockenes Herz, was ist so groß, daß es euch nicht klein dünkte, was so schwer und krumm, was ihr nicht leicht schlichtet, was verschlossen, das ihr nicht eröffnet; keine Satzung des rechten Lebens und keine Furcht kann euch zwingen und keiner Scham seyd ihr gebunden; alle andre Arbeit ist euch ein Schimpf und die schwerste eine Kurzweile. O Liebe du Zähmerin und Zwingerin aller Dinge, du kannst den allerstrengsten Mann, den Liebling des Kaisers, den reichsten, den vornehmsten, den gelehrtesten Kanzler dazu bringen, daß er über seine seidnen Purpurkleider einen Bauernkittel warf, und auf sich legte einen Sack, sein Antlitz mit dunkeln Farben bedeckte, und aus einem Herrn wird er ein Knecht; der gezogen ist in allen Wollüsten, trägt auf seinen Achseln schwere Last für geringen Lohn, und sich zum Verkehr mit den Bauern noch anbetteln muß. Als die Sonne zu diesem Tage ihren ersten Schein gab, ersah schon Lukrezia den Eurial, der sich selbst selig meinte mit schnöden Knechten vermischt und nicht erkannt zu seyn. Darum vollführte er alles fleißig, belud sich mit Korn und ging in Lukreziens Haus und als er sich des Korns auf der Schütte hat entladen, war er unter den Absteigern der letzte, klopfte an die Thüre der Kammer und eilte hinein. Und als er die Thür zugemacht, fand er Lukrezien allein sitzen bey einem blauseidnen Netze und da er näher hinzutrat, sagte er: Gott grüß dich Herzblut meines Lebens hab ich dich jetzt alleinig funden, mag ich dich jetzt umhalen, wie ich allwegen begehrt. Jetzt ist keine Wand, keine Fernung und keine Weile zu Irrung unsrer Küsse. — Lukrezia, wiewohl sie diesen Anschlag gemacht hatte, erschrack doch bey dem ersten Zugang und meinte einen Geist zu sehen, als eine Frau die nicht gemeint hatte, daß sich ein solcher treflicher Mann solcher Sorgfältigkeit unterwinden würde. Aber als sie zwischen Halsen und Küssen Eurial recht erkannt, redete sie: Du mein armes Männlein, bist du nicht hier mein Allerliebster. Da drückte sie seine Wänglein, umfing den Menschen fester und küßte ihn mitten an seine Stirne; und bald wiederum sprach sie: In wie große Sorgen bist du eingegangen, jetzt weiß ich, daß ich dir die Allerliebste bin, jetzt hab ich dich versucht und wahrlich deine Liebe gegen mich empfunden, und nimmer sollst du auch mich anders finden; Gott wird das Schifflein lenken worauf die Liebe fährt und schönen Wind ihm schenken daß es zum Haven kehrt: So lang der Geist regieret, soll kein anderer mein gewaltig seyn, denn unbillig nenne ich meinen Ehemann, der mir wider meinen Willen gegeben und den mein Gemüth nie hat begünstiget. Aber wohlan meine Wollust, meine Freude, meine Kurzweile, wirf ab deinen Rock und zeige dich mir wie du bist, laß fallen die Vorhänge, daß ich sehe meinen Eurial. — Und als er nun die Unlust der Kleider abgezogen, schien er darnach in Carmesinsammt mit Golde gleich einem Fürsten und eilte darauf schnell zu gehn in das Amt und die Wirkung der Liebe. — Da klopfte Sosias an die Thür und sprach: Hütet euch, ihr liebhabenden Menschen, Menelaus kommt eilend, ich weiß nicht, was er sucht. Da sprach Lukrezie: Es ist ein heimlich Behältniß unter meimem Bette, allda sind kostbare Kleinodien drin, da wirst du auch sicher seyn; aber hüte dich, daß du dich nicht bewegest, räuspelst oder hustest.“ — Eurial war zweifelhaft, was er thun sollte, aber doch that er nach der Frauen Gebot. Und als sie die Thür wieder aufgethan, ging sie wieder zu ihrer Arbeit in Seide. Da kam Menelaus mit Berthus und suchten einige Briefe zu der Stadt gemeinem Nutzen, und als solche Briefe in keinem Schreine, Kruke oder Kiste gefunden, sagte Menelaus: Sind sie vielleicht in unserm geheimen Behältniß unter dem Bette, Lukrezie bring Licht, wir wollen darin suchen. Eurial erschrak und ward krank und aller Kräfte entsetzt und hub jetzt an Lukrezien zu hassen, und redete in sich selbst also und sprach: Wehe mir Thoren, wer hat mich gezwungen herzukommen, denn meine Leichtigkeit. Nun bin ich ergriffen, komme um meine Ehre und um des Kaisers Gnade. Aber was klag' ich des Kaisers Gnade? Ich muß gewiß sterben. Will Gottes Hülfe mich hier erlösen, so soll mich keine Liebe wieder umstricken und fahen. Lukrezia hat mich nicht lieb gehabt, sondern als einen Hirsch in ein Netz gelockt. Gott schone meiner Jugend. — Doch Lukrezie war nicht minder in kümmerlicher Angst, aber in solchen Sachen ist der Frauen Verstand gach und schnell, sie sprach Lieber Mann, da ist ein Lädlein oben am Fenster, ich bin eingedenk, daß ich etliche Briefe vorzeiten dahingelegt, ich will zusehen ob sie allda noch liegen. — Und lief hin und schloß das Lädlein auf und ließ es heimlich oben herab aus dem Fenster fallen und rief dann: O weh lieber Mann, lauf daß wir nicht Schaden haben, daß wir nicht Brief und Kleinodien verlieren, ich will oben zusehen, daß keiner etwas davon nimmt. — Menelaus und Berthus liefen eilig herab auf die Gasse, das Haus war aber hoch, so daß Eurial Zeit genug hatte seinen Ort zu ändern und sich in einem andern Behältniß zu verbergen. Als sie aber jene Briefe und Kleinodien aufgelesen hatten, aber die rechten Schriften nicht fanden, gingen sie zu dem Behältniß, worin Eurial gelegen, und als sie daselbst gefunden hatten, was sie begehrten, so fanden sie auch, daß es ganz warm darin wäre, darüber hielt Berthus einige Schimpfreden an Lukrezien, von wegen des Ehebettes das darüber stand, auch wollte sie Menelaus freundlich umhalsen, was sie aber in Vorwand der Geschäfte von sich wies. Und da gnadeten sie Lukrezien und gingen weg; Berthus aber stieß noch mit seiner Degenspitze an das Behältniß, wo Eurial verborgen, daß er ein Astloch einstieß, also daß es beynahe mußte aufgeschlossen werden um den Degen ohne Schaden auszuziehen. Als aber Lukrezie den Riegel vor die Thür geschoben, redete sie: Geh hervor, mein einziges Gemüth, geh hervor du höchste Freude, du Auswahl aller Kurzweilung, jetzt ist unsre Rede ein offnes freyes Feld, jetzt ist in unserm Umfahen ein sichrer Staat;

das Glück wollte uns widerwärtig seyn, aber Gott hat nicht wollen so treue Liebe verlassen, komm in meine Arme du meine Lilje und Rose. Was bedenkst du dich und umfahe deine Lukrezie. — Eurial entledigte sich zuletzt der Furcht, ging hervor Lukrezien zu umfahen und sprach: Kein solcher Schrecken ist mir je begegnet, aber du bist würdig deinetwegen solches zu leiden. Es wäre auch nicht billig, sollte ich so süßes Küssen umsonst haben und nicht zu theuer ist es erkauft. Wenn ich nach dem Tode tausendmal lebendig werden könnte, tausendmal möchte ich so sterben. O mein Glück, du bist kein Gespenst und kein Traum, weder hab ich dich betrogen, noch bin ich betrogen. Aber zwar du bist's, Lukrezia, bekleidet mit einem dünnen Gewande, das ohne Falten deinem Leibe anliegt zum schönen Erkennen, dabey der schneeweisse Schein deiner Kehle, das Licht der Augen wie Sonnenglanz, dein Antlitz fröhlig und muthig, das Gelächter in deinem Munde süß, lieblich und mäßig; jetzt nehmen wir zusammen die Frucht der Liebe." — Die Frau widerstand ihm und sprach: daß er solle hüten ihre Ehre, da sie nichts anders begehre denn freundlich Reden und Küssen. Eurial schmollte: Thörigt ist es ohne Werk bösen Leumund einzugehn. — Ach, sprach Lukrezie, es ist Sünd! — „Es ist Sünd, sprach Eurial, des Guten nicht zu brauchen, so man wohl thun mag." — Also siegte er ohne daß ihm die Frau widerstanden; die Liebe gab ihnen keine Sättigung, sondern Durst, aber Eurial war eingedenk der Sorgen, darum schied er ab ohne Lukreziens Willen. Und als Eurial heimging als Kornträger, wunderte er sich selbst und redete in sich: O daß mir jetzt der Kaiser käme und mich würde erkennen? Wie würde er mein spotten in diesen Kleidern? Er hörte nicht auf bis er wüßte, was ich damit gethan, aber ich erdächte, wie ich bey einer andern Frau gewesen, denn er diese selbst auch lieb hat.

Da er so mit sich selbst redete, sah er Stephan, Michael und Achat, seine Diener neben sich vorüberstreichen, die ihn nicht erkannten; so kam er in seine Herberge und legte die Kleider ab. Da dachte er nach über den Handel und alle Gefahr. Weh mir, das hat mein Vater mir unterwiesen, daß ich mich auf keiner Frauen Treue verlassen solle. Aber Lukrezie kann liebhaben, sie hat mir das Leben erhalten, ihr gehört es nun; aus dem verschloßnen Hause wäre kein Ausgang gewesen. Du hast meines Lebens Macht und meines Sterbens Gewalt! O weiße Brust, o süsse Zung, o behende Vernunft, o Marmorglieder, wann soll ich euch wiedersehen! Achat rief er, es ist gar nichts, was du an dieser Frau schönes gesehen, wollt Gott du wärst bey mir gewesen, so schön ist sie über alles Erwarten, meine Freude ist größer gewesen als mit Worten zu sagen. — Doch Lukreziens Freude war viel minder, da sie verschwiegener seyn mußte ihres Glücks und niemand durfte vertrauen, denn vor Scham sie dem Sosias die Dinge auch nicht sagen durfte.

Zu der Zeit begab es sich, daß Bakter ein Reisiger von edlem Geschlechte Lukrezien anhub lieb zu haben und weil er hübsch war, meinte er auch wiederum von ihr liebgehabt zu werden und daß nur ihre Scham ihm widerstünde; sie aber thät alle Männer mit gütigem Angesicht lieblich ansehen. — Die Frauen in Siena sind gewohnt das Kirchlein der hochgelobten Jungfrau, Betlehem genannt, oft zu suchen; dahin ging auch Lukrezie mit zween Jungfrauen und einem alten Weibe. Bakter folgte ihr nach in seiner Hand Violblumen mit verguldeten Blättern tragend, in deren Stiel er einen Buhlbrief hätte verborgen, die bot er ihr; Lukrezie wollte es aber nicht empfahen. Darzu ein altes Weib redete: Nimm hin Fraue, was fürchtest du dich, wo keine Furcht ist, es ist ja klein, womit du diesen Ritter magst beruhigen. Lukrezie folgte dem alten Weibe und empfing den Violenstrauß, und als sie ein klein wenig fürbas gingen, gab sie ihn einer Jungfrauen. Der begegneten zwey Studenten, die erbaten sich die Blumen und fanden den Buhlbrief. Das Volk der Studenten war vorher unsern Frauen fast lieb gewesen, bis des Kaisers Hof nach Siena kam, da wurde dieses Volk verhaßt und verspottet, und den Frauen gefiel mehr das Geräusch der Harnische als die Höflichkeit der Zuschriften; hievon entstand viel Neid und

Zwietracht, die langen Mäntel und kurzen Kappen suchten allwege den reisigen kurzen Kleidern zu schaden. Darum als die List des Violenstraußes offen ward, gingen sie zu Menelaus, der den Brief las, nach Haus lief, und es mit Geschrei erfüllte, Die Hausfrau leugnete, daß sie Schuld habe, erzählte und ließ das alte Weib zeugen. Man geht zum Kaiser, beschickt eine Klage, Bakter wird gerufen, derselbe begehret Gnade und schwöret mit einem Eide, daß er fürhin mit Lukrezien nie mehr Buhlschaft suchen wolle, aber so viel mehr es ihm nun verboten, als viel fleißiger hing er nun diesen fruchtlosen Liebesflammen nach. Es kam der Winter, der die warmen Winde entließ und die kalten Borne verschloß. Der Himmel warf Schnee in die Gassen und die Jünglinge warfen Schneebälle in die Fenster. Bakter schloß einen andern Buhlbrief in einen Schneeball und warf ihn öffentlich in Lukreziens Fenster. Das gemeine Leben des Menschen bedarf des Glückes Gunst; das widerstrebende Glück führte den Schneeballen statt in die Hände der Lukrezie an ein Feuer, der Schnee schmolz, da lag der Brief offen vor Menelaus und einigen alten Weibern, dadurch entstand eine heftige Verfolgung gegen Bakter, der dieser durch die Flucht entging. Diese Liebschaft kam dem Eurial zunutze, weil Menelaus immer auf jene Acht hatte; darum ist so schwer zu bewahren, was von vielen wird lieb gehabt und was von vielen wird angefochten.

Diese liebhabenden Menschen, Eurial und Lukrezie, bitten jetzt nach ihrem ersten Brautlauf der andern Hochzeit beyzuliegen.

Es war ein Gäßlein zwischen dem Hause der Lukrezie und ihrem Nachbarhause, wo man nachts mit quergestemmten Beinen leicht ansteigen konnte. Eurial ging in unscheinbarer Kleidung dahin, und verbarg sich nach Sosias Anleitung in dem Heu des Menelaus, das da in einem Stalle lag. Da kam Dromo, ein andrer Knecht des Menelaus und nahm Heu mit der Gabel von Eurials Seite und hätte auch noch mehr genommen und Eurial mit der Gabel getroffen, wäre nicht Sosias hingetreten: Bruder gieb her, will schon den Rossen Futter geben, du lug nach dem Nachtessen, weil der Herr aus ist; die Frau ist besser als er, die ist fröhlig und mild. Ja, sagte Dromo, zu keiner Zeit uns wohl ist, so der Herr hier ist, und leidet selbst Hunger, um uns mit Hunger zu peinigen, damit wir die verschimmelten Brodstücken essen. Und Sosias sprach: Die Faden des Lauchs zeichnet er, und die kleinen Fische in der Brühe mit Zwiebeln zieht er einen ganzen Monat herum. Wie viel besser ist die Frau. Ich will ordentlich fürsehen, sagte Dromo, und den Tisch statt der Pferde striegeln, der Herr hat mit mir kein Wort geredet, als ich ihn heute aufs Land bracht, als daß er diese Nacht nicht zu Hause käme. Ich hätt mir längst einen andern Dienst gesucht, wenn mich nicht die Frau mit ihren

Morgensuppen hätte behalten. Diese Nacht wollen wir alles verzehren, was der Herr spart. — Eurial hörte das gern; ob er wohl dachte, daß es seine Knechte jetzt eben so auch ihm machten. Da ging Dromo fort und Eurial stieg mit Sosias Hülfe die Mauer hinauf, als die Stunde gekommen. Lukrezie saß allein am Feuer und wartete sein mit Speise und Trank, so sah er sie durchs Fenster und stieg in ihre offenen Arme. Da ging es Kuß um Kuß und mit vollen Segeln zur Liebe, und das Schiff war freundliche Speisung und Trinken. Aber kaum hatten sie eine fröhlige Stunde gehabt, da kam Sosias, die Wiederkehr des Menelaus verkündend, Eurial suchte mit der Flucht zu entkommen. Lukrezie, nachdem sie den Tisch versteckt, trat sie dem Mann entgegen. O lieber Mann, wie bist du so recht gekommen! Was machtest du so lange auf dem Lande? Immer fürcht ich, daß du eine andere lieb habest. Komm und iß zu Nacht, ehe wir schlafen gehen. — Dies war in dem Saale, da das Hausgesinde war gewohnt zu essen, doch Menelaus hatte auf dem Lande gegessen und wollte gleich schlafen gehen. Du hast mich nicht lieb, sagte Lukrezie, seit du ausgewesen hab ich nicht gegessen noch getrunken; die Meyer von Besalia haben guten Trebianer gebracht, komm mit in den Keller und versuch, ob er süß sey. — Und nachdem sie das geredet, nahm sie eine Laterne in die rechte, den Mann an die linke Hand und ging in den untersten Keller und versuchte und trank so lange, bald aus diesem bald aus jenem Fasse, bis Eurial sicher davon gekommen wäre, und ging also zuletzt mit ihrem Manne zum unwilligen Schlafe. Eurial kam um Mitternacht heim, des andern Tags sah er das Fenster zugeschlagen mit Brettern, denn wie er die Gelegenheit bald gefunden, so fand der Mann auch bald die Sorge darum. So war die Nacht verdorben und auch die Gelegenheit zum Gespräche, und Blicke und Briefe blieben ihnen allein wie beym Anfange ihrer Buhlschaft.

Endlich berief Eurial auf Anregung Lukreziens den Pandal, des Menelaus Schwestersohn zu sich, ging mit ihm in ein entferntes Gemach und sagte ihm: Sitz nieder, ich habe dir eine große Sache zu vertrauen, doch weil du fromm und treu bist, so hab ich dich lieb und ich weiß durch meine Diener, mit denen du in Freundschaft gekommen, daß auch du mir geneigt bist. — Pandal erfreute sich höflich dieser Ehre und da erzählte ihm Eurial von der Macht der Liebe nach alten Erzählungen der Heiden, endlich von sich und Lukrezia, dann fuhr er fort. Ich bin hold geworden Lukrezien und habe sie innerlich lieb, und das ist nicht meine Schuld, sondern Schickung des Glücks, in dessen Hand die Welt steht. Andre Frauen reitzen wohl die Männer dazu, aber ich meinte, als ich ihre Augen angesehen, daß mir wohl nie geziemen werde, sie zu lieben, nun suchen wir beyde einerley Arzney um unser Leben zu retten; Bruder hilf, schaff daß wir nur einmal zusammenkommen mögen, der Drache bewacht das goldne Flies nicht so strenge, wie Menelaus und sein Bruder die Frau. Komme deinem Blute, komme deinem Bruder zu Rathe, so verheiß ich dir bey meiner Treu, daß du zum Pfalzgrafen mit allen deinen Nachkommen gemacht werden sollst. — Als Pandal dies gehöret, schmollte er ein wenig, dann redet er: Ich habe diese Dinge lange gemerkt, wollte Gott sie wären nie geschehen; ich will keinen Dank von dir, was ich thue geschieht, um die Ehre unsres Geschlechts zu erhalten. Ich weiß, daß Lukrezien nicht mehr zu rathen ist, die sonst so keusch und weise vor allen andern war. Du sollst durch meine Hülfe heimlich zu ihr kommen. — Gott behüt dich, antwortet Eurial, es sey wie es will, mein Dank bleibt dir doch und der hohe Titel." — Pandal schied mit dem Versprechen alles zu vollbringen und je weniger er sich stellte, als ob er der Würde achte, desto mehr ergötzte sie ihn und die Freundschaft eines so angesehenen Mannes. Gar manchem gefällt der Spruch: Woher du das habest fragt niemand, sondern wie viel hast du, fragt jeder; und so alle Kisten voll sind, so begehrt man des Adels, der also erlangt nichts anders als eine Belohnung der Bosheit ist. Unser Pandal ist es mit üppigen Werken der Buhlerey geworden, seine Söhne wissen nichts mehr davon.

Wenige Tage nach diesem Gespräch war ein Streit

unter den Bauern, daß Menelaus hinauskommen sollte, ihn zu schlichten. Da sprach Lukrezia: Mein Mann du bist ein schwerer Mensch und blöde deines Leibes, und traben deine Pferde hart, warum entlehnst du nicht etwa einen Zelter? — Und als er darauf fragte, wo man einen fände, antwortete Pandal: irre ich nicht, so hat Eurial einen fast guten, willst du, so will ich ihn darum bitten. — Bitt ihn, sprach Menelaus. Eurial aber gebeten, hieß den Zelter gleich hinführen und nahm das zu einem Zeichen künftiger Freuden und redete in sich selbst heimlich. Du steigest auf mein Roß Menelaus, du steigst auf mein Roß ha ha! — Um fünf Uhr sollte Eurial in der Gasse seyn, und gute Hoffnung haben. Menelaus war fort, der Nacht Finsterniß überzog den Himmel, die Frau wartete in ihrer Schlafkammer des Zeichens, und hörte doch weder Gesang, noch ein Räuspern. Die Stunde war vorgerückt und Achat rieth dem Eurial, daß er hinwegziehe, sie wären betrogen. Es ward dem Liebhaber schwer zu scheiden und doch hörte er den Pandal nicht singen. Pandal sang nicht, denn Menelaus Bruder war in dem Hause geblieben und durchsuchte alle Irrgänge, daß keine Untreue geschehen möchte. Zu ihm sprach Pandal: wollen wir diese Nacht nicht schlafen gehen, es drückt mir in den Augen, du hast glaube ich die trockne Eigenschaft der Alten, die nicht eher schlafen, bis der Wagen sich zur Mitternachtsseite senkt. — So gehen wir, sprach Agamemnon, weil es dir so bedünkt, doch gebürt sich vor, die Thüren zu besehen. — Er schloß die Hausthür und that den Riegel vor und wollte auch ein großes Eisen vorlegen, das ein Mann nicht heben mochte. Da dachte Pandal: nun ist es aus, legt er mir dieses Eisen vor, und sprach zu ihm: Sind wir nicht sicher in der Stadt? Für Diebe ist es genug beschlossen und für Feinde hilft es doch nicht, ich bin müde und mag mich mit dem Gewichte nicht beladen, darum heb es selbst, oder laß es liegen. — Ade mit guter Nacht, sprach Agamemnon und ging schlafen. Eurial, als er dieses gehorchet, sagte zu Achat: Ich will noch bleiben eine Stunde. — Achat fluchte heimlich des langen Wartens, doch bald sahen sie Lukrezien mit einem Lichte durch die Thürritze, durch die ihr Eurial leise zurief: Gott grüß dich mein herziges Gemüth, Lukrezia. — Aber sie erschrack und wäre beynahe entflohen, darnach sprach sie: Wer bist du? Und ob sie schon seine Stimme erkannte, mußte er ihr doch ein heimlich Wortzeichen geben, dann thät sie mit großer Arbeit das Schloß aufdrehen und die Riegel zurückschieben, konnte aber die Thüre nur einen halben Schuh weit aufthun. Das soll nicht irren, sprach Eurial, und seinen Leib ausziehend, schob er erst die rechte Seite vor und drängte sich zu ihr ins Haus, und thät die Frau inmitten umfassen. Achat blieb draussen auf der Wacht. Aber Lukrezia ward von Furcht und Freude in Eurials Armen ohnmächtig und verlor die Rede und mit geschloßnen Augen ward sie gleich einem todten Menschen, nur Wärme und Pulsschlag blieben ihr. Eurial dachte in sich nach dem ersten Schrecken: Geh ich, so bin ich schuldig an ihrem Tode, daß ich sie in solchem Zustande verlassen, bleib ich, so wird Agamemnon kommen, und ich muß sterben und ihr ist nicht geholfen. — Kein Senf zieht so stark wie die Liebe und so überwand Liebe den Mann, daß er die Sorge des eignen Heils zurücksetzte und bey der Frau blieb. Oft küßte er das Angesicht, das von seinen Thränen naß und sprach: Weh Lukrezia, wo bist du in dieser ganzen Welt, wo sind deine Ohren, warum giebst du mir nicht Antwort, warum hörst du mich nicht? Thu auf deine Augen, ich bitte, lach mir, als du gewohnt bist; ich bins Eurial, dein Herzblut, warum küssest du mich nicht wiederum. Bist du todt, oder schläfst du? Wenn du sterben wolltest, warum hast du mich nicht vorher getödtet. Hörst du mich, sieh dies Schwerdt soll mir und dir einen gleichen Ausgang bahnen. — Als er dieses redet, floß ein Bach seiner Thränen über die Schlagadern der Ohnmächtigen, wodurch sie, wie durch Rosenwasser erwecket wurde, wie aus einem schweren Traume aufwachte und ihren Liebhaber ansehend sprach: Weh mir, Eurial, wo bin ich gewesen, warum hast du mich nicht lassen sterben, ehe du abschiedest von dieser Stadt, ich wäre doch selig gestorben in deinen Händen. — Besinne dich, sprach ihr Eurial zu, ich bin noch hier und bey dir. — Und da gingen sie in die Schlafkammer. O schöne Nacht da Paris auf dem Schiffe die geraubte Helena heimführte, wer mag die Decke der schwarzen Nacht aufheben und die Heimlichkeit beschauen, die wir nie gesehen um alles schöner zu finden, als wir gemeint hätten; greif ich doch nichts, hab ich doch nichts. O Apollo laß deine Rosse noch ein mundvoll Gras essen; nie war eine Nacht kürzer, ob ich gleich in Britannien gewesen. O Fröhlichkeit nach dem Streite, wie Anteus aus dem Erdreich stärker wieder aufstand, so stand Eurial auf, als die Morgenröthe ihr Haupt aus dem Ocean erhob, wäre er bey ihr gewesen, sie hätte es nicht so früh erhoben. Aber er mußte fort von Lukrezien, so gebot es das Glück.

Indessen war der Kaiser mit dem Pabst Eugen in Übereinkunft und eilte hin gen Rom, Lukrezia merkte bald die nahe Abreise des Eurials, wer möchte einen liebhabenden Menschen betrügen, sie schrieb an ihn:

Mein Gemüth möchte dir zürnen, daß du mir verhalten hast, wie du hinweg willst, aber mein Geist liebet dich mehr als mich, und mag nicht wider dich bewegt werden. Wo bleib ich? Wen ruf ich? So du mich verlassen, lebe ich nicht zwey Tage. Ich lösche diesen Brief aus mit meinen Thränen. Ich bitte dich bey deiner rechten Hand und deiner gegebenen Treue, ist dir je von mir Süßes geschehen, erbarme dich über mich, deine unselige Liebhaberin. Ich bitte nicht, daß du bleibest, aber nimm mich mit dir. Ich will thun zur Vesperzeit, als ob ich gen Bethlehem gehen wollte und ein einzig altes Weib mit mir nehmen, da sollst du mit zwey oder drey deiner Diener seyn, die mich hinweg führen. Es ist keine schwere Sache eine Frau wegzuführen, die willig ist, so wirst du zu keinen Unehren kommen, auch thust du meinem Mann kein Unrecht, da er mich sonst verlieren müßte, denn so du mich nicht hinführest und hinwegnimmst, so nimmt mich der Tod. Aber nicht wollest seyn ein Wütherich!

Hierauf antwortete Eurial: Ich habe meine Abreise verschwiegen, weil ich deine Weise kenne, du würdest dich allzuviel peinigen. Der Kaiser scheidet nicht also hinweg, daß er nicht mehr wiederkäme; hier geht unser Weg in die Heimat zurück und ob der Kaiser auch einen andern Weg ritte, so sollst du mich doch sehen. Gott wolle mich nimmer lassen heimkommen, so ich nicht wiederum herkomme. Als du schreibest, daß ich dich sollte fahen und hinwegführen, so wäre das meine größte Wollust, dich allwege bey mir zu haben, es gebürt sich aber mehr zu rathen deiner Ehre als meiner Begierde, das heischet die Treu, womit du mich umfangen. Du bist edel und einem edlen Geschlechte vermählt, du hast einen guten Namen bey Welschen und Deutschen, raubte ich dich, so thäte es mir keine Unehre, aber zu welchen Unehren brächtest du die Deinen, in wie viel Schmerzen deine Mutter. Nun ist unsre Liebe noch geheim, jedermann lobt dich. Aber lassen wir gehen den Leumund, so möchten wir doch nicht unsrer Liebe gebrauchen. Ich diene dem Kaiser, der hat mich zu einem Mann gemacht, gewaltig und reich, und ich möchte nicht von ihm kommen ohne Zerstörung meines Standes, verlöre ich ihn, so möchte ich dich nicht ziemlich gehalten. Alle Tage verwandeln wir unsre Läger und nirgend wird uns so viel Bleibens seyn als hier in Siena; soll ich dich umführen und als eine öffentliche Fraue im Lager haben. Darum kehre mitleidig Vernunft vor, denke welche Unehre dir und mir würde daraus entspriessen. Viel andre Liebhaber würden dich hinwegführen, aber das ist kein rechter, der mehr seinen Begierden folgt als seiner Ehre. Meine Lukrezie, ich rathe dir was nutz und gut ist, ich bitt dich bleib hier und habe keinen Zweifel, daß ich wiederkomme. Gott behüt dich süße Speise meiner Seele, leb und hab mich lieb, und glaub daß mein Feuer und mein Schmerz nicht kleiner als der deine. Die Frau schrieb ihm wieder, daß sie seinen Geboten und Unterweisung nachkommen wollte.

Nach wenig Tagen ritt Eurial mit dem Kaiser gen Rom, da trat ihn, der von Liebe schon brannte, noch das Fieber an, da ward sein Leben kaum erhalten durch die Ärzte. Der Kaiser kam täglich zu ihm wie zu seinem Sohn, und als er wieder aufkam, wohnte er der kaiserlichen Krönung bey und empfing die Ritterschaft und einen güldnen Sporn. Darnach als der Kaiser nach Parma ritt, blieb er noch nicht ganz genesen zu Rom und kam dann nach Siena krank und in seinem Angesichte dürr und verzehrt, er konnte Lukrezien sehen, aber anreden durfte er sie nicht; viel Briefe sind zwischen ihnen gesandt und zuletzt vom Scheiden gehandelt worden; drey Tage blieb er. Es ist nie soviel Süssigkeit, Freude und Kurzweile gewesen in ihrer beyder freundlicher Beywohnung als viel in dem Scheiden gewesen ist des Leides, Kummers und der Schmerzen. Lukrezie war im Fenster, Eurial ritt jetzt durch die Gasse und da sahen sie einander in die nassen Augen, als wären sie an einander fest gezogen von einem hellen Strahle. Wer nicht wüßte, was große Schmerzen, der betrachte zweier liebhabenden Menschen Scheiden. Unsre Frau, als Eurial ihr kam aus den Augen, fiel auf den Boden hin und mußte in ihre Schlafkammer getragen werden, bis sie einen Geist wiederum haben mochte, und da war es ihr, als wenn sie von Eurial wieder erweckt würde, wie damals in jener Nacht. Und als sie wieder zu sich kam beschloß sie alle goldne Purpurkleider und freudige Zierde abzulegen, nimmermehr hörte man sie nachher singen oder lachen und kein Scherz mogte sie bewegen. Und als sie also lange geharret, fiel sie in eine Krankheit und weil ihr Herz nicht bey ihr, sondern von ihr war, und ihrem Gemüth keinen Trost geben konnte, hat sie in den Armen ihrer Mutter, die viel weinte und umsonst viel tröstliche Worte gebrauchte, ihren Geist aufgegeben. Eurial aber, als er kam aus ihren Augen, hat auf dem Wege mit niemand geredet, er trug Lukrezien in seinem ganzen Gemüthe, und gedachte ob er jemals wieder zu ihr kommen möchte; er folgte dem Kaiser nach Hungarn und Böhmen, aber wie er dem Kaiser nachfolgte, so folgte ihm Lukrezie nach im Traume, ließ ihm keine Nacht Ruhe. Und als er vernahm, wie sie gestorben, nahm er an leidsame Kleider und von niemand Tröstung, als lang bis ihm der Kaiser eine hübsche Jungfrau aus herzoglichem Blute geboren keusch und weise ins Ehebett vermählte. — Welche dieses lesen, wollen lernen sich zu warnen.

Der allgemeine Eindruck summte nach wie der letzte Akkord im Resonanzboden; was soll ich die einzelnen Äusserungen wiederholen, jeder Leser hat ja auch Eingeweide zum Fühlen und seinen eigensinnigen Kopf, auch wurde bald sehr ernsthaft moralisch über die Handelnden gesprochen, wer recht, wer unrecht gethan. Die Männer waren strenger als die Frauen. So kamen wir allmählig darauf, die Geschichte des Kanzlers mit seiner jungen Frau, die dort nicht erzählt, auszubilden, es schien uns ganz unleidlich, wenn er Lukrezien eigentlich vergessen könnte, er müsse jetzt ganz dem Staate leben und eine vornehme Ehe führen, doch in der Art, daß seine junge Frau ihm doch sehr ergeben bliebe, weil er sehr schön bleibe. Bald erlaubten wir ihm zur Erholung eine Reise nach Italien, er vertraut jener Frau den ganzen Handel, sie liebt ihn um so mehr, weil er das Leben der schönsten Frau gekostet, sie kommen zu ihrem Grabe, der Gesandte zeichnete es mit der gothischen Kapelle, es war ein einfacher Stein auf dem die Frau ausgestreckt liegt, der Kanzler steht daneben in sich versunken und seine Frau hält eine Fackel. Der Invalide machte dazu mehrere Unterschriften, scherzend, zotenhaft und traurig, ich will nur die letzte abschreiben; er meinte, es fehle ihr gerade wie ihm manches Bein, dafür hätte sie auch ein Herz zu wenig, weil er einmal zu viel Herz gehabt, und zu viel Sinn, weil er zu wenig seiner Sinne mächtig gewesen. Wer kann immer Humoristen verstehen, das ist in dieser Zeit allzu umständlich; doch hier die Inschrift:

Wie ein Grabmahl der Geliebten
Steht der Ritter an ihrem Grabe,
Ganz verschließet den Betrübten
Seiner Thränen Todtengabe,
Viele würden todt ihn nennen,
Doch an seiner Seite wachet,
Seine Frau als Todesengel,
Seine Lebensflamm anfachet,
Hält die Fackel treu in Händen,

Fast erloschen in seinen Thränen,
Da er selbst sie möchte wenden und enden;
Frau, so laßt von euch mich wähnen.

Nämlich, fügte er immer hinzu, daß Sie der Kanzler wären und ich die junge Frau.

Zweyter Winterabend.

Das wiedergefundene Paradies.

Nach alten Erzählungen.

Wir hatten uns den vorigen Abend sehr verspätet, die Kälte besetzte inzwischen alle Ausgänge. Wir spürten sie schon im Zimmer; so gut es verwahrt war, sie war doch noch schlauer und gewandter und blies durch die Ritzen der doppelten Fenster. Die Frauen traten muthig zur Thür hinaus, aber auch gleich zurück, der schneidende Wind, seine Flügel mit feinem kristallisirten Schnee beladen, sauste vor ihnen über wie ein geschwungenes Schwerdt. Was war zu thun, an Kutschen war um diese Zeit nicht zu denken, wir traten demüthig in das Zimmer zurück, das wir so keck verlassen und baten um eine Streu zur Nacht. Unsre gute Frau vom Hause besann sich keinen Augenblick, der Saal wurde schnell geheitzt, da prasselten im stark ziehenden Kamien die großen Holzstücke, und während die eine Hälfte schon brannte, schmolz erst von der andern das Eis herab. Darauf wurde der Saal in Quartiere getheilt, Männer und Frauen geschieden und zwischen ihnen feiner Sand gestreut, um alle Fußtapfen zu erkennen, und nachdem wir uns mit manchem artigen Spiele erlustigt und ermüdet hatten, wurde jedes angewiesen in sein Quartier und zum Stillschweigen. Ich lag am Fenster und konnte nicht schlafen, jeder hatte auf eine wunderliche Art seinen gewohnten Nachtanzug nachzubilden gesucht und wie wir uns ansahen lachten wir. Ein Kopf nach dem andern sank indessen in den unendlichen Schooß des milden Schlafes, und nachdem er genug über andre gelacht mußte er über sich lachen lassen. Ich konnte nicht schlafen, mir war zu heiß, ich schlich hinaus und suchte die Kälte. Wunderbares unergründliches Einerley der Sternzüge, da stand ich wieder wie ein Kind so ganz neu so wie zum erstenmal vor der Welt, die eine Hälfte des Himmels war von dichtem Dunste bedeckt, es war der erstarrte Athem des Schöpfers, verwundert über die Herrlichkeit seines Werks, dessen innern Bau er an den tausendfachen goldnen Nägeln und Schraubenmuttern durchsehen konnte, die auf der andern Seite hellpolirt glänzten. Bey dieser Verwunderung erstarrten vor ihm die Ströme und hingen in langen Strahlen über die Mühlenräder, die noch im schwachen Anstoß zwischen den letzten Güssen bebten, die Bäume zerbarsten krachend, die wachsamen Hunde erhoben ihre Stimmen als nahte Gefahr, und das furchtsame Volk der wilden Vögel, vor allen die männerhohen Trappen zogen mit angefrornen Flügeln den wärmeren Stellen zu, ihren Feinden sich selbst übergebend, nur den unruhigen Menschen treibt die beschauliche Lust vom warmen Lager aus der besten Gesellschaft! Doch nicht umsonst, indem ich so halb erstarrt und doch in mir vergnügt fortlief, siehe da brach eine Feuersäule hinter unserm friedlichen geselligen Hause aus. Nur einen Augenblick dachte ich an ein Nordlicht, da sah ich die schweren Rauchwolken der irdischen Flamme deutlicher als das himmlische Licht, ich eilte und war im Augenblick warm, so ist das Gemüth stärker als die Laune der Witterung. Das Feuer war im Stalle unsrer Frau ausgebrochen, der Knecht kam taumelnd heraus, und stürzte dann halbtodt nieder. Vor lustigem Zugreifen blieb mir keine Zeit zum Zusehen; es mag recht schön gewesen seyn, wenn ich's nur nicht zu löschen brauchte: so viel verliert man bey jeder interessanten Zeit in der Weltgeschichte, wenn man sie selbst erleben muß. An kein Wasser war zu denken, den Brunnen verstopfte der erste ausfahrende Wasserstrahl; doch unsre Rettung war schnell in eben dem unendlichen Schnee, der den Tag vorher mit mir so schauerlich eingezogen war. Ich kletterte auf das Dach, der Knecht trug ihn hinauf, und in den Kern des Feuers geworfen thut ein Tropfen mehr als ein Eimer. Das Feuer war gelöscht, eh einer der Gesellschaft erwachte; sie kamen verwundert an die Fenster und lachten über das Stück, welches das gefräßige Feuer aus dem Stalle ausgebissen; mir ward Lob und ich war gleich eingekörpert unter ihnen, und allen vertraut. Zu meiner Aufnahme in der Colonie, wie sie sich nannten, sollte ich denselben Tag noch eine Geschichte erzählen; ich bat um Nachsicht, weil ich unvorbereitet, es half nicht bey diesen unerbittlich neugierigen Frauen, ich sollte zum Abend etwas schaffen. Nun fragt ich, ob es ihnen recht sey, wenn ich von einer ähnlichen Colonie erzählte, von der ich in meiner Jugendzeit manches nach Erzählungen aufgeschrieben, nur sey es etwas verliebt. — Wir sind alle verliebt! sagte die herrliche Frau vom Hause. So las ich dreist am Abende vor, ich sah es allen an, wie sie sich vorgenommen, alles gut zu finden, was ich brächte.

Albert und Concordia.

Albert's Geschichte ist wunderbar, natürlich verlangen wir Zeugnisse, denn daß sie irgend ein müssiger Kopf als eine Möglichkeit zusammenträumte, will uns, die wir so etwas ernsthaft nehmen und uns daraus belehren möchten, noch lange nicht genügen. Werden doch die Krücken selbst aufbewahrt in Bädern und heiligen Wallfahrtorten, die eine Wunderkur entbehrlich machte, und die Federn, womit wunderbare Menschen schrieben, und die Kasten, worin Schätze ausgegraben, die längst verzehrt sind; alles dergleichen bewahrt man als Zeugniß, ungeachtet es wieder Zeugnisse bedarf. Ich nenne meinen Gewährsmann für Albert's Geschichte, es ist der selige Schiffs-Capitän Wolfgang, der sich nach vielen Reisen endlich in seinem Geburtsorte Prenzlau in der Ukermark zur Ruhe setzte, eingedenk der fruchtreichen Hügel um den spiegelhellen See, der ewig grünenden Wiesen, die vom Schaume des Sees mit Blumen besät werden, der rauschenden festen Buchenwälder voll flüchtiger Rehe und spielender Sonnenstrahlen, vor allen eingedenk des hohen Doppelthurms der prachtvollen Kirche, unter deren stillen Säulenwalde er seinen längsten Schlaf zu ruhen dachte. Bis die Posaune des jüngsten Gerichts die Grabsteine bricht, ruht er jetzt da; — heute ist aber bey uns ein schreckhafter Sturm und mancherley Weissagung. — Wolfgang sollte in Frankfurt an der Oder Medizin studiren; fleißig und mäßig betrank er sich zum erstenmal am Tage, wo er Doktor wurde und wetzte am Abende mit seinem Degen auf dem Straßenpflaster, daß die Funken herumspritzten. Ein Eisenfresser trat ihm entgegen und rief: Steh Bärenhäuter! Da war kein Ausweichen, sie hatten beyde die Degen in Händen, der Eisenfresser fiel und rief sterbend: Bärenhäuter du hast dich brav gehalten. Was half die Genugthuung? Er flüchtete sich nach Holland, ging auf ein Kaperschif, und nach vielen merkwürdigen Ereignissen, die uns zu weit wegab führen möchten, wurde er Besitzer eines ansehnlichen Vermögens. Als der Krieg wieder ausbrach rüstete er ein neues Kaperschif aus, aber von seinen alten Kameraden war keiner in der

Nähe, er mußte es mit unbekanntem Volke besetzen, worunter mehrere Franzosen. Diese machten eine Verschwörung und als er sie erst mit Gewalt zerstreute und zur Pflicht brachte, banden sie ihn Nachts und setzten ihn unter einem Felsen auf einer Sandbank aus, wo gar keine menschliche Hülfe möglich zu seyn schien. Er sah die Verräther in der Ferne frohlocken; ihn hungerte bald, schmerzlicher quälte ihn der Durst bey der schmäligen Hitze, er kroch mit Mühe an einen Ort des Felsens, wo ein großer Strom herabschoß, um sich zu erlaben. Doch wie er sich dem Strome näherte, hörte die starke Wasserfluth plötzlich auf brausend herabzustürzen, kaum blieben ihm wenige Tropfen in einigen Aushölungen des Felsens zurück. Da brach sein Herz in wehmüthige Klagen aus, wie die Natur zu seiner Qual ihren natürlichen Lauf unterbreche. Noth lehrt beten, ihm fielen die deutschen Gebete aus seiner Kindheit ein und wie er da betete, traten drey Männer aus der Höle heraus, wo vorher das Wasser sich ergossen, sie waren bewaffnet, fragten ihn deutsch in seiner Landessprache, wie er hierhergekommen und was er suche, lösten seine Bande und führten ihn einen bequemen gehauenen Felsenweg hinauf, welchen vorher das Wasser gegangen, so daß ihm die Menschen wie Zauberer in dem Dunkel vorkamen. Wie wurde er aber überrascht, als er beym Hinaustreten sich in einer paradiesischen Ebne befand, von Bächen durchirrt, von Bäumen beschattet, in bunten Früchten glänzend, in Blumen so heimlich. Er wurde in einem großen Baumgange, der wie eine gothische Kirche geflochten und behauen einen sitzenden freundlich bewillkommenden Alten gewahr, der ein Herrscher dieser Insel und um alles Umständliche zu vermeiden, eben der Albert war, dessen Geschichte so wunderbar und doch genau abgeschrieben, wie er sie dem Kapitän Wolfgang einst in die Feder sagte, und ihn nachher eben so gütig heimschickte als er ihn damals milde aufgenommen. Hier fängt er selbst zu reden an.

Meine Ältern sind mir leider unbekannt. Der kaiserliche General Graf Schaffgotsch brachte mich als ein jähriges Kind aus dem Kriege in sein Haus, viele haben mich für die Frucht seiner Liebe zu einer Reichsfürstin gehalten, bey der er viele Monate in Quartier gelegen; ich nannte ihn Vater und wurde mit seinen übrigen Kindern ganz gleich auferzogen. Ich bin im Jahr 1628 gebohren, und habe früh in die Schule der Leiden gehen müssen. Den 23ten Julius 1635 wurde mein gnädiger Herr und Pflegvater aus unbekannten Ursachen, aber wahrscheinlich im Verdachte Wallensteinischer Verbindung zu Regensburg in meiner Gegenwart hingerichtet. Die vorausgehende Ahndung dieses seines unschuldigen Todes, da er mich noch allzutief rührt, so viele Jahre und Begebenheiten dazwischen liegen, mögt ihr in diesem Berichte nachlesen, mein lieber Wolfgang, den mir ein lutherischer Prediger einhändigte, um damit der Menschen

Mitleiden anzusprechen, als ich von der Noth bezwungen nach meines Wohlthäters Tode, den Bettelstab ergreifen mußte.

Amtsbericht von dem Tode des Generals Grafen von Schaffgotsch.

Ihro Excellenz der Herr Graf Johannes Ulrich, von Schaffgotsch, Herr auf Kynast, wirklicher General der kaiserlichen Truppen in Schlesien, begingen seiner Gewohnheit nach seinen Jahrestag im Jahre 1634, also, daß er denen benachbarten Rittern und Edlen nebst denen in der Nachbarschaft wohnenden Priestern ein Fest angestellet, er aber auf den Knieen gelegen und Gott mit inbrünstiger Andacht für die in dem verflossenen Jahre verliehene gute Gesundheit und Wohlstand gelobet, wobey er sich des Trankes und der Speisen den ganzen Tag über enthalten, auch nach vollendetem Gebet nüchtern zu Bett gegangen. Da inzwischen im Tafelzimmer der Wein die Köpfe erhitzt, und viele Discurse unter einander fielen, fing Herr Joh. Andr. Dühm, ein Prediger in Obergerstdorf unter ihnen an, von dem Lauf des Himmels und der Gestirne zu erzählen: daß bey der Geburt des Herrn Grafen Saturnus und Mars in dem vierten Hause der Sonnen eine gefährliche Opposition gehalten, welche, wie seine Worte weiter lauteten: „Ihm, dem Herrn Grafen keinen natürlichen, sondern einen durch ein kaltes Eisen gewaltsamen Tod andeutete.“ Bey diesen Worten kam jedoch bemeldetem gelehrten Herrn selbst gleichsam ein solch Erstaunen an, daß er hinzusetzte: Wir wollen den Herrn des Himmels fußfällig bitten, daß er es zum Besten unseres gnädigen Herrn wenden wolle. Allein der Stallmeister, welcher nebst andern Hofkavaliers bey der Tafel saß, ergrimmte und sagte: Ich hätte nimmermehr gedacht, daß in eines ehrwürdigen Geistlichen bereits grauem Haupt dergleichen närrische Dinge stecken sollten, den Anfang und das Ende eines Menschen entdecken zu wollen, da doch noch kein Fernglas geschliffen worden, womit man in das Cabinet der göttlichen Geheimnisse sehen könnte. Zugleich bat derselbe, das Gemeldete dem Herrn Grafen selbst zu sagen. Gedachter Herr Dühm, so wie auch alle anwesende Gäste, ersuchten aber den Stallmeister solches dem Herrn Grafen nicht zu entdecken. Hierauf nahm ein jeglicher seinen Abschied. Als nun die Gesellschaft fort gewesen, wurde der Stallmeister zur Auskleidung des Grafen berufen und von ihm um alle Gespräche der Gesellschaft befragt. Er erzählte endlich auch die fatale Prophezeihung des Herrn Pfarrer Dühm, über welche der Herr Graf in ein freundliches Lachen ausbrach, und alsbald befahl, was nur beritten wäre, aufzusitzen, und denen Gästen nachzueilen, mit dem Vermelden: es wäre wider Sr. Excellenz Willen geschehen, daß sie nicht auf den morgenden

Tag wiederum wären eingeladen worden, mit Bitte, sie sollten sich insgesammt früh wieder einstellen, und nach vollendeter Jagd seine angenehmen Gäste seyn. Nachdem solches geschehen, begab sich der Graf zur Ruhe und dachte nach, wie er den klugen Nativitätsteller eines andern belehren möchte. Der Tag brach an, die gestrigen Gäste stellten sich sämmtlich ein. Der Herr Graf machte sich nun zu dem Geistlichen und sagte zu ihm: Ich möchte doch gerne wissen, ob der Herr in Theologie oder Philosophie solche Dinge erlernet, denen Menschen einen fatalen Ausgang zu erkundigen. Demselben aber zu zeigen, daß alle Nativitätstellungen eitel und vergebens seyen, so befahl er alsobald ein säugendes Lamm von der Heerde zu bringen, mit Bitte, der Herr Dühm möchte die Güte haben, diesem Lamm gleichfalls die Nativität zu stellen; worauf Herr Dühm erwiederte, daß unter einem unvernünftigen Thier und einem vernünftigen Menschen ein großer Unterschied sey. Als aber der Herr Graf schärfer in ihn gedrungen, seine Kunst zu beweisen, so bat er unterthänigst, den Schäfer dieser Heerde herbei zu schaffen, welchen er, als selbiger erschien, beiläufig fragte, in welcher Woche, an welchem Tage und in welcher Stunde ungefähr dieses Lamm geworfen worden sey. Nach eingeholtem Bericht zog Herr Dühm seine astronomische Rechnung und sagte frei heraus: Dieses Lamm würde der Wolf fressen.

Hierüber lachten nicht allein der Herr Graf,

sondern auch die anwesenden Hofcavaliers und Gäste. Es wurden nun die Jagdwagen angespannt und den Wäldern zugeeilt, heimlich aber Befehl gegeben, gedachtes Lamm abzuziehen und ganz zu braten, ohne die Ursache jedoch dem Koch zu melden. Auf dem Schlosse Kynast lief nun schon seit zehn Jahren ein zahmer Wolf herum, der auch öfters in der Küche aus- und einzugehen pflegte, und niemals weder etwas Lebendiges noch Zugerichtetes angerühret, weil er an seinem verordneten Fraße zur Genüge hatte. Ja dieser Wolf war so zahm, daß er in der dazu verfertigten Maschine gleich einem abgerichteten Hunde die Braten wendete. Als aber jetzt von ungefähr der Koch seiner Verrichtung nach aus der Küche ging, machte sich der Wolf über das am Spieß steckende, bereits halb gebratne Lamm und fraß dasselbe so rein hinweg, daß man nur noch wenige Knochen gesehen. Der Koch, der den Wolf bei seiner Rückkehr also 'fressend' antraf, nahm ein Stück Holz und prügelte ihn weidlich ab, nicht weiter gedenkend, daß so viel daran gelegen seyn sollte, weil sonst noch allerhand delicate Speisen vorhanden waren. Als indessen Se. Excellenz mit Dero Gästen von der Jagd zurückgekommen und an die Tafel verfügt, sagten sie noch scherzweise zu Herrn Dühm: Der Wolf hat das Lamm auf der Weide gefressen, so daß oft erwähnter Herr Pfarrer ziemlich schamroth geworden. Doch nachdem die Speisen alle aufgetragen worden, und sich kein Lamm darunter befunden, wurde vom Herrn Grafen scharf darnach gefragt, bis der Mundkoch voller Furcht und Schrecken sich zu des gnädigsten Herrn Füßen warf, und den ganzen Verlauf mit Erstaunen aller Anwesenden erzählte. Der Herr Graf hörte zwar alles mit gelassener Miene an, legte aber nach Vollendung dieser wahren Erzählung das Messer mit diesen Worten aus der Hand: Pro patria mori decus! das heißt: „Es ist die „größte Ehre sein Leben für das Vaterland zu „lassen, der Wille des Herrn geschehe. Ich weiß, „daß ich jederzeit meinem Kaiser treu gedienet, und „des Landes Beste redlich gesucht. Herr du wirst „meine Unschuld gewiß an das Licht bringen" und sah sich genöthiget sich zu Bette zu begeben. Auch die sämmtlichen Gäste begaben sich nicht ohne heimliche Betrübniß nach Hause, jeder bei sich selbst gedenkend, was es denn noch für einen Ausgang mit diesem fatalen Prognosticon nehmen werde?

Den 25. Junius eben dieses Jahres 1635 wurde Herr von Schaffgotsch nach Regensburg zitirt: um sich vor denen Reichsständen etlicher Punkte wegen zu verantworten, oder zu entschuldigen, und wegen tragender Generalscharge Rechenschaft zu geben, worauf er sich alsobald freudigst zur Reise fertig gemacht. Ob er wohl von seinen Freunden auf das sehnlichste mit Thränen gebeten wurde, sein Leben zu schonen und sich einstweilen, bis seine Unschuld durch Beweisgründe könnte dargethan werden, unter einer andern Macht Schutz zu begeben, so ließ er sich doch nicht abhalten, und sagte allezeit: „Ich fürchte mich nicht vor dem Richterstuhl „Christi, welcher mich mit Leib und Seele verdam„men kann, vielweniger werde ich mich vor dem „weltlichen Gerichte fürchten, welches mir doch nicht „mehr als das Leben (das ich meines Alters halben „ohnedies nicht lange mehr behalten kann) zu neh„men vermögend ist.“ Er machte sich hierauf nebst etlichen Bedienten den 26sten dieses Monats auf den Weg und langte glücklich in Regensburg an. Kaum war er aber in dem Gasthause abgestiegen, als ein Dragonerhauptmann mit zwanzig Mann das Haus besetzte, zu Sr. Excellenz ins Zimmer trat und bei Ankündigung des Arrestes zugleich den Degen im Namen Sr. Kaiserlichen Majestät Ferdinand II. forderte, welchen aber der Herr Graf nicht von sich geben wollte, mit Vermelden: er hätte ihn jederzeit zum Dienst Ihro Kaiserlichen Majestät rühmlich geführt, aus dessen Händen hätte er ihn empfangen, und würde ihm schwer fallen, selbigen einem Capitain zu übergeben, worauf sich dieser auch zurückzog. Nach einer halben Stunde kam ein Obrister über ein Regiment zu Fuß, welchem der Herr Graf selbst seinen Degen mit diesen Worten überreichte: „So fern ich diesen Degen nicht „jederzeit mit Ruhm und Ehren habe geführt, so „werde er durch die Hand des Henkers zerbrochen.“ Worauf ihn der Obrist ganz zitternd zu sich genommen und oberwähntem Hauptmann zu verwahren gegeben. Den andern Tag früh wurde der Herr Graf unter einer starken Eskorte auf das Rathhaus gebracht, und ihm nachfolgende Punkte vorgelegt:

1) Ob er nicht mit den Feinden Sr. Majestät in Schweden geheime Correspondenz gehalten?

2) Ob er nicht an das in Ungarn zu versorgen habende Detaschement zu zahlende Gelder unterschlagen habe, um dadurch die Soldaten zu einer Revolte zu bringen?

3) Ob er nicht seine Lutherischen Unterthanen in Schlesien inspiriret, sich zusammen zu rotten und die Katholischen zu vertilgen, sich auch gar Meister der Böhmischen Gränze zu machen, und ob er ihnen nicht bereits Gelder darauf gegeben?

Hierauf antwortete Herr Graf Schaffgotsch, daß er das Erste niemals im Sinne gehabt; an das Andere keinesweges gedacht; das Dritte aber wollte er gar nicht beantworten, weil es seine eigene katholische Bedienten wüßten, daß dem nicht also wäre, was aber wegen der Gränze, so wären seine Güter nahe genug, daß es nicht nöthig wäre, sich erst zu bemühen, die Böhmische Passage zu sperren. Das hat er alles mit großer Standhaftigkeit herausgesagt. Als ihm hernach Briefe von seiner eignen Hand vorgelegt worden, woraus das Verbrechen verletzter Majestät genugsam hervorleuchtete, (welche aber falsch gewesen) sagte er: „Wer diese

„geschrieben, mag den Inhalt vor Gott verantwor-
„ten. Mir sind sie unbekannt, und habe niemalen
„weder im Herzen, noch Mund, noch Feder etwas
„geführet, welches die Treue gegen meinen Kaiser
„hätte verletzt, oder verletzen können."

Da ihm hierauf nicht allein von etlichen Ministern, sondern auch von vornehmen Officieren zugeredet worden, sein Verbrechen in Güte zu gestehen, und dadurch ehrlich behandelt zu werden, sagte er: „Bedenket selbst, ihr Herren, ob es ehrlich gehandelt „wäre, wenn man nach so langer Treue sich zu „einer andern doch unbewußten Untreue bekennen „sollte." Worauf sie ihn verließen. Er mußte aber in einem schönen, doch wohl verwahrten Zimmer auf dem Rathhause verbleiben. Den andern Tag wurde er nochmalen auf benannte Punkte scharf befragt, blieb aber bei voriger Antwort, worauf sie ihm Nachmittags, welches fast unerhört, den Scharfrichter zuschickten, welcher ihm mit der Tortur drohete. Als er aber beständig auf Unschuld verblieben, ist er wirklich mit der Tortur aufs schärfste angegriffen worden, darinnen sie kein Wort von ihm bringen können, was ihn verdächtig gemacht hätte, und also ist die Resolution schnell und unversehens erfolget. Den 19. July wurde ihm erlaubt, seinen Trompeter nach Schlesien zu schicken, und seinen Freunden Nachricht von seinem Zustande zu hinterbringen, da er denn in sehr beweglichen Ausdrücken an sie geschrieben, und als eine sich den Tod einbildende Person ein wehmüthiges Lebewohl von ihnen genommen. Den folgenden Tag kam der Oberauditeur Götze und Obrister Teufel von Wien, welche des Herrn Grafen von Schafgotsch halber an Ihro Kaiserliche Majestät zu berichten, verschickt worden, wieder zurück. Den folgenden 21. July kamen etliche Kriegsofficiers zum Herrn Grafen aufs Rathhaus in sein Zimmer gegangen, und meldeten ihm an: ob sie gerne eine andere Post Ihro Excellenz bringen wollten. Darauf er gebürlich angefangen: Liebe Herren, meine Excellenz ist dahin, und mir mit Gewalt genommen worden, dafür ich nicht kann, wiewohl ich wol gekönnt hätte; will aber lieber Unrecht leiden als Unrecht thun, Gott und dem Kaiser wie zuvor treu bleiben, auch jetzo stille halten. Sagt eure Post nur bald heraus, ich weiß, daß mein Blut schon lange eingeschenket, soll aber nur noch ausgetrunken werden. Worauf diese weitläuftig ihre Person entschuldiget, und endlich mit den Worten geschlossen worden, daß er auf kaiserlichen Befehl sterben sollte. Auf diese Botschaft versetzte nun der Herr Graf: Weil die Herren es vermögen, daß sie mir dienen können, so bitte ich, sie wollen mir in zweien Dingen beförderlich erscheinen. Einmal will ich meiner Person freudig sterben, so jammern mich aber meine Kinder. Sie werden so gütig seyn und mein Ansuchen, so ich ihnen alsdann eröffnen will, treulich fortsetzen helfen, anderntheils, wiewohl ich mich schon längst zum seligen Sterben bereitet, als der ich dem Tod weit näher als dem Leben gewesen bin, bitte ich doch um einen Prediger, mich mit ihm in etwas zu unterreden, um dann, wenn es Ihnen beliebt, zu sterben, jetzt darf ich nicht mehr sagen wenn Gott will, so weiß ich, daß er mich in der Menschen Hände gegeben hat, denn was Gottes Wille, ist schon in meinem Herzen versiegelt und soll fest darinnen verbleiben, darum ich ihn auch bitte und es von seiner Treue und Gnade erwarte. Als sie ihn nun fragten, wen er begehrte, einen Herrn Jesuiten oder einen lutherischen Prädikanten? Wollte Gott, sprach er, ihr solltet lutherische Schriften gelesen haben, ihr würdet nimmermehr einen Jesuiten begehren. Ich wollte hier nicht sitzen — aber ich bitte meinen Gott um Treue und Beständigkeit bis an mein seliges Ende. Kann ich einen evangelischen Priester, und zwar den Herrn Superintendenten haben, so ist es mir lieb, wo nicht, so will ich dennoch lutherisch und selig sterben. Drauf fing ein Leutenant von der Wache, ein Katholik und von Person ein feiner Herr an: Ihro Excellenz thut recht daran. Wer mit der Religion spielet, an dem ist selten was Gutes. Das sey ferne, daß er nicht einen Prediger haben sollte nach seinem Willen, ich hoffe es werden viel Evangelische und Katholische, wie sie sich nennen, im Himmel anzutreffen seyn. Darauf antwortete der Herr Graf: Helfe es Gott. Ich habe sie wohl auf

Erden um mich leiden können, auch zu Dienern gehabt; sie haben mich nicht geirrt, weniger im Himmel, da Recht und Raum genug sein wird. Darauf sagten die Deputirten: Ihro Gnaden lassen sich einen Geistlichen holen, welchen sie wollen, und da sie ihn Gnädig scholten, entschuldiget er sich und wollte es nicht haben, denn seine Ehre und Redlichkeit wäre ihm mit Gewalt genommen, dazu könnte er keine Gnaden erzeigen; rettete gewaltig und stattlich seine Unschuld, welches aber alles zum Schreiben zu lang sein würde. Als die Abgesandten ferner fragten: Ob er in diesem Zimmer sterben wollte, man würde ihm diese Gnade widerfahren lassen, gab der Herr Graf lachend zur Antwort: Meine liebe Herren, ich habe so gelebt, daß dieser Schimpf und Spott zwar groß, mein Gewissen jedoch rein ist, und wo ich dies für Gnade erkennen soll, so bleib es lieber bei der Ungnade. Ich will lieber unter meines Gottes freiem Himmel vor aller Welt sterben, als im Dunklen hingerichtet werden. Darauf sprach ein Rittmeister: Macht doch der Herr, daß man bald mit ihm stürbe; welchem der Herr Graf versetzte: da sey Gott vor, auf grüner Weide zu sterben, da gehört Ihr hin, welches ich mir wohl auch gedacht, doch stirbt sichs überall wohl, wenn man nur dazu bereitet ist. Nun nahmen die sämmtlichen Officiers mit vielen theils aufrichtigen, theils Krokodilsthränen von ihm Abschied, und befahlen, dem Pfarrherrn, welchen er würde zu sich rufen lassen, ungehindert den Eintritt in sein Zimmer zu gestatten.

Herr Graf von Schaffgotsch ließ keine Traurigkeit verspüren, als wenn er an seine Kinder gedachte, da er tief seufzete, Als Herr Magister Lenz Superintendens zu ihm kam, hielten sie mit einander drei viertel Stunden lang ein Gespräch, worauf sich die Herren Patres der Jesuiten einfanden, da denn Herr Lenz abtreten müssen, den der Herr Graf hernach bitten lassen, morgen Beichte zu hören und zu communiziren, weil es heute nicht ferner Gelegenheit gebe, mit ihm zu sprechen. Die Jesuiten sind in die drei Stunden bei ihm gewesen, da ließ ihnen der Herr Graf unter ihrem harten Gespräch eine Bibel bei Hern Lenzen holen, worauf sie ihn verließen, und hörte man nichts als diese Worte beim Abschiede von ihnen: Die Verstocktheit seines Herzens ist nicht der letzte Grund der Strafe. Es durfte auch denselben Tag kein Mensch mehr zum Grafen Schaffgotsch kommen, und von dieser Zeit an haben Ihre Excellenz keinen Bissen gegessen noch einigen Tropfen getrunken bis an sein seliges Ende. Sonntags als den 7ten post Trinitatis den 22. Julius waren die evangelischen Prediger, beide Magister zur H. Dreifaltigkeitskirche bei ihm, da dann der Herr Graf beichtete und kommunicirte mit der allergrößten Andacht. Es wurde auch die Stubenthür offen gelassen unter der Communion und uns allen vergönnet, den Prozeß mit anzusehen, geschahe aber nicht ohne unsere vielfältigen Thränen, haben auch dergleichen keinen Menschen gesehen mit solcher Ehrerbietigkeit und höflichen Sitten zum Abendmahl des Herrn gehen. Nach verrichtetem heiligem Werke schloß er die Thür zu, und waren die Herren Geistlichen noch eine ziemliche Weile bei ihm, darauf er sie mit einer stattlichen Verehrung von sich gelassen, und hat hierauf denselbigen Tag etliche Valetbriefe an die Seinigen mit eigner Hand geschrieben, seine noch bei sich habende Sachen unter seine treue Diener vertheilt, sich Sarg und Grab verfertigen lassen, und sich auf den folgenden Tag also zum Sterben gefaßt gemacht. Die Nacht über hat er nicht geschlafen, sondern die ganze Zeit im Gebet zugebracht. Früh als den 23. Julius ließ er die Herren Geistlichen nochmals zu sich kommen, und nachdem er noch eine Stunde mit ihnen zugebracht und der Officier ihn abgefordert, entließ er sie mit einer kurzen Valetrede, dankte sie freundlich ab, und bat sie nach Hause zu gehen, weil er nun solchen Trost gefasset, daß er Gottlob keineswegs einiges Trostes weiter bedürfte. So bald als die Geistlichen fort waren, hieß ihn der genannte Officier aufbrechen, da denn der Herr Graf beim Ausgang aus der Stubenthür sagte: Nun das walte mein Gott. Diesen Weg bin ich vorhin nicht gegangen! fing darauf an mit dem Officier andre Sachen zu reden, als wenn ihm nichts Bekümmerliches ums Herz wäre. Nachdem er auf den Platz zur Heide gebracht worden, wurde in dem Gasthofe zum Kreuz kurzes Standrecht über ihn gehalten, und er alsdann zur bereiteten Bühne in der Kutsche abgeführt. Als er dahin kam, stieg er mit großer Freudigkeit ab und die Bühne hinauf, wo er sich auf das Tuch kniete, das er sich selbst hatte ausbreiten lassen, und betete. Darnach stand er auf und segnete erstlich seine Kinder, zweitens seine Freunde, drittens seine Diener und sonderlich seinen treuen Jeremias, endlich viertens alle seine treuen Unterthanen mit sehr beweglichen Worten. Nach diesem kehrte er sich zum Obristen, Auditeur und andern Beisitzern und fragte zum erstenmal: „Weil „er ja sterben sollte, wollte man ihm vor Gott und „aller Welt sagen, was die Ursache seines Todes „wäre, damit nicht jedermann meinen dürfte, er „stürbe als ein Dieb oder Übelthäter." Darauf der Richter zur Antwort gab: Wir thun was uns der Römische Kaiser befiehlt. — Vergebens fragte der Here Graf zum zweitenmale nach der Ursache seines Todes, und da er dieselbe Frage zum drittenmal anfing, ließ man die Trommeln rühren, damit man nicht mehr vernehmen konnte, was er redete. Darauf hat ihm sein Kammerdiener, Constantin genannt, den Überschlag abgenommen, die Haare mit einem weißen Tüchel hinaufgebunden, und sein schwarz Hütchen wieder hinaufgesetzt, und wie Constantin berichtet, hat der Herr Graf gesagt: Nun so will ich mich hieher setzen, um meines Gottes willen, dem ich mich mit Leib und Seele übergeben habe, und in Geduld seiner gewarte! und sich hierauf auf den bereiteten Stuhl niedergesetzt, da ihm denn der Freimann den Kopf augenblicklich heruntergeschlagen, daß der Körper auf dem Stuhl sitzen geblieben, bis ihn die Diener herunter gezogen, darauf die andern Diener gekommen, bei ihm niedergefallen und gebetet, den Körper sammt dem Kopf in den Sarg gelegt und in sein Zimmer getragen, allda er von viel tausend Menschen gesehen wurde. Nachher ist er noch selbigen Tag ohne Feyerlichkeit auf dem Kirchhofe zur H. Dreifaltigkeit in ein gewölbtes Grab, das er sich selbst noch machen lassen, gesetzt worden, da ihn denn viele tausend Menschen begleitet, auf ihre Knie und Angesicht gefallen und den Herrn Grafen beweint haben. Der Herr Graf ist nicht abgewaschen worden, denn er hat gesagt: Man solle ihn lassen; wie er zugerichtet wäre, also wolle er vor dem Richterstuhle Christi erscheinen.

Albert diktirt weiter.

Mit diesem Berichte von dem unglücklichen Tode meines verehrten Pflegevaters und einem Zeugnisse, worin meine Gestalt beschrieben, machte ich mich auf den Weg nach den protestantischen Ländern, in deren Religion ich auferzogen war. So wanderte ich wohl drey Jahre mit abwechselndem Glücke herum, als mich im Braunschweigischen eine

Amtmannsfrau Abends nach meiner Geschichte ausfragte, gar bitterlich darüber zu weinen anfing, ihrem eignen Sohn befahl seine Kleider auszuziehen, sie zur Bedeckung meiner Blöße zu geben, und mich ihrem Manne, der damit sehr wohl zufrieden war, als ihren Pflegesohn vorstellte. Der redliche Amtmann gab mir mit seinen beiden Söhnen denselben Lehrer, der mich auch in vier Jahren in allem Gott Wohlgefälligem unterrichtete. Meine Pflegemutter starb aber, und der Amtmann heirathete eine junge Frau, mit der alles Unglück ins Haus zog. Sie konnte ihre Stiefkinder nicht einmal leiden, vielweniger mich, den sie immer einen Bastard nannte. Mein ehrwürdiger Lehrer nahm deswegen seinen Abschied und hatte einen jungen Studenten zum Nachfolger, der lange unsrer Frau Amtmännin besser gefiel, ehe es des Herrn Amtmanns Verdacht erwecken mochte. Er machte mich zu seinem Vertrauten und als er erfahren, daß der Lehrer alle Nacht unser Zimmer verlasse, so mußte ich in einer Nacht ihm durch Herabwerfen meiner Nachtmütze ein Zeichen geben, wenn er fort wäre, nachdem der Amtmann eine verstellte Reise unternommen, sich aber im Hofe versteckt hatte. Nach diesem Zeichen säumte er nicht lange, sprang ins Haus, schlug Licht an und zerschlug den Lehrer und die Frau jämmerlich. Die Frau kam blutig mit einem Messer aus dem Zimmer und schwur, das könne kein andrer als der Albert verrathen haben und sie wolle mich umbringen. In dieser Gefahr kleidete ich mich still an und sprang durch eine Seitenthür zum Hause hinaus und immer geradezu. Als ich die Stadt Braunschweig vor mir sahe, dachte ich an mein 24 Mariengroschenstück, das mir der Amtmann geschenkt, als wir den Plan verabredet, aber nun erschrak ich, als mir das helle Tageslicht zeigte, wie ich des Herrn Lehrers Hosen statt meiner ergriffen. Ich griff in die Hosentaschen, ob er kein Geld darin gesteckt und fand ausser mehrerem Silbergeld dreißig Stück Dukaten. Welch ein Schatz für mich. In Braunschweig nahm ich von meinem Pflegevater schriftlich Abschied, entschuldigte mich wegen des Hosentausches und setzte mich auf die Bremer Post, die gerade abging. Bremen gefiel mir sehr wohl, ich schaffte mir gute Kleider an und dachte nach, was ich unternehmen sollte. So ging ich spazieren, es machten sich vier junge Leute von gutem Ansehen mit mir bekannt, wir gingen in ein Weinhaus, ich erzählte ihnen meine Schicksale, zeigte ihnen mein Geld; sie machten mir Vorspiegelungen, wie ich mit einem reichen Kaufmannssohne auf die Universität gehen könnte; ich trank im Übermaaß aus Freude darüber, und fand mich am Morgen auf einer Streu, sehr elend vom Katzenjammer und meine Taschen ausgeleert. Die vier Spitzbuben hatten zwar die Zeche bezahlt, aber gar nichts übrig gelassen. Der Wirth gab mir scheele Gesichter. Da kam ein Fremder, ich wollte mich eben fortschleichen, als mich der in gebrochenem Deutsch nöthigte mit ihm ein Glas Wein zu trinken, er tränke nicht gern allein. Ich erzählte ihm meine Geschichte, und trank nicht viel, weil ich gestern im Weine ein Haar gefunden, das mir alle auf dem Kopfe verwirrt. Mein Freund, sprach er, habt ihr Lust in meine Dienste zu treten, sobald ihr etwas Holländisch und Englisch gelernt, kann ich euch sehr gut als Schreiber brauchen. — Ich ging alles mit Vergnügen ein, hatte fast nichts zu thun als gut essen und trinken bis wir in Antwerpen anlangten, wo meines Herrn Vater, ein reicher Edelmann, lebte, bey dem ich bald jene beyden Sprachen lernte. Mein Herr wurde mir immer geneigter und ich mußte ihn nach England begleiten, wohin ihn sein Vater sendete. Was mir aber sehr nachdenklich war, ich mußte, bevor wir England erreichten, in Weiberkleider kriechen und mich bey allen für eine Frau angeben und durfte deswegen in London wenig aus dem Hause kommen. Eines Tages sagte mir mein Herr, der sich van Leuven nannte: Lieber Albert, ich werde dich in eine Gesellschaft bringen zu Herrn Plürs, wo du meine Frau spielen sollst, mein Glück ruht darauf, sey zärtlich wie deine Amtmannsfrau öffentlich gegen ihren Mann und heimlich gegen den Studenten. Das Geheimniß will ich dir ein andermal erklären. — Zwey alte Weiber arbeiteten den ganzen Vormittag an mir, mich recht auf englische Art anzukleiden, den Nachmittag fuhren wir auf das

Landhaus von Herrn Plürs; es war große Gesellschaft dort, doch bedauerten alle, daß die älteste Tochter Concordia durch Krankheit zu erscheinen abgehalten würde. Am Abend trat ein junger Mann zu Herrn van Leuven, freute sich, daß er ihn so glücklich verheirathet sehe, da nun von seiner Seite ihm keine Hindernisse bei der Eheligung der Concordia entstehen würden. — Van Leuven antwortete: Ich leugne meine ehemalige Liebe nicht, aber unsrer Väter Wille hat uns getrennt, ich habe mich drein ergeben und wünsche Ihnen Glück. — Wir fuhren den Abend nach London zurück, wo schon Postpferde für uns bereit standen, den andern Abend waren wir schon auf einem Schiffe vor Calais. Hier wartete unser ein andres Schiff, wir stiegen hinein und fanden in der Cajüte ein schönes Mädchen mit einem jungen Manne. Mein Herr führte mich zu ihnen, sagte: Nun ist unsre Comödie zu Ende, hier siehst du die Concordia Plürs, meine heimlich gegen den Willen meines Vaters mir vermählte Frau und ihren Bruder, der meinem Glücke die Hand gereicht hat, wir ziehen zusammen nach der Insel Ceylon, wo mein Onkel Statthalter ist. Während der Landgesellschaft ist Sie, die nur vorgeblich krank war, glücklich entkommen. — So war nun das Geheimniß enthüllt. Was soll ich euch mit Reisegeschichten aufhalten, lieber Capitän, ihr habt wohl deren schon zu viel selbst erlebt: wir kamen glücklich in die Nähe des Vorgebürges der guten Hoffnung, doch da ergriff uns ein so entsetzlicher Sturm, als die ältesten Matrosen sich nie erinnern konnten. Ich und Concordia, des Seereisens ganz ungewohnt, litten am meisten; van Leuven und Anton Plürs waren meist auf dem Verdecke beschäftigt, so verfielen wir nach zwey Tagen ununterbrochenen Sturms in einen traumartigen Zustand; ich erinnere mich der Worte noch, die einer geschrieen: Gott sey uns gnädig, nun sind wir alle des Todes. Erst am Morgen wachte ich verwundert auf, der Sonne ganz ungewohnt, die mich erwärmte, ich lag auf einer Sandbank ausgestreckt, richtete mich auf und erblickte niemand als van Leuven, Concordia und den Schiffskapitän Lemelie schlafend, seitwärts das Hintertheil des gescheiterten Schiffes, das noch hervorragte. Ich drehte meine andre kalte Seite gegen die Sonne und verfiel wieder in tiefen Schlaf, aus welchem mich beym Untergange der Sonne van Leuven erweckte. Er gab mir einen Topf mit Wein und eine Handvoll Confekt, dadurch kam ich wieder ganz zu Verstande und hörte nun, daß van Leuven mich und Concordia mit größter Mühe auf die Sandbank getragen, weil ihm der eigensinnige, verzweiflungsvolle Capitän nicht die geringste Handreichung thun wollte. Alle andern waren ertrunken. Lemelie saß und fluchte, Concordia lag zitternd und konnte sich immer noch nicht erwärmen, sie klapperte mit den Zähnen. Ich zog meine Kleider aus, badete nach dem Schiff und hieb mit einem breiten Degen Holz ab um ihr ein Feuer anzumachen. Ich fragte den Capitän, wie nun Feuer zu bekommen, allein er gab zur Antwort: Was Feuer; ihr habt Ehre genug, wenn ihr alle drey mit mir krepiret. — Mein Herr, gab ich zur Antwort, ich bin für meine Person so hochmüthig nicht; besann mich auf eine Rolle Schwamm in unsrer Cajüte, diese fand ich und auch ein Paar Pistolen, meinen baumwollenen Brustlatz brauchte ich statt des Strohes, das Holz kam in schöne Flammen und der tolle Capitän kam endlich auch zu uns seine Pfeife anzuzünden, doch als ich ihn darüber auslachte, ging er mit einer scheelen Miene wieder fort. Concordia hatte sich erwärmt und versank in tiefen Schlaf, sie erwachte gegen Morgen und flehte um Wasser. Das war aber nirgends zu finden, van Leuven gab ihr Wein, den sie begierig verschluckte, aber darauf wie eine Kohle glühte und klagte, daß ihr der Wein das Herz abbrenne. Ihr Eheherr suchte sie durch Liebkosungen zu besänftigen, allein sie schien sich wenig darum zu bekümmern und sprach: Carl Franz geht mir aus den Augen, damit ich ruhig sterben kann, die übermäßige Liebe zu euch hat mich angetrieben, das vierte Gebot gegen meine Ältern zu übertreten und sie bis in den Tod zu betrüben; es ist eine gerechte Strafe des Himmels, daß ich auf dieser elenden Stelle mit meinem Leben dafür büßen muß. Gott sey meiner und eurer Seele gnädig.

Er konnte nichts darauf antworten, stand aber in vollkommener Verzweiflung auf, lief nach dem Meere zu und hätte sich ganz gewiß ersäuft, wenn ich ihm nicht nachgelaufen und durch die kräftigen Reden, die mir Gottes Geist eingab, damals ihm Leib und Seele gerettet hätte. Ich ging darauf zu Concordien, welche mich bat: ich möchte aus jenem Mantel etwas Regenwasser drücken und ihr zu trinken geben. Ich versprachs, sie sollte nur etwas warten. Sie sagte in wirklicher Fieberfantasie, eine halbe Stunde könnte sie nur warten. Aber mein Gott, da war weder Mantel, noch sonst etwas, woraus ein Tropfen Wasser zu drücken. Ich lief deswegen unausgezogen durch die Wellen nach dem Schiff und fand endlich zu meiner größten Freude ein zugepichtes Faß mit süßem Wasser, woraus ich ein Lägel füllte, auch Thee, Zucker und Zimmt nahm ich mit. Ich war noch keine halbe Stunde ausgeblieben und reichte ihr einen Becher mit Wasser. Sie sprach: Ihr hättet binnen fünf Stunden keine Tonne Wasser ausdrücken dürfen, wenn ihr mich nur mit einem Löffel voll hättet erquicken wollen, aber ihr wollet mir nur das Herz mit Wein brechen, Gott vergebe es euch. Als sie getrunken, sagte ihr lechzender Mund: Deckt mich zu und laßt mich schlafen. Ich gehorsamte und machte hinter ihrem Rücken ein Feuer, das nicht eher ausgehen durfte, bis die Sonne mit ihren kräftigern Strahlen wirken konnte; dann ging ich zu van Leuven, dessen Verzweiflung ich durch Voraussagen ihrer Herstellung stillte. Ich war ein unschuldiger und also glücklicher Prophet, sie wachte gegen Mittag auf, fragte nach ihrem Carl Franz, er weinte und sie wischte ihm die Thränen mit ihrem Halstuche ab und sagte leise: Gott wird weiter helfen. Inzwischen hatte ich Thee gekocht, der ihr vor allen und uns zum besondern Labsal gereichte. Lemelie hatte sich inzwischen auf das zerbrochene Schiff begeben und blieb dort die ganze Nacht. Diese Nacht war für uns glücklicher, sie warf uns viele Packete und auch ein Boot ans Land, worin sich der arme Anton Plürs zu retten versucht hatte. Es kostete Mühe es aus dem Sande loszumachen, dann banden wir es an eine tief in den Sand eingetriebene Stange, machten Ruder aus Bretern und fuhren zuerst zu einem Felsen, aus dem ein Strom süßen Wassers sich stürzte, nachher zu dem Schiffe, um es ganz auszuleeren. Da fanden wir den Lemelie ganz betrunken, schlafend in schrecklicher Unreinlichkeit, wir machten unsre Arbeit und erst bey der fünften Fahrt, die alles beendigte, wachte er auf und fragte: Was das bedeuten solle? Ob wir Seeräuber spielen wollten? Befahl auch diese Verwegenheit einzustellen und ihm den Wein zurückzugeben, da er Durst hätte. Van Leuven sprach: Ich kann nicht anders glauben, als daß ihr den Verstand verloren, weil ihr weder unsern Rath noch unsre Hülfe wollt. Hört auf zu brutalisiren, die Zeiten haben sich leider verändert, es gilt einer so viel als der andre, und will der dritte nicht was zwey wollen, so muß er krepiren. Schweigt auch von Seeräubern still, ich werde euch zeigen, daß ich Edelmann bin, der das Herz hat euch das Maul zu wischen. — Lemelie wollte über diese Rede rasend werden und augenblicklich von Leder ziehen, doch van Leuven ließ ihn dazu nicht kommen, riß den Großprahler als ein Kind zu Boden und ließ ihm mit der vollen Faust auf Nase und Maul ziemlich stark zur Ader. Das schien dem Lemelie bloß gefehlt zu haben, weil er in wenig Minuten wieder zu seinem völligrn Verstande kam, sich mit uns dem Scheine nach recht brüderlich vertrug und seine Hände mit an die Arbeit legte. Concordia hatte sich den ganzen Tag wohl befunden, den folgenden Tag wurde sie indessen wieder vom Fieber befallen, das sich dreytägig zeigte und wovon sie nach drey Anfällen durch acht und vierzigstündiges Fasten und Beten befreit wurde. Eine Felsenhöhlung, die wir entdeckten, diente uns zur Wohnung; so verstrichen vierzehn Tage, ohne daß sich ein Rettungsschiff sehen ließ, wonach wir abwechselnd als Schildwachen lauerten. Wir Menschen sind so wunderbar, daß wir aus bloßem Muthwillen Dinge unternehmen, von denen wir voraus wissen, daß sie mit tausend Fährlichkeiten verknüpft sind, aber kommen wir nun in eine dieser

Gefahren, so scheint uns nur eine dieser tausend Gefährlichkeiten schon viel zu schwer in der bloßen Erwartung. Wir hatten noch keinen Hunger erlitten, aber die bloße Furcht davor zehrte unsre Gedanken aus. Lemelie that nichts als in Vorrath essen und trinken, Taback rauchen und pfeifen. Van Leuven und seine Frau machten mit einander tiefsinnige Kalender. Ich kletterte endlich auf einen hohen Felsen und ersah jenseit der Bucht auf dem Sande viele Thiere, welche halb einem Hunde und halb einem Fische ähnlich sahen. Ich sagte es van Leuven, wir setzten uns in den Nachen, aber die Strömung führte uns ins offenbare Meer, wir hatten wenig Hoffnung die Geliebten an dem Schreckensfelsen wiederzusehen bis wir aus dem Strom herauskamen und uns glücklich in dem Spätabend an das gegenüber liegende Ufer ruderten. Um Mitternachtszeit kam viel Lebendiges aus dem Wasser, es blökte und wir schritten bis auf dreißig Schritte entgegen, sie hielten Stand, wir näherten uns noch mehr, gaben zu gleicher Zeit Feuer und erlegten zwey, worauf die andern langsam wieder in See gingen. Diese beyden Schüsse hatten die Concordia getröstet, die uns mitten in der Gefahr aus den Augen verloren, sie freute sich nach unsrer mühsamen Rückfahrt des Wildprets, Lemelie erklärte es für Seekälber und versicherte, daß sie recht wohlschmeckend wären. Der faule Mensch ließ sich nun auch in Gedanken kommen für etwas zn sorgen, er verfertigte aus Bretern Angelruthen, und schenkte eine der Concordia, die damit bald so viel Fische fangen lernte, als wir alle brauchten. Ich schoß etliche Vögel mit grossen Kröpfen, die aber sehr übel zu essen waren; demnächst fand ich beim Mondscheine eine ungeheure Schildkröte, vor der ich mich erst scheute, die aber dem leckeren Lemelie besondere Freude machte, er sagte: Herr Albert, ihr seyd sehr glücklich.

Im Klettern war mir niemand überlegen: ich sprang verwegen auf die höchsten Felsenspitzen um neue Lebensmittel zu entdecken, endlich erreichte ich den höchsten, die Felsenburg aller, von wo die ganze Insel zu übersehen, ich sah und mußte die Augen schließen, so sicher meinte ich es wäre nur ein Traum, oder so etwas wie die Funken im Auge, wenn man sich daran stößt. Ich weiß gewiß, daß ich länger als eine Stunde in der größten Entzückung gestanden habe, als ich das ganze Lustrevier dieser Insel wie ein ererbtes Land von der Natur mit starken Mauern und Pfeilern umgeben vor mir liegen sah; doch endlich als ich meiner gewiß war, suchte und fand ich einen sehr bequemen Weg, eine Stelle ausgenommen, wo ich über einen Abgrund springen mußte. Da trat ich nun in dieses Land, und kein Wildpret scheute sich vor mir, sie sahen mich neugierig an: Hirsche, Affen, Rehe, Ziegen und andre mir unbekannte Thiere. Unter eine Art Rebhüner gab ich Feuer, es fielen fünfe, die andern

Thiere stutzten, und zogen sich in den Wald zurück. Ich hoffte Menschen zu finden, aber wohl fand ich Zeichen davon: wie einige alte angebundne Weinstöcke, Abtheilungen von Gartengewächsen, sonst aber keine Spur. Die Nacht brach ein, ich as Früchte zu meinem Zwieback und schlief sehr selig, bey Tagesanbruch unternahm ich den gefährlichen Rückweg, die Rebhüner um den Hals gebunden, die Flinte als Wanderstab. Alle freuten sich; Leuven schwor, er hätte keinen Bissen seit meiner Abreise gegessen; ich zeigte ihm zum Troste die Rebhühner und konnte kaum meiner Zunge meistern, die gern alles, was ich gesehen, auf einmal gesagt hätte. Albert, ihr fantasirt, schrie Leuven, und brachte mich zu Lemelie, der sich krank gestellt hatte, aber dabey dem Essen und Trinken nichts schuldig blieb. Ich mußte umständlich berichten, van Leuven wollte gleich fort, aber meine Müdigkeit und Lemelies Faulheit hielten ihn bis zum andern Morgen auf. Bey dem angenehmen Sonnenlichte machten wir uns auf den Weg, jeder trug etwas des Nothwendigsten und da wir nicht gleich ein Handbeil finden konnten um die Gesträuche im Wege abzustutzen, so beschenkte mich Lemelie mit einem breiten Stilete, welches auch in die Mündung des Flintenlaufs gesteckt werden konnte, er dachte aber nicht, daß er mir hiemit ein solches kaltes Eisen in die Hände gab, welches ihm in wenig Wochen den Lebensfaden abkürzen sollte. Ich hatte den Weg im Herun=

tergehen bezeichnet, Concordia war sehr muthig, nur bei dem Sprunge über den Abgrund ergrif sie der Schwindel, wir mußten sie da sitzen lassen und drüben Bäume fällen um ihr eine ordentliche Brücke daraus zu bauen, doch zitterte sie noch beim Übergehen. Ich kann die Freuden und den Dank meiner Gefährten nicht beschreiben; wir fanden mehrere Arten Getreide, Reiß, Hülsenfrüchte; und schliefen auf dem schönen Weinberge. Am Morgen sagte Lemelie: Ich schwöre bei allen Heiligen, meine Lebenszeit hier in Ruhe zuzubringen, es fehlen uns nur zwei Weiber, was sollte uns hindern, wenn wir uns unter diesen Umständen mit einer Frau behülfen! — Leuven schüttelte mit dem Kopfe. — Lemelie fuhr fort: Ei was, man muß unter solchen Umständen den Ekel und Eigensinn bei Seite setzen; dem Himmel wird es kein Verdruß seyn, wenn wir ihm von allen andern Menschen abgesondert, eine neue Colonie zeugen. Leuven schüttelte den Kopf noch stärker und sprach: So lange noch adlich Blut in meinen Adern rinnt, werde ich meine Concordia mit keinem Menschen theilen. Concordia aber vergoß bittre Thränen und schlug die Hände über den Kopf zusammen: O Himmel erbarme dich, da du mich an einen Ort gerettet, wo mich die Leute so schändlich mißbrauchen wollen. — Ich bitte euch, sprach ich zu ihr, nehmt dies Stilet und stoßt es mir ins Herz, wenn ihr glauben könnt, daß solche Sünde darin sich geregt hat. — Sie weinte und sagte:

Verzeiht Albert, ich that euch Unrecht! — Lemelie aber sprach mit Lachen: Alle meine Reden sind ein bloßer Scherz gewesen, ich bin etwas frei im Reden, verzeiht mir das. So wurde der Streit beigelegt. — Wir entdeckten den folgenden Tag Salzlachen und Leuven eine sehr schöne Laubhütte, die zwar verwachsen war, aber noch deutlich in den geflochtenen Ästen und durchhauenen Fenstern Menschenhand zeigte; sie war sicher gegen Regen und die beiden Eheleute mußten sie als Schlafzimmer annehmen. Die zurückgebliebenen Sachen wurden die folgenden Tage an Seilen hinaufgewunden, wir hatten, was uns besonders lieb war, noch einen großen Vorrath Pulver; Concordia übte sich täglich im Schießen. Der erste Sonntag, den wir in diesem Paradiese erlebten, war uns ein Ruhetag, wir brachten den Tag mit Beten und Singen zu, wir hatten eine Bibel gerettet. Nachdenklich war es, daß unter uns vieren die Hauptsekten des christlichen Glaubens vereinigt waren: ich war Lutheraner, Leuven und seine Frau Reformirte, Lemelie katholisch. Wir drei Protestanten vereinigten unser Gebet, Lemelie hielt seinen Gottesdienst von uns abgesondert, worin derselbe bestanden, weiß ich nicht, so lange wir mit ihm umgegangen, hat er wenig Gottgefälliges merken lassen. — Am Sonntag Abend fiel ich auf einem Spaziergange in einen mit dünnem Gebüsch verdeckten Graben, als ich mich erholt, sah ich mich um und stand vor einer finstern Höle, die mit menschlichem Fleiße in den Hügel hineingearbeitet zu seyn schien. Ich ging getrost zum Eingang, da mir aber ein ekler Dunst entgegen kam, fing meine Haut an zu schaudern und die Haare bergan zu stehen, weswegen ich mit eilenden Schritten den Rückweg suchte und fand. Ich erzählte mein Schrecken; Leuven tadelte meine Neugierde und ich beschloß, damit kein andrer Schaden litte, diese ekle Gruft mit Erde zuzufüllen. Allein ich habe Zeit meines Lebens keine ängstlichere Nacht als diese gehabt, denn etwa um Mitternacht, da ich selbst nicht wußte, ob ich schlief oder wachte, erschien mir ein langer Mann, dessen weisser Bart fast bis auf die Kniee reichte, mit einem langen Kleide von rauhen Thierfellen angethan, in der Hand aber eine große Lampe mit vier Dochten; er sprach mit tiefer Stimme: Verwegner, du willst verschütten, was ich in vielen Jahren ausgearbeitet; kein Ungefähr hat dich in diese Höhle geführt, denn wie ich acht Menschen auf diese Insel begraben habe, so bist du auserkoren mir diesen letzten Liebesdienst zu erweisen. Wisse, daß der Himmel etwas Besonderes mit dir vorhat, doch wird dein Glück erst nach zweien Unglücksfällen anheben; du aber wirst deinem Schlafgesellen den Lohn seiner Sünden geben. Bei Endigung dieser Worte drückte er mit einem seiner langen trocknen Finger auf meine Hand, daß ich an zu schreien fing, alles verschwand und die hellen Sterne blinkten durch die Laubhütte. Lemelie, der unter derselben Laubhütte mit mir schlief, fuhr bei meinem Geschrei auf und ärgerte sich, daß ich ihn gestört, ich sagte ihm bloß, daß ein übler Traum mich gequält, und er schlief sofort wieder ein.

Ich konnte nicht schlafen; am Morgen sah ich auf meiner Hand einen stark mit Blut unterlaufenen Fleck und erzählte Leuven heimlich mein Nachtgesicht. Lemelie, sagte er, macht mir das Herz schwer, verschweig deinen Traum; wir wollen thun, als wenn uns bloße Neugierde in die Höle führte. Wir gingen hin: ich voran, Lemelie folgte mir, Leuven schloß den den Zug, wir zündeten eine Lampe an, die mit Seekalbsfett gefüllt war, und fanden beim Entritt einen schönen Vorrath von Hausgeräthen aus Kupfer, Zinn, Eisen, nebst vielen Packfässern. Wir wendeten uns seitwärts nach einer halb offen stehenden Thüre, ich ging voran. Lemelie that einen Schrei und sank ohnmächtig zur Erde nieder. Wollte Gott, seine schändliche Seele hätte damals den Körper verlassen, so aber riß ihn Leuven zurück an die frische Luft, und ich rieb ihn, bis er sich wieder ermunterte. Wir gingen zurück und fanden gleich die Ursach seines Entsetzens: im Winkel linker Hand saß ein solcher Mann, wie mir in voriger Nacht erschienen, seine Hand untergestützt, als ob er schliefe. Über dem Tisch hing eine Lampe, wie ich sie im Traum gesehen und eine Inschrift an der Wand. Wir riefen ihm: Alle gute Geister loben Gott den Herrn! er saß unbeweglich, wir sahen an dem vorscheinenden Finger, daß es ein todter Körper sei, die lateinische Inschrift sagte uns mehr von ihm: Ankömmling, erstaune nicht über mein Gerippe, sondern gedenke, daß du auch seit dem Fall der ersten Ältern derselben Sterblichkeit unterworfen bist, laß das Überbleibsel meines Leibes nicht unbegraben liegen, du wirst für deine geringe Arbeit eine große Belohnung erhalten; meine Schätze machen dich reich, wenn du zu menschlicher Gesellschaft gelangst, wenn du aber wie ich gezwungen bist in dieser Einsamkeit als Einsiedler dem Tode entgegen zu gehen, so werden dir doch einige meiner Schriften, die in meinem Sessel verborgen, nützlich seyn. Ich bin geboren 1475, mein Name Don Cyrillo de Valaro, auf diese Insel gekommen 1514. Ich bin dem Tode sehr nahe, den 28sten, 29sten und 30sten Juni 1606 und noch den 1sten Juli, 2ten, 3ten, 4ten, 5ten. — Meine Herren, sagte ich zu meinen Gefährten, wir sind schuldig das Erflehte zu thun. Leuven war willig, aber Lemelie sagte: Die Spanier sind Rodomontaden gewohnt, es wird wohl mit seinen Belehrungen nicht sonderlich seyn, auch mag ich mich lieber mit zwei Seeräubern herumschlagen, als mit einer todten Leiche zu thun haben, jedoch euch zu Gefallen will ich mich nicht ausschließen. Ich holte ein großes Stück Segeltuch und eine Schaufel. Leuven faßte den Körper bei den Schultern, ich bei den Beinen an, aber kaum hatten wir ihn angerührt, so fiel er mit Geprassel zusammen. Lemelie erschrak, daß er davon lief, wir aber lasen die Gebeine auf, begruben sie an einem schönen Platze und beschlossen ihm eine Gedächtnißsäule zu errichten. Nachher vertrieben wir den moderigen Geruch mit Schießpulver und dann ging Lemelie mit uns die Schätze zu entdecken. Wir fanden die sorgfältig in Wachs verwahrten Schriften, mehrere Becher voll Kostbarkeiten und wohl achtzehn Hüthe voll Goldmünzen aller Art, die uns hier freilich nichts nützten. Mit den Schriften gingen wir hinauf. Leuven und ich lasen die halbe Nacht. Als ich in meine Schlafhütte gehen wollte, fand ich den Lemelie krumm zusammengezogen liegen und gleich einem Wurm sich winden. Auf mein Befragen fing er entsetzlich an zu fluchen: Vermaledeiet ist der verdammte Körper, den ihr diesen Tag begraben habt, das Scheusal, über welches keine Seelenmessen gelesen, ist mir vor etlichen Stunden erschienen und hat meinen Leib erbärmlich zugerichtet. Er wollte diese Nacht nicht in die Hütte zurück und ich mußte den elenden Menschen in Leuvens Wohnung bringen. Concordia pflegte seiner.

Er war den andern Tag todtkrank, und sein ganzer Leib mit blauen Flecken unterlaufen; ich mußte ihm versprechen das Ereigniß vor den andern geheim zu halten, doch erzählte ich es gleich meinem Freunde.

Wir fanden in der Höhle noch Scheffel voll Perlen und Kostbarkeiten, und reinigten sie völlig um darin zu wohnen. Leuven nahm Cyrillos Zimmer, ich die Kammer daneben, und Lemelie erhielt das dritte Zimmer. Wir zogen ein, holten einige der gestrandeten Sachen und blieben deswegen oft tagelang aus; dies benutzte Lemelie, der sich krank stellte, der Concordia seine heftige Liebe zu erklären, sie wies ihn stolz zurück, er bat um ihr Stillschweigen, das sie aber nicht hielt. Doch hatte die Furcht verrathen zu werden Lemelies schnelle Genesung zur Folge, der uns sehr eifrig bei der großen Arbeit half, die wir nach Cyrillos Anweisung unternahmen: den Strom süßen Wassers, der durch den Felsen herausdrang, mit einem Damm zu hemmen, um dadurch einen bequemen Eingang zu finden. Wie wurden wir davon überrascht, nach vollendeter Arbeit; ihr schienet nicht weniger darüber verwundert, bei eurer Ankunft, mein guter Capitän Wolfgang, als euch meine Söhne da hinauf führten. Nach Endigung dieser Arbeit wurden wir einmal um Mitternacht durch einen entsetzlichen Knall erweckt; ich und Leuven sprangen beinahe zu gleicher Zeit zur Thür hinaus, und sahen gegen Süden zu, wo Cyrillos Körper beerdigt, eine bläuliche Flamme sich hinziehen, die allda verschwand. Die Haare sträubten sich, doch suchte uns Leuven zu beruhigen, es sei eine Erderschütternng gewesen und dies ein Schwefeldunst. Aber Concordia gab dieses darauf: Der Himmel wolle nur, daß dies keine schlimme Vorbedeutung sey, denn ich war gerade in einem schweren Traume, als der Knall mich ermunterte, ich habe ihn im Schrecken vergessen, eine helle Flamme erleuchtete vor dem Knalle unser Zimmer und löschte die brennende Lampe aus. Wir blieben die Nacht auf, weil wir einen Riß in der Höhle fürchteten; da Lemelie nicht erschien, glaubten wir daß er im ersten Schreck davon gelaufen, aber am Morgen kam er aus seiner Kammer und hatte nichts vernommen, auch war kein Riß an der Höhle zu bemerken. Allein der gute Leuven schlief nur noch zwei Nächte darin, am dritten Tage nahm er seine Flinte um ein Paar wohlschmeckende Vögel, die wir Martinsgänse nannten, zu schießen. Lemelie ging eben darauf aus; ich aber blieb bei der Concordia um ihr Holz zu spalten. Zwei Stunden über Mittag kam Lemelie mit zwei schönen Vögeln zurück, die wir gleich bereiteten. Concordia fragte, wohin ihr Mann gegangen? Ob er ihn nicht angetroffen? Er sagte nein, doch habe er auf einer Seite des Gebürges einen Schuß vernommen. Concordia scherzte noch: Wenn ihr Carl Franz nun käme, da könne sie ihm seine frischgeschossenen Martinsgänse gleich gebraten vorsetzen. Aber da die Sonne bereits unterging und die Braten schon schwarz wurden, verzehrten wir fröhlich einen Vogel, nachher warteten wir auf den Mondschein, daß der Leuven zurückbrächte. Da fuhr Concordia aus: Was wird der Mondschein helfen und wie kann er zurück kommen, wenn er vielleicht Schaden genommen, denn itzo fällt mir mein Traum aus jener Schreckensnacht in die Gedanken. Lemelie wollte sie trösten, er wollte schießen, rufen, er würde dann schon von sich hören lassen. — Wie kann er schießen, sagte Concordia, wenn er todt ist! Doch ging sie mit uns ihn aufzusuchen. Wir liefen die ganze Nacht. Was soll ich unsre Noth beschreiben, erst am dritten Tage entdeckten wir seinen Körper unter einer jähen Klippe, von der er unserm Vermuthen nach herabgefallen war. Ich schrie, Concordia fiel in Ohnmacht, das waren Tage der Verzweiflung; ich las ihr fleißig vor aus der Bibel, das war das Einzige was sie beruhigen konnte. Lebhaft wurde der Wunsch in ihr den todten Körper zu begraben; Lemelie wollte dabei nicht helfen, er sagte, daß er einen natürlichen Abscheu gegen todte Körper hege. So bestieg ich allein mit Concordien den Felsen und ließ mich mit unglaublicher Beschwerde und Gefahr an Stricken und durch eingehämmerte Pfähle zu dem Körper herab, der von der Hitze schon sehr gelitten hatte und schleppte ihn hinauf; mit Mühe entriß ich ihn ihren Thränen und begrub ihn an Cyrillos Seite. Seinen Ring hatte sie zum Angedenken von seinem Finger gezogen. Lemelie wollte mit lustigen Geschichten ihren Kummer zerstreuen, sie bat ihn aber, nicht zu verscherzen, was sie kaum verschmerzen könnte.

Wir drei saßen oft zusammen ohne ein Wort zu reden; es fehlte uns der, welcher bis dahin unsre kleine Gesellschaft glücklich verbunden hatte. Kaum waren vier Wochen nach Leuvens Beerdigung vergangen, so sagte ihr Lemelie frei heraus:

Sie haben nun das unglückliche Verhängniß ihres Ehemannes schon zu lange für ihre Gesundheit und Ruhe betrauert. Was ist nunmehr zu thun? Sie sind eine Wittwe und hochschwanger, zu ihren Ältern zurückkehren ist unmöglich, einen Mann müssen Sie haben, der Ihre Ehre erhält, niemand ist sonst da als ich und Albert, ich zweifle nicht, daß Sie mich, einen Edelmann, diesem jungen Lecker vorziehen, auch läßt er sich so hochmüthige Gedanken nicht einkommen. Bedenken Sie Ihr Bestes ganz kurz, in drei Nächten will ich als Ehemann mit Ihnen mein Beilager halten. — Concordia, die sich aus seinen feurigen Augen nichts Gutes deutete, bat um halbjährige Trauerzeit; er aber schwur, daß er sich schon zu lange Gewalt angethan habe und sich im Weigerungsfalle mit Gewalt ihrer ermächtigen wollte. — Mit Thränen erzählte es mir Concordia heimlich; ich stärkte sie mit meinem Trost: so lange ich lebte, sollte ihre Ehre nicht gefährdet werden. Inmittelst war Lemelie die drei Tage lustig und guter Dinge, da aber die Unglücksnacht einbrach, befahl er mir herrisch mich zur Ruhe zu legen, weil er morgen eine schwere Arbeit vorhabe. Ich zeigte ihm knechtischen Gehorsam, doch blieb ich angekleidet und wach in meiner Kammer. Gegen Mitternacht drang er mit Gewalt in Concordiens Kammer; ich schlich ihm nach; vergebens wandte Concordia die rührendsten Bitten an, rief Gottes Rache über ihn; er wollte Gewalt brauchen; da empfahl ich mich Gott, stürzte in die Thüre und suchte ihn mit vernünftigen Vorstellungen zu bezwingen. Doch der eingefleischte Teufel sprang nach einem Säbel und hieb mir über den Kopf, daß mir das Blut die Augen füllte. Ich eilte nach meiner Kammer, er mir nach und gab mir noch einen Hieb in die Schulter, ich ergrif meine Flinte mit dem eingeschraubten Stilet und der Mörder lief sich selbst hinein, indem er mir den letzten Stoß geben wollte; mit dem Stilet in der Brust stürzte er zu Boden. Auf sein erschreckliches Brüllen kam Concordia mit einem Lichte; er wollte ihr mit seinem Säbel einen tödtlichen Streich geben, doch indem ich meinen Fuß auf seine Kehle setzte, band ich ihm Hände und Füße mit Stricken zusammen. Während Concordia meine Wunden so gut wie möglich verband, rief er aus seinem häßlichen Schandrachen den Satan um Hülfe an, verschwor sich ihm auf ewig zum Eigenthume, wofern er seinen Tod an uns rächen wollte. Ich und Concordia predigten ihm lange von der Buße und von Gottes Barmherzigkeit, doch der Bösewicht drückte die Augen fest zu und knirschte, daß ihm die Zähne zersprangen. Zuletzt bat er um einen Trunk, ich gab ihm Palmsaft. Dann bat er um einen tödtlichen Gnadenstoß: bei Gott wäre für ihn keine Gnade, er müsse ins Reich des Teufels, dem er lange ergeben, ewig verbleiben. Seine Geschichte, die er uns erzählte, soll uns an diesem schönen Tage nicht entsetzen. Er war aus edlem Geschlechte in Frankreich, wollte es aber nicht nennen wegen seiner Schande; von erster Jugend an wechselten Blutschande, Kindermord und Vergiftungen. Durch Mord machte er sich zum Besitzer eines Kaperschiffs; der letzte große Sturm hätte ihn beinahe zur Erkenntniß seiner Sünden gebracht. Er sahe Concordien mit starren Augen an und nahm noch einen Trunk Palmensaft, dann sprach er: Bejammernswerthe Concordia, nehmt den Himmel zu einem Arzte an, indem ich eure Herzenswunde noch einmal aufreiße. Aus Liebe zu euch habe ich wohl achtmal auf dem Schiffe Gelegenheit gesucht euren Gemahl mit Gift hinzurichten, doch da er nur in eurer Gesellschaft gegessen, war es mir unmöglich. Öffentlich wagte ich nicht mit ihm anzubinden, ich suchte ihn heimlich umzubringen. Es ist gelungen, ich habe euren Mann von der Klippe heruntergestürzt. — Ich mußte Concordien durch eine balsamische Arzenei stärken; sie wollte den ganzen Verlauf hören. — Er fuhr fort: Euer Ehemann kam, indem er ein schönes Lied sang, die Klippe hinaufgestiegen und erblickte mich seitwärts mit der Flinte im Anschlage liegen. Er erschrak heftig, ungeachtet ich nicht auf ihn, sondern nach einem mir gegenüber sitzenden Vogel zielte, den er durch seine Ankunft verjagte. Wiewohl mir nun der Teufel gleich in die Ohren blies, diese schöne Gelegenheit ihn umzubringen, nicht vorbei streichen zu lassen, so war doch ich noch listiger als hitzig, warf meine

Flinte zur Erde, eilete und umarmte Leuven und sagte: Edler Freund, ich spüre, daß ihr vielleicht einen bösen Verdacht habt, als ob ich nach eurem Leben stünde, allein entweder lasset ihn fahren oder erschießet mich auf der Stelle, was ist mein verdrießliches Leben ohne eure Freundschaft auf dieser Insel. Leuven umarmte und ermahnte mich, ich schwur ihm Besserung und lockte ihn unter dem Vorwande, als ob ich ein fernkommendes Schiff wahrnehme, auf die gefährlichste Stelle. Indem er fröhlich in die Ferne ausblickte und seine Hände ausstreckte, stürzte ihn ein einziger Stoß von mir in den Abgrund; alles war ganz stille, der plötzliche Schrecken hatte selbst den letzten Schrei vernichtet, aber mir wollten die letzten Worte seines Morgenliedes gar nicht aus den Gedanken und Ohren kommen:

Nimmst du mich, Gott, in deine Hände,
So muß gewiß mein Lebensende
Den Meinen auch zum Trost gedeihn,
Es mag gleich schnell und kläglich seyn.

Ich hörte es immer lauter in mir und stürzte mich um so wilder in die Gedanken unzüchtiger Begierden, damit ich es los würde. — Dir, Albert, war der Tod geschworen, wenn du dich meinem Vergnügen bei Concordien widersetzt hättest; das Schicksal hat es ohne dein Zuthun anders über mich beschlossen, ich aber muß fort zu des Teufels Quartieren! Und bei diesen Worten hatte er einen Arm frei gemacht, ergriff ein Messer, das in seiner Tasche verborgen, durchstieß sein Herz und brüllte seine ewig verdammte Seele aus. Ich begrub ihn als ein Vieh fern von den beiden Frommen.

So traurig und lässig wir in den ersten Tagen waren, so fühlten wir doch beide, daß wir durch den Tod dieses Schändlichen einer gewissen Sorge befreit waren; Concordia pflegte meiner Wunden, so gut sie es verstand; ich mußte deswegen in ihrem Zimmer schlafen. Meine Schmerzen ließen mich kein Auge bis gegen Morgen zuthun, wo Concordiens Wehklagen mich plötzlich erweckten. Ach Albert, rief sie, nun befinde ich mich auf der höchsten Staffel meines Elends. Ach Himmel du weißt ja daß ich zeitlebens die Keuschheit als mein bestes Kleinod geschätzet; hierauf rang sie die Hände heftig und der Angstschweiß lief ihr über das Gesicht, ich meinte sie würde sterben, und wischte ihr den kalten Todesschweiß ab, und sah mich schon einsam unter den Thieren auf den Gräbern aller meiner Lieben, da stürzte ich vor Wehmuth nieder und suchte Gott mit der Gewalt meines Gebets zu zwingen. Inzwischen war Concordia stille geworden, sie legte meine Hand auf ihre Brust und sagte: Wisset, daß Gott meine Keuschheit in harte Prüfung setzt; ich bin in Kindesnöthen, euer Gebet hat mich gestärkt. Einer reinen Seele kann äussere Versuchung nicht schaden, ich bitte euch, bleibet rein von unkeuschen Gedanken. Ich aber hob meine Hand in die

Höhe und schwur, so lieb ich sie hätte oder je haben könnte, doch jedes Wort, jeden Seufzer zu unterdrücken, ja lieber wollte ich sterben, als durch meine Lust ihr lästig werden, nur an meinen treuen Diensten sollte sie meine Ergebenheit erkennen und an dem Eifer sie zu den Ihren, wenn es möglich, zurückzuschaffen. Nun sollt ihr mir befehlen, Gott wird meiner Unerfahrenheit beistehen. Dankbar küßte die Frau meine Hand, sagte, daß sie nun volles Vertrauen in meine Redlichkeit setze, ich möchte nur warmes Wasser bereiten. Ich eilte dazu und als es im Kochen und ich nach meiner Kreissenden sehen wollte, fand ich sie auf einem Unterbette mitten in der Kammer, die große Lampe daneben und ein neugebornes Töchterlein auf ihrem Arm, das schreiend seine Ankunft in der Einsamkeit verkündete. Indessen war der Tag angebrochen und ich taufte das Kindlein nach dem Mutternamen Concordia in und nach Anweisung heiliger Schrift. Nachher ging ich auf die Jagd und schoß einen Hirsch; so matt ich war schleppte ich ihn doch nach Hause, und bereitete eine kräftige Suppe mit gesunden Kräutern. Aber Concordia befand sich sehr übel darauf, sie verfiel in ein Fieber und hatte keine Milch. Ziegen konnte ich bei meiner Mattigkeit nicht einfangen; da kam ich auf den Einfall aus den Kernen einer Frucht eine Art Milch zu quetschen, die das Kind erquickte. In vier Tagen befand sich Concordia wohl und stillte ihr Kind, ich aber verfiel in ein heftiges Fieber, meine Wunden waren hoch angeschwollen. Vergebens wusch sie meine Wunden mit ihrer eigenen Milch aus und kühlte mich mit aufgelegten Blättern, es kam kein Schlaf in meine Augen. Einstmals Nachts schlummerte ich ein wenig da träumte mir Cyrillo komme zu mir und zeige mir ein Kraut. Ich fuhr freudig auf und bat Concordien mir alle Kräuter, die sie in der Nähe der Hütte abbrechen könnte zu bringen, sie that es und ich erkannte jenes Kraut. Am Morgen legte ich dies zerquetscht auf alle entzündeten Theile und fand mich in vier Tagen besser und in drei Wochen geheilt. — So bald ich hergestellt, dachten wir für das Künftige zu sorgen, die Kleine hatte uns mit neuer Hoffnung erfüllt. Ich baute ein kleines Haus mit einer Küche und einem Keller zum Aufbewahren der Vorräthe. Dem Kinde machte ich eine Wiege, woran Concordia große Freude hatte. Ich bestellte den Acker und die Weinerndte war trotz des Schadens, den uns die Affen thaten, recht ansehnlich. Ein Affe, der sich ein Bein gebrochen, erregte Concordiens Mitleiden, sie verband sein Bein mit Schindeln und Tüchern, wir trugen ihn in die Hütte, legten ein Kopfkissen über seinen Körper, so verließen wir ihn. Als wir zurück kamen fanden wir zwei Affen bei ihm, die sich sehr betrübt anstellten. Als ich ihnen traute ging ich hinzu, strich dem Patienten das Haupt, sah nach seinem Beine und fand, daß es unverrückt liegen geblieben war, weswegen er noch ferner gestreichelt wurde. Die zwei Alten, wie der Patient, bezeugten mir hierauf ihre Dankbarkeit durch Leckung meiner Hände; Concordia kam auch dazu, der Patiente reckte seine Pfote gegen sie aus, als wollte er seine Dankbarkeit bezeugen, er war so verbindlich für den Verband, daß es mit Lust anzusehen. Die zwei Alten liefen hierauf fort, als ob ihnen plötzlich etwas einfiele, was sie vergessen, sie brachten uns zwei große Kokosnüsse, die wir gar nicht auf der Insel geglaubt hatten, diese schlugen sie sehr sorgfältig auf, die eine reichten sie uns dar, die andere dem Kranken. Der Kranke wurde in sechs Wochen völlig geheilt, aber weder er, noch die zwei Alten wollten uns verlassen, sie brachten noch zweie mit und thaten alles was sie uns an den Augen absehen konnten; sie spalteten Holz, sammelten Früchte ein, die mir zu hoch zum Erklettern waren; machten sie einen Unfug, so fügten sie sich willig in die Strafe. Der Winter verging ohne Kälte, unsere Vorräthe an Heu waren überflüßig und blieben als eine Streu für unsre Affen, wir waren heiter und fleißig an den Werktagen und an den Sonntagen fromm. Unsere Saatfeldet standen im Frühling in schönster Blüte, doch die fremden Affen rammelten darin herum und als die unsern gesehen, daß ich sie deswegen mit Steinen und Prügeln verfolgte, so waren sie täglich auf der Wache und machten mir das nach. Aber einmal kamen über zwanzig und griffen meine fünfe an: der Streit ward heftig; ich kam erst dazu als das Weibchen des Ältesten schon verwundet zu Boden lag, darauf gab ich Feuer, es fielen drei Feinde, die Übrigen machten einen Rückzug, der eher einer Flucht ähnlich war. Ich kehrte siegreich mit meinen vier Affen, sie waren durch rothe Halsbänder kenntlich, vom Verfolgen zurück; ich besah die Blessirte, sie war aber inzwischen an ihren Wunden schon gestorben, doch hatte ihr letzter Blick die fliehenden Feinde gesehen. Die Trauer ihres Witwers und ihrer Kindes war groß, selbst die beiden andern rauhen Kameraden strichen sich die Thränen von den Schnautzbärten. Concordia ergriff mit mir Werkzeuge um die auf dem Heldenbette verstorbene Äffin zu begraben, aber ehe wir dazu kamen, hatten schon die vier Leidtragenden sie in feierlich ernstem Schritte mit gesenkten Schwänzen fortgetragen und warfen sie in den Westfluß, der den theuren Leichnam in das Meer und zu den jenseitigen Wohnungen des Friedens sanft hinunterführte. Ich konnte mit Concordien nur dreimal zur letzten Ehre darüber schießen. Die vier Leidtragenden gingen langsam in ihren Stall, blieben einen Tag ohne Essen und Trinken, dann kamen sie freudig heraus und gingen, nachdem sie tapfer gefressen und gesoffen, an ihre alte Arbeit. Nur der Witwer verlor sich nach einiger Zeit, brachte aber nach sechs Wochen eine junge Gemahlin mit, die er mit lächerlichen Fleiße an unsern Haushalt zu gewöhnen suchte, und uns auf alle Art empfahl. So nützlich uns diese Affen waren, so zogen sie uns doch einst einen großen Schreck zu. Concordia ging einmal von der Arbeit im Weinberge nach Hause, um nach dem Kinde zu sehen, das sie in der Wiege schlafend verlassen, kam aber gleich mit Geschrei zurück, daß es mit seinen Kleidern geraubt. Ich eilte zurück, rief das Kind bei Namen, keine Antwort; nach drei Stunden Verzweiflung sah ich, daß sich etwas auf der Spitze unsres Heuhaufens bewegte; ich setzte voll Hoffnung eine Leiter an und sah wie ein Affe mit dem Kinde ein frisches Obst speise. Allein wie er meiner gewahr wurde, rutschte er so schnell, das Kind zwischen seinen Vorderpfoten, herunter, daß mich der Schrecken fast von der Leiter gestürzt hätte. Als ich herunter gestiegen, war er mit dem Kinde schon lange im Hause, hatte es ausgezogen, in die Wiege gelegt, saß ganz ernsthaft dabei und wiegte es. Wir besahen das Kind mit Zagen, es hatte aber keinen Schaden gelitten; doch wurde der Frevler hart bestraft.

Unsre Erndten fielen sehr reichlich aus, wir hatten die Freude hinlänglich Brod backen zu können, aber mit Fasten und Gebet feierten wir die Schreckenstage des vorigen Jahres. Doch während des zweiten Winters verfiel ich in eine immer mehr zunehmende Melancholey; ich konnte mir nicht rathen, endlich merkte ich, daß ich Concordien wirklich liebte; ich mußte Concordien täglich sehen, immer freundlich gegen mich und durch meinen Schwur gebunden, ihr nicht einmal ein erleichterndes Wort von meiner Sehnsucht sagen. Es ist sehr traurig der Neigung und dem Bedürfnisse zugleich entgegen zu kämpfen, und wenn jene auch über das Entbehrte zu erheben und zu trösten vermag, so riß mich diese immer dreifach tiefer in den Kummer hinein. Manche Arbeit ließ ich liegen und nahm dagegen die alte Zitter Cyrillo's neben meiner Flinte auf die Schulter, bestieg die Nordfelsenhöhe und indem ich nach den fernen Wellen, auf Schiffe lauernd, mich blind sah, betäubte ich meine Ohren mit allerlei Zusammentönungen, die ich allmälig von selbst auf der Zitter erlernte. Ich hatte nie Musik getrieben, aber wohl oft gehört; ihr werdet nicht glauben, daß ich als ein alter Mann von solchen Kindereien mit besonderer Eitelkeit rede, aber bringt einmal die Zitter her, ich habe sie in meinen alten Tagen wieder hervorgesucht, mich wieder erinnert, wie ich sie gespielt habe, und da ist es mir nachdenklich, wie mich nie eine andre Musik so gerührt, gestärkt und wieder zu Gott gewandt hat als die meine, ja ich möchte zuweilen glauben, daß Gott, der meinen natürlichen und unbefriedigten Unmuth kannte, mir zu einigen Griffen die Hände hat besonders von seinen Engeln stellen lassen, mich zu trösten, daß ich nicht in Tiefsinn verloren gegangen; denn noch jetzt weiß ich nicht, wie ich zu dem allen gekommen. Auch manches Lied machte ich damals, um mich auszulassen, aber es lag mir nichts daran; ich brauchte es nur, daß ich die Griffe auf der Zitter dabei behalten konnte, die ich sonst eben so leicht vergaß, wie sie mir eingefallen, und die ich nachher zu Concordias Freude vorspielte, während ich heimlich in mir der Worte dachte, die sie bedeuteten. Am heiligen Dreikönigstage Mittags nach verrichtetem Gottesdienste war ich wieder im Begrif nach der Nordfelsenhöhe zu steigen, als Concordia mir sagte: Albert, ich sehe, daß ihr spazieren gehet, ich bitte nehmt eure Pflegetochter mit, ich habe eine Arbeit vor, wobei sie mich stört. Ich nahm die kleine Schmeichlerin und stieg mit etwas Palmensaft und Weihnachtkuchen für sie, mit Flinte und Zitter für mich, den Nordfelsen hinauf; da gab ich dem Kinde einige bunte Steine zum Spielen, stützte meinen Kopf auf den Arm, sahe auf die See und hing den unruhigen Gedanken nach. Endlich ergrif ich meine Zitter und sang meine gewohnten Lieblingslieder darein, als aber die Kleine eingeschlafen, wollte ich sie nicht erwecken, zog einen Bleistift und Papier heraus und setzte mir ein neues Lied auf:

Nordfelsenhöh,
Du kennst mein Weh,
Wie ich das graue Moos
Auf deinem Haupte kenne,
Und deinen Felsenschooß
Doch unergründlich nenne.

Das gefiel mir aber nicht, ich blickte auf und sahe in größter Ferne ein Schiff, mein Jubel empfing es schon an diesen Ufern; aber wenig Minuten dauerte es, so war alles verschwunden, als wäre nie etwas da gewesen. Als ich mich etwas gefaßt, schrieb ich weiter:

Ach hätt' ich nur kein Schiff erblickt,
So wär ich länger ruhig blieben,
Die Sehnsucht hat es hergeschickt,
Die Sehnsucht hat es fortgetrieben,
O Liebe willst du dich denn eines reichen Armen
Und freien Sclaven nicht zu rechter Zeit erbarmen.

Ich liebe was und sag es nicht,
Denn Eid und Tugend heißt mich schweigen,
Mein ganz verdecktes Liebeslicht,
Darf seine Flamme gar nicht zeigen,
Zum Himmel treibt es seine reinen hellen Strahlen,
Die Sonne ist ein Wiederschein von meinen Qualen.

Ein Fruchtbaum, der von Früchten schwer,
Hängt seine Früchte zu der Erden,
Kommt starker Wind von Osten her,
Er kann nicht froh erschüttert werden,
Er stürzt herab die Früchte und die schwachen Blüthen
Und meine Träume, die mir Nachts so herrlich glühten.

Den trägen Tag verfolgt der Mond,
Er athmet Ruh auf alle Wesen,
Das Meer ist keiner Ruh gewohnt,
Zur Unruh bin ich so erlesen,
Mein einzig Glück den Traum muß ich voraus schon hassen,
Im höchsten Glück wird er mich wiederum verlassen.

Concordia bleib in deiner Ruh,
Nie werd ich deine Eintracht stören,
Mein einzig Wohl und Weh bist du,
Dir will ich ewgen Frieden schwören,
O süßer letzter Augenblick, da darf ich sprechen,
Da wird der Liebe Strom durch Aug und Lippen brechen.

Da war meine kleine Pflegetochter aufgewacht; ich fand einige herrliche Griffe auf der Zitter zu diesen zwar herzlichen aber unbedeutenden Worten, und das Kind freute sich gar sehr an meinem Gesange, ich mußte es ihm oft wieder singen. Dann nahm ich das Kind auf den Arm, es schmiegte sich zärtlich mir an, ich rief laut aus: Ach wärst du deine Mutter und wärst du nur kein Kind, ach hätt ich nicht geschworen, wär sie wie du gesinnt. Dabei fing ich an zu weinen und die Kleine weinte mit und wischte mir die Thränen ab. Doch wenig Minuten darauf kam die Mutter, ich fürchtete, sie hätte mir zugehört, auch glaubte ich ihr so etwas anzusehen, und so that ich sehr kalt und gleichgültig gegen sie, um ihr keinen Argwohn zu erwecken. Sie fragte mich, ob ich kein Schiff erblickt hätte? Ich leugnete es. Sie fuhr aber fort, ich bitte euch, seht nicht so oft nach den vorbei fahrenden Schiffen; sind wir nicht glücklich und kommt nicht alles Glück unverhofft. — Seid ihr nicht übermorgen zwanzig Jahr? fuhr sie fort. Ich gestand, daß ichs in diesem Jahre fast vergessen, wann mein Geburtstag. Nun, fuhr sie fort, so erzählt mir doch einmal euren ganzen

Lebenslauf, mein Mann sprach mir zuweilen davon.

Ich erzählte ihr, was ihr nun auch wißt, sie hörte mir mit Vergnügen zu, und ich wurde so beruhigt, daß ich mir fest vornahm, meine Melancholey künftig besser zu bekämpfen. Den dritten Tag beim Erwachen fand ich auf meinem Tische einen grünen seidenen Schlafrock, auch neue Wäsche und folgenden Brief dabei:

Meines Herzens Freund! Ich habe alles angehöret, was ihr gestern auf dem Nordfelsen gesungen und gesprochen. Euer Verlangen ist dem Triebe der Natur, der Vernunft, auch göttlichen und menschlichen Gesetzen gemäß; ich bin eine Wittwe, der Himmel hat mich in schwerem Leid erzogen; ich küsse seine Hand in Demuth. Meinem Manne habe ich die Treue aus Liebe gehalten, ihn vierzehn Monate betrauert, auch würde ich mich nicht zu einer zweiten Ehe entschließen, aber eure herzliche Liebe zu mir und euer tugendhafter Wandel machen mein Herz wieder empfindlich; ich bin euch so vielen Dank schuldig, nehmt mich zu eurer künftigen Gemahlin an. Eure Frömmigkeit dient mir zum Bürgen, daß ihr meinen Antrag nicht unrecht deuten werdet; ihr habt aus Übereilung mehr gelobt, als Gott und Menschen von euch fordern, ich mußte in dieser Einsamkeit zwischen uns das Wort übernehmen. — Ihr werdet mich bei dem Damme des Flusses beschämt finden, nicht meines Entschlusses, aber daß ich ihn fassen mußte. Es ist unsre Vereinigung die beste Feier eures Geburtstages.

Concordia van Leuven.

Ich blieb bei diesem Briefe entzückt stehen, fast glaubte ich, Concordia wollte mich in Versuchung führen, doch faßte ich ein frisches Herz und ging zum Damme, wo ich Concordien mit ihrem Töchterlein im Grase sitzen sah, ich ergrif ihre Hand: Was bin ich gegen euch. Sie schlug mir sanft auf die Hand: Laßt die Schmeicheleien, ihr seid mir lieber als die Fürsten aller Welt, und ich habe nichts eure Dienste zu lohnen, wenn ich euch nicht werth bin. Ich sprach, daß ich mich ihr ganz zu eigen gebe, sie aber antwortete: Nein, ihr sollt meinem Willen keine Folge leisten, ich werde euch als meinen Herrn ehren, als meinen Ehemann lieben, ich kann mich als ein schwaches Werkzeug leicht übereilen. — Da faßte ich die Kühnheit ihr einen Kuß auf die Rosenlippen zu drücken und die Verabredungen zu unsrer Hochzeit gingen mir nun so leicht von den Lippen. Ich schoß ein Reh, Ziegen, ein Paar Rebhühner, fing Fische, steckte die Braten an die Spieße, die unsre Affen wenden mußten, während meine Braut das Gebackne zurichtete und unser Zimmer auszierte.

Wir führeten einander nach Abrede in die Schlafkammer vor ein Crucifix, wir knieten vor dem Altar nieder und lasen die drei ersten Kapitel des Moses. Hierauf redete ich meine Braut an: Liebe Concordia, ich frage euch hier vor dem Angesichte Gottes und seiner heiligen Engel, ob ihr mich Albert zu eurem ehelichen Gemahl haben wollt. Concordia sprach Ja! sie gab mir ihre rechte Hand, um die Trauringe zu verwechseln. Darauf sprach ich die Einsegnung der heiligen Ehe aus, Concordia sagte Amen! und las dann das achte Kapitel im Buch Tobias.

„Und nach dem Abendmahl führten sie den jungen Tobias zu der Jungfrauen in die Kammer. Darnach vermahnte Tobias die Jungfrau, und sprach: Sara, steh auf und laß uns Gott bitten heute und morgen, denn diese drei Nächte wollen wir beten, darnach wollen wir uns zusammenhalten als Eheleute, denn wir sind Kinder der Heiligen und uns gebühret nicht solchen Stand anzufahen, wie die Heiden, die Gott verachten. Und um Mitternacht rief Raguel seinen Dienern, daß sie ein Grab machten, es möchte ihm vielleicht auch so gegangen seyn als den sieben, welche mit ihr vertraut gewesen sind. Und die Magd schlich in die Kammer, fand sie beyde gesund und frisch. Und alsbald befahl Raguel, daß sie das Grab wieder füllten, und seinem Weibe befahl er, daß sie ein Mahl zurichte und von seinen Gütern gab er die Hälfte Tobias." — Concordia machte aus den Worten der Sara ein schönes Gebet zum Schluß. Unsre kleine Concordia war während der Trauhandlung so still wie ein Lamm gewesen, die Vögel sangen draussen gar lustig, wir setzten uns darauf zu Tische, auch unsre treuen Diener wurden gut bewirthet, und sie waren an dem Tage sehr feierlich. Als es Zeit zum Schlafengehen, sagte meine Braut mit liebreicher Geberde: Laßt uns dem Beispiele des frommen Tobias folgen und die drei ersten Nächte mit Beten zubringen. So saßen wir drei Nächte betend und singend beisammen, in der vierten opferte ich meiner rechtmäßigen Ehliebste die erste Kraft meiner Jugend, ein Vergnügen, wie ich es nie träumen konnte; die drei Männer, die euch hinaufführten, Kapitän Wolfgang, sind die Früchte dieser Nacht, ihr seht, diese Riesen werden das Gedächtniß meiner Concordia nicht untergehen lassen. Sie ist nicht mehr unter uns, ich bin alt, das Glück hat uns mehrere Bewohner zugeführt, ihr habt ihre Geschichten früher gehört, ich zähle drei hundert sechs und vierzig zu meinem Hause. Ihr, Kapitän, sollt ein Schiff und Kostbarkeiten erhalten, um dieser verwaisten Herde einen geweihten Seelseegen aus Europa zuzuführen, kehrt zurück oder bleibt nach Gefallen, ich sterbe hier in der Überzeugung, daß dort kein Glücklicherer gelebt hat, als ich mit meiner Concordia war, und daß noch jetzt die Erinnerung mir mehr innern Frieden giebt als Tausenden der abwechselnde Genuß aller Freuden jenes Welttheils.

Dritter Winterabend.

Altdeutsche Landsleute.

Während wir heute zu unsrer Gesellschaft hinaustrabten, der Invalide und ich, froren allmälig unsre Gedanken so weit ein, daß wir nichts Besseres zu unsrer Unterhaltung fischen konnten, als was wir recht im Herzensgrunde über einander und über alle andern Mitgliedern der Kolonie wußten und dachten. Es giebt eine Wahrheitswuth die zur reinsten Lüge gelangen kann, so schnitten wir einander in so kleine Stücke, daß endlich kaum etwas von uns zu erkennen war, doch meinten wir ein recht braves Stück voll innerer Tüchtigkeit ausgeführt zu haben. Wir kamen zuletzt auf den Gesandten des untergegangenen Hofes und völlig überein, alle seine Ueberzeugungen seien mit untergegangen und er sei nur als Vermittler zwischen allen möglichen und unmöglichen Meinungen übrig geblieben, nichts als das gefällige Papier, woraus gute Taschenspieler bald einen Vogel, bald ein Schilderhaus, bald ein Buch nachmachen. Hier wurde uns noch kälter. — Es ist ein so elendes Kunststück mit seiner Universalität, meinte der Invalide die entgegengesetze Ueberzeugung immer aufzusuchen von jeder vorgetragenen und beide zu einem Nichts zusammen zu kneten daß wir es gar nicht mehr anhören wollen. — Nun waren wir am Hause und traten ins Zimmer. Der Gesandte war von einem heftigen Redestrome ergriffen, und seiner höflichen Art ganz entgegen, dankte er kaum auf unsern Gruß, sondern fuhr fort: Wir Deutsche haben mancherlei Tugend, es fehlt uns nur gerade diese eine, die wir brauchen können, die Tugend der Rache; gedenken sie wie sonst die Blutrache aus Frömmigkeit geübt wurde und sie werden fühlen, daß die Rache kein Laster ist, wie die Moralisten meinen, sondern recht verstanden das Schwerdt der ewigen Gerechtigkeit, geschmiedet in ewiger Liebe, geschliffen am höchsten Verstande, geweihet vom tiefsten Schmerze und geschwungen von dem, der dazu berufen; wer sich dieser höchsten Leidenschaft verschließt, der verschließt sich Gott. — Ich bitte sie, reden sie nicht so entsetzlich! bat ihn die Frau vom Hause. — Verzeihen sie, fuhr er fort, es giebt aber einen Aerger, der sehr vernünftig, weil er über alle Vernunft geht; wenn ich sehe, daß Deutsche die Ruthe küssen, die sie so eben gezüchtigt und ihre Schmach zu erlöschen glauben, wenn sie wieder Zuchtmeister andrer Deutschen werden da doch jeder Deutsche ehrlos ist, der sich für Ausländer gegen Deutsche brauchen läßt, wie das ein ehrwürdig Herkommen war; entsetzlich wird mir, wenn sehe, wie sich Deutsche über ihre Nazion erheben wollen, wenn sie ihr alles herrliche absprechen, und gar nicht ahnden, daß sie ihr Urtheil eben dadurch vernichten; entsetzlich wird mir wenn sie dem Deutschen die Ehre absprechen, die ohne Stockschläge im Herzen schlägt, oder ganz träge sich aufgeben zu aller Besserung und rufen, ja wäre die Städteordnung in England da ist Bürgersinn, oder wären diese Kunstschulen in Italien, da ist Kunstsinn, diese Prediger in Spanien, da ist noch Religion, aber bei uns ist höchstens noch auf die Kinder zu wirken. Aber wisset, daß die Kinder noch dreifach schlechter als wir gerathen, wenn wir uns zum Besseren aufgeben, denn nur das lebendige Beispiel erzieht, das gleichzeitig vom Alter zur Jugend, von der Jugend zum Alter übergeht, keine Pestalozzische Schule für sich allein. Einen Menschen zum Menschen erziehen zu wollen ist eitel menschlicher Kram, zum Menschen ist er von Gott geschaffen, daß aber die Seinen ihm den ganzen geschichtlichen Reichthum, den sie überkommen und gesammelt haben, als gute Hausväter ihr Pflichttheil und Liebeganzes treulich überliefern, das ist Erziehung, darum ist ein Kind in der Fremde erzogen, als ein ausgesetztes anzusehen, das sie dem Zufalle Preis geben, zuweilen wohl in thörigter Hoffnung, daß ein Reicherer als sie selbst es finden und erziehen werde. Das Kind mag auch dort gedeihen, aber seinem Volke ist es gestohlen, so wie die Reisenden, die ihren leeren Müssiggang am steten Wechsel der Gegenden erlustigen und die dann so recht als Verächter ihres Landes zurückkehren. — Aber sie vertheidigen ja sonst das Studiren auf fremden Universitäten, das Wandern der Handwerker, das Reisen der Künstler? fragte ich. — Wer redet von diesen, sagte er rasch, die sind erzogen, ehe sie auswandern, unter solchen, ist noch Deutsche Landsmannschaft, die gehören durch ihr Bestreben schon ihrem Volke an, die sind einander treu in Noth und voll Ehrgefühl für ihr Vaterland. Aber jener müssige Troß reisender Beobachter, Weltkenner, Kritiker, Statistiker und Politiker, die Deutschland am Narrenseile ihres leeren Lobpreisens und ihrer schalen Verachtung erwürgt haben, jener Troß, den ich immer mit inniger Scham auf meinem Gesandschaftsposten dem Hofe vorstellen mußte, und die zum Theil nicht einmal die äußere Sicherheit des großen Lebens gewinnen konnten, diese ließ ich unmittelbar an der Grenze bei ihrer Rückkehr in ein Pesthaus sperren, um in strenger Arbeit ihre müßige Weltkenntniß auszuwittern. Nie habe ich gesehen, daß diese Leute als treue Landsleute einer für alle und alle für einen und für die Ehre ihres Landes gestanden, wie oft habe ich ihnen einzelne verunglückte Landsleute empfohlen, die mit Aufopferung eines Vergnügens errettet werden konnten, aber umsonst, sie konnten Vaterland, Ehre und Leben wie Spieler aufgeben, nur nicht einen Tag des Vergnügens. — Und ich gebe ihnen hiemit auf nach den Grundgesetzen unsrer Kolonie nichts

Ärgerliches von dieser ärgerlichen Zeit weiter vorzubringen, sondern uns irgend etwas andres vorzulesen, sprach die Frau vom Hause. Es ist auch schon genug, fuhr er fort, zur Einleitung einer mir sehr trostreichen Geschichte, die ich vorzutragen denke, wenn keiner etwas dagegen hat.

Arbogast von Andelon und Elisa von Portugal, Albrecht von Werdenberg und Amisa von Ponazari.

Walther von Wolffegk, der Vogt des Herzogs Ulrich von Schwaben, kam heim von einem Kriegszuge, den er im Dienste seines Herren gegen den von Werdenberg geführt hatte. Als er die Stiege seines Hauses schnell hinauf gegangen um seine Schwester die Frau des von Andelon Landvogts zu Strasburg, zu begrüßen, da fand er seinen Herrn bei ihr, in unziemlicher Vertraulichkeit. Der Schimpf übernahm ihn so heiß, daß er ihn und seine Schwester erschlug und mit dem Sohne seiner Schwester, er hieß Arbogast, zu dem Grafen von Werdenberg flüchtete, der mit seinem Herzoge lange uneins gewesen war. Der gab ihm ein das Schloß Vadutz. Aber des Herzogs von Schwaben Bruder zog aus um seinen Bruder zu rächen mit starkem Volke gegen den Grafen von Werdenberg, der ein alter Mann war. Da kam ein Herzog von Oesterreich, hieß Leopold, und richtete zwischen beiden und wurde da gesprochen, daß Walther von Wolffegk hundert Meilen vom Schwabenland fort sollte und nimmer dahin zurück. Walther unterwarf sich diesem Urtheile gegen den Willen des Grafen von Werdenberg, doch aus Liebe zu ihm und ritt mit seiner Schwester Sohn Arbogast in das Land Portugal. Da fanden sie einen Deutschen, hieß Herr Oswald von Hatstat, der half ihnen beiden an des Königs Hof, Arbogast war ein Knabe von funfzehn Jahren, den thät man zu dem Frauenzimmer, Walther ward des Königs Truchseß. — Damals entstand ein Unglaube auf der Insel Zang, dem vermeinte der König zu wehren, also zog er auf die Zänger und ward da viel Volks, so auch Herr Walther von Wolffegk erschlagen. Doch gewann der König die Insel und zwang sie zu christlichem Glauben.

Des Königs Volk zog wieder heim, da kam die Pestilenz unter das Volk, und der König, der ein Witwer war, floh mit seinen Kindern auf das Schloß Ampernesto. Er selbst blieb nicht lange, befahl aber den Kindern dort zu bleiben. Sein ältestes Kind, eine Tochter, hieß Elisa. Als nun die jungen Leute allein blieben, fingen sie an zur Kurzweil in einem Garten zu laufen und Elisabeth sprach zu Arbogast: Wir wollen dich Wellisch lehren, lehr du uns Deutsch. Er sprach: Gnädige Frau, gern, könnt ich nur etwas anfahen, das euer Gnaden gefällig wäre, als ein armer Diener möchte ich etwas verdienen, das mir eure Gnade geheissen. — Da sprach die Königin: Ein jung Mann soll allweg gedenken an die Höhe, denn denkt er unter die Bank, so kommt er nie darauf. — Da sprach Arbogast: Wer hoch klimmt, der fällt hart; wer über sich hauet, dem fallen die Späne in die Augen. — Da sprach Elisa: Ich mein, du bist in die Schule gegangen, gelehrten Leuten ist gut predigen. — Da sprach Arbogast: Ich bin unweise und ein geringer Thor, Gott geb mir Barmherzigkeit und Gnade, daß ich einen Menschen überkomm, der sich über mich erbarm und mein unterwind und mich lehre seinen Willen und zöge mich zu gebürlichen Dingen. Hierum gnädige Frau seid mir gnädig und heisset mich etwas thun zu euerem Gefallen. — Da sprach sie: Du bist ein Kind, man sollte dich mit Ruthen streichen, das stünde dir wohl an. — Da kam der Kammermeister und sprach, er sollte gehn zu dem Dienst. Da ging er und bereitete den Tisch und ging dann zu seinem Vetter und sprach und sagt ihm alle die Reden, die geschehen waren von Elisen und ihm. Da sprach der: Mein lieber Sohn, geh zu dem Dienst, ich hab dich wohl vernommen, du sollst mir gefällig seyn. — Da sandte der von Hatstat nach einem Schneider und befahl ihm und dem Vetter Arbogast grüne Kleider zu machen, übernähet mit rothem Tuche. Als nun die Kleider gemacht waren, da legten sie die an, und ging Arbogast mit der Königin zur Kirche. Da sprach sie: Von wannen kommt dir das neue Kleid? Arbogast antwortet: mein Vetter hat es mir gegeben. — Da sprach sie: Nun ist er doch ein alter Schüler und sollte billig wohl gelernt haben der Kunst. — Arbogast, der war jung und ward vor Scham roth und wußte nicht, was er zu ihr sprechen sollte. — Da sprach sie: Hätt ich einen Schüler, ich hieß ihm in den Schatten sitzen um das Antlitz weiß zu behalten; wenn aber ein Schiff über das Meer führe von den Heiden, so müßte er ihnen entgegen gehen und sie mit Ruthen streichen. — Da wußte Arbogast aber nicht, was es sagen sollte, sondern sagte es seinem Vetter. Der sprach aber: Sie meint, wenn die Heiden herschifften, so sollst du dich mit andern in ein Schiff setzen und wider sie fechten. — Also kürzlich darnach kam die Mähr, wie die Heiden kommen wären das Land zu beschädigen. Da eilte Arbogast mit andern in ein Schiff und hielt sich so ritterlich, daß sie meinten, wäre er nicht gewesen, sie hätten den Heiden unterlegen.

Das Geschrei kam an den Hof und in das Frauenzimmer. Das gefiel Elisen gar wohl und gewann ihn sehr lieb. Und eines Tages sprach sie: Arbogast hast du deine Mutter noch? Er sprach: Nein, gnädige Frau. — Da sprach sie: Du sollst ohne Sorge seyn, ich will deine Mutter werden und hast du ein Anliegen, so komm zu mir, ich will dir mit ganzen Treuen rathen und helfen als meinem eigenen Herzen. — Das dankte ihr Arbogast so hoch und schwor ihr, daß er das immer in seinem Herzen möchte haben, wollte er an was Liebes gedenken. Also gewannen sie einander sehr lieb.

Darnach über eilf Monat kamen die Heiden mit großer Macht, da machte sich Arbogast auf, eilte mit andern in ein Schiff und focht mit den Heiden. Die Heiden gewannen aber den Sieg, Arbogast ward gefangen und sie führten ihn mit den übrigen hinweg. Aber Rhodische Herren kamen, die warfen die Heiden nieder, nahmen ihnen alle, die sie gefangen hätten, und fragten ihn besonders, wer er wäre. Da sprach er: Ich bin ein Deutscher! und wollte nicht sagen, wie er hiesse, noch von wannen er wäre. Darum führten sie ihn auf ein Schloß, genannt Schönehab, da lag er in einem Zimmer gefangen.

Kaspar Rimolt, auch ein Deutscher, ward damals vom König von Portugal an den Römischen König und an andre Fürsten ausgesendet, und rief die an und bat sie um Hülfe wider die Heiden. Vor allen fand sich Graf Albrecht von Werdenberg dazu bereit, der nach großem Streite mit seinem Bruder Heinrich, Zehrung und Rüstgeld bekommen hatte aus dem Lande zu reisen, der Ritterschaft nach. Nun rüstete sich Albrecht aus dem Land zu reiten und nahm mit sich Marquart von Altsteten, den Sohn Jakobs von Altsteten, der als ein frommer Mann seine Güter verwaltete. Sie ritten in das Königreich Portugal, kamen zu Hof, da fand

Albrecht den Oswald von Hatstat, der sagte ihm, wie einer von Wolffegk da gestorben wäre, der bei seinem Vater gewesen und der hätte mit sich gebracht seinen Schwestersohn Arbogast von Andelon, den hätten die Heiden gefangen oder getödtet. Nun bat Albrecht den Oswald, daß er niemand sagte, wer er wäre und ihm des Landes und des Hofes Sitten sagte. Das sagte er ihm zu, er wolle das mit ganzem Willen thun und half ihm an den Hof. Nun war Graf Albrecht ein weidlich starker Mann und was man thät zum Schimpf oder zu Ernst, so wollte er allweg einer seyn. Eines Tages da ging der König und die Königin Elisa mit ihren Frauen und Jungfrauen in den Garten und in das Zuckerfeld spazieren, da sprach die Königin zu Graf Albert: Ach ihr Deutschen, daß euch Gott und allen Deutschen Heil gebe! — Und er seufzte gar inniglich dazu. Graf Albrecht fiel auf seine Knie und dankte ihr als seiner gnädigen Frau, und wo er zu ihr ging und wo er sie und sie ihn ersah, so seufzte sie gar inniglich. Das nahm Graf Albrecht wahr und fügte sich einmal zu ihrer liebsten Jungfrauen, hieß Amisa und bat die zu erfahren, ob die Königin ein Mißfallen an ihm hätte, so wollte er nicht mehr an den Hof gehn. Die Jungfrau sagte es der Königin wieder. Die antwortete: so er käme zu Abend, wo nicht viel Leute um den Weg wären, da wollte sie ihm sagen, was ihr anliege. Die Jungfrau sagte es Graf Albert, der kam wie ihm geheissen war, sie empfing ihn gnädiglich und sprach: Was uns anliegt, das wollen wir euch sagen als einem frommen Deutschen und daß ihr uns helfet und rathet, und hob an und sagte ihm, wie ein Deutscher bei ihr gewesen wäre, den sie zum Theil erzogen hätte, der von den Heiden gefangen und hinweg geführt und niemand wüßte, ob er lebendig oder todt wäre, und bat ihn um Hülfe und Rath, ob er ihr möchte gehelfen, daß sie inne würde, wie es um ihn stehe, so wollte sie ihm geben Zehrung und was dazu gehörte, und demnach hoch darzu danken und das zu guten Gnaden nimmermehr vergessen, doch müßte alles ganz heimlich seyn.

Das sagte ihr Graf Albrecht zu und bat den König, daß er ihm erlaubte zu dem heiligen Grabe zu ziehen, denn er eine Fahrt dahin schuldig wäre. Der König gab die Erlaubniß, des war er gar froh und sagte es der Königin, die gab ihm Zehrung und was ihm noth war. Also bereitet er sich, reiste hinweg, nahm mit sich den von Altsteten und einen Knecht, so kam er glücklich gen Rhodus. Da hatte er einen Freund, einen Grafen von Pfirt, zu dem kam er und sagte ihm, warum er gekommen wäre. Da sprach sein Freund, ich weiß wohl einen Gefangnen, der ist ein Deutscher, der will niemand sagen, wer er sey, weder seinen Taufnamen noch sein Geschlecht nennen, und ist zumal ein hübscher junger Knabe. Da bat er seinen Freund, daß er ihn zu ihm brächte. Das thät er und führt ihn zu ihm. Da bat er ihn, daß er ihm einen geschickten Maler senden wollen, der ihn abmalte. Das geschah, ein Maler ward gesandt, der malte ihn eben gleich nach seiner Gestalt und nach aller Gliedmaaß. Also nahm er das gemalte Tuch und machte sich vörderlich wieder auf den Weg gen Portugal. Und da er kam und sein die Königin inne ward, da war sie gar froh und sandte nach ihm, daß er ohne alles Verziehen zu ihr käme. Das that er gar behend. Da sprach die Königin: Saget uns, wie es euch ergangen sey und was ihr uns geschafft habet? — Er antwortete und sprach: Ich bin gesund wiederkommen durch Gottes Gnade, aber der von Altsteten ist tödtlich krank worden, doch so hab ich ihn mit mir hergebracht. Da sprach sie: Hat er kein ruhig Gemach und was ihm anliege und Nothdurft sey, das soll er uns sagen, das wollen wir ihm genug schaffen; und sprach, was habet ihr erfahren, oder was seyd ihr innen geworden? Da sprach er. Gnädige Frau, ich habe euch ein Gemälde bracht, ist es ihm gleich, so hoffe ich gute Mähr zu bringen. Da sprach sie: Zeigt her! das thät er. Alsbald sie es ansah, da ward sie von Freuden roth und darnach bleich und sprach: Wo habt ihr das Gemälde genommen? Da sagte er ihr alle Ding und sie sprach: Ist er noch am Leben, so will ich mein Leben wagen und zu ihm kommen, möchtet ihr mich dazu bringen, ich wollte wohl groß Gut und Kleinodien mit mir hinwegbringen. Da sprach er: Gnädige Frau, was ich mit Ehren thun mag, darum will ich meinen Leib und Gut wagen. Da sprach sie: Denkt dem nach, das will ich auch thun und kommt morgen um die Zeit wieder zu mir.

Also nahm er Urlaub, und ging wieder von ihr und kam zu seinem Diener, dem von Altsteten, und sagte ihm die Dinge und was ihm die Königin entboten. Damals war Sankt Bernhards Orden erst angefangen in der Christenheit, der König hätte ein Kloster bauen lassen für siebzig Mönche, das nahe am Meere lag. Nun sprach der von Altsteten: Ich weiß einen guten Weg, ich will begehren, daß man mich in das Kloster lege in eine heimliche Zelle, darin ich Ruhe haben möchte, und wenn das geschehn, so geht zur Königin und redet mit ihr, ob sie mit euch wolle hinwegfahren; wollte sie das thun, so wüßtet ihr einen Weg. wie sie gut davon kommen möchte. Also ward der von Altsteten in das Kloster geführt und lag manchen Tag da, unterdessen kam Graf Albrecht zur Königin, was ihr Wille wäre. Da sprach sie: ich habe mich bedacht, daß ich mit euch hinweg will, und meine Jungfrau Amisa mit mir nehmen. — Die rüstete sich mit ihr hinweg zu kommen, was ihm viel Freude machte, denn er sie gern sah; also ging er mit ihr zu dem von Altsteten und fragte, wie er es anfangen wollte. Da sprach der von Altsteten: Gar wohl mein Rath ist, ihr sollet Urlaub nehmen von dem König, sprechend, ich sey tödtlich krank, ihr wolltet mich heimführen in meine Luft, denn die Ärzte riethen es, ich würde sonst nicht genesen. So wollen wir dann ein gut Schiff bestellen, das mit Leuten wohl besetzet sey und förderlich gut fahre. Wenn es so zugerüstet, soll die Königin eine Weile vor Tag kommen und bringen, was sie mit sich nehmen will, in mein Gemach, so wollen wir in das Schiff sitzen und hinweg fahren, und ehe man dessen inne wird, so wollen wir schon ferne weg seyn, daß wir wohl sicher sind mit Gottes Hülfe. — Das gefiel Graf Albrecht wohl, und ging zu der Königin und sagt ihr das; da gefiel es ihr auch sehr wohl und sprach: Sie wolle es im Namen Gottes wagen! Und sagte es ihrer Jungfrauen Amisen und nahm zu sich unermeßlich viel Guts und viel hübscher Kleinodien. Graf Albrecht ging von Stund an zu dem König und nahm Urlaub von ihm. Der fragte, warum er von ihm wollte? Er hätte ihn gar lieb und liesse ihn ungern von sich! — Da sprach er: Gnädiger Herr, die Ärzte sagen, der von Altstetten müsse sterben, man führe ihn denn in seine Luft, und ob sichs auch jetzt nicht anders machen will, so komme ich doch wohl wieder. — Also gab ihm der König eine gute Zehrung und köstlich Tuch von Sammet und Seiden; er aber nahm Urlaub von allem Hofgesind, von den Jungfrauen und dem von Hatstat und sagte keinem von den Dingen.

Also Morgens früh vor Tage kam die Königin mit ihrer Jungfrau und sie setzten sich in das Schiff und fuhren schon lange als die Sonne aufging, wo ihre Gewohnheit war aufzustehen und Messe zu hören. — Da kam ein Diener in das Vorzimmer der Königin und fragte, ob die Königin wollte Messe hören? Da sprachen die Jungfrauen, sie wäre noch in der Kammer und Amisa bei ihr, so bald sie aufstünde, wollten sie es sagen. Also wartet er noch eine Weile und kam dann wieder und sprach, daß man sie weckte, es wäre hohe Zeit, wie sie heute also lange schliefe. Da sprachen sie, wir haben sie heute noch nicht gehört, und dürfen sie nicht wecken. Das sagte der Diener dem König, der sprach, er sollte wieder hingehn und sie lassen wecken. Das that der Diener und hieß sie wecken, es hätte solches der König befohlen. Die Jungfrauen gingen hinein, und wo sie hinsahen und lugten, so sahen sie niemand. Da erschraken sie ohne Maßen sehr und wußten nicht, was sie thun sollten, schickten nach dem Marschalk des Hofes. Der Marschalk erschrak sehr und ging zu den andern Räthen allen, und kamen überein, daß sie es dem König sagten. Und also gingen sie zu dem König und sagten es ihm, da erschrak er ohne Maßen sehr und befahl, daß man alle finge, die zu ihr gehörten, Frauen und auch Männer, besonders alle Deutschen und Gäste, die an dem Hofe wären. Also ward Herr Oswald von Hatstadt auch gefangen, der doch nichts darum wußte, und besonders in ein Gemach beschlossen; denn die allgemeine Rede war von

Stund an, die Deutschen hätten sie hinweggeführt. Man schickte viel Volk zu Wasser und zu Land aus, ob jemand möcht erfahren, wo sie wäre und ging ihr Behältniß zu sehen, ob nichts mangelte, da waren die besten Kleinodien alle hinweg.

Jene fuhren indessen ungestört und kamen in kurzen Tagen nach Rhodus, wo sie von dem Grafen von Pfirt gar wohl empfangen wurden. Er führte sie in ein heimliches Zimmer und darauf nach einem Schloß, genannt zu der Schönehab, das er inne hatte. Als es Abend war, sprachen der von Pfirt und Graf Albrecht: Wir wollen gehn zu dem Gefangenen und ihn fragen, wer er sey oder wie er heisse, und ihm drohen, wenn er es nicht sagen wollte, so müsse er sterben. Also gingen sie zu ihm und fragten ihn, was Geschlechts er wäre und wie er hieße, und redeten mit ihm viel harte und drohende Worte. Er aber wollte ihnen keine Antwort geben auf all ihr Drohen, endlich fragte er: Wer sie wären? Da sprach der von Pfirt: Ich heisse Graf Hans von Pfirt, und der, Graf Albrecht von Werdenberg. Da ward Arbogast von Herzen froh und sprach: Mein Vetter selig von Wolffegk, dem Gott gnädig sey, hat mich hereingeführt und ist aus dem Lande vertrieben worden um dem von Werdenberg nicht zu schaden. Nun schadet mir nicht, was ich gelitten, da ich zu frommen Herren gekommen bin, die meiner Gewalt haben. Ich heisse mit Taufnamen Arbogast, von meinem Geschlecht Andelon, mein Vater heißt Ruprecht von Andelon, ist Landvogt von Straßburg. — Da saßen sie zusammen und redeten von mancherley, und der von Pfirt sprach: Wir wollen euch für eure lange Haftzeit ergötzen, und euch zu schönen Frauen führen. — Da sprach Arbogast: Ich bin gelb und ungestalt und so ich mich auf das Schönste mach, so bin ich dennoch nicht gar wohlgestalt zu Frauen zu gehen. — Also gingen sie von ihm und holten einen Barbierer, der ihm Rath thät. Da es nun Nacht ward und dunkel, da kam Graf Albrecht und führte ihn zu den Frauen, und er saß bei der Königin. Nun war es dunkel in der Kammer, da fragte er sie, ob sie deutsch könnte; da sprach sie: Nit vil! — Da wollt er sie angegriffen haben; da sprach sie in ihrer Sprach: Er söllte die Hände bei sich behalten. Da gedachte er, wie redet sie meiner Frauen Elisa so gleich und ward von Herzen traurig; und da gedachte sie auch, wie redet der meinem Arbogast so gleich. Da waren sie lange still; endlich sprach er: Wie ist es so still hier und legte sein Haupt in ihren Schooß, sie aber mochte es ihm nicht verbieten, weil ihm die Thränen von den Backen herabrannen. Da sprach der Graf Albrecht: Wohlauf, wir wollen hinweggehn, und ging mit Arbogast in sein Gefängniß. Da sprach Amisa zur Königin: Wer war der, der bei euch gesessen? — Sie sprach: Ich weiß nicht, wohl redet er meinem lieben Arbogast so gleich, daß mir gleich an meinem Herzen weh ist worden. — Also sprach Arbogast zu Graf Albrecht: Ach lieber Herr, wohl redet die Frau meiner gnädigen Frauen so gleich, daß mir gleich an meinem Herzen weh ist worden. — Der aber sprach: Ist dir erst weh worden, ich meinte, ich wollte dir eine lange Zeit kurz machen. — Da sprach Arbogast: Ich fürchte sie immer, die ich meine, weil ich gefangen bin. Da sprach Graf Albrecht: Gott ist aller Gnaden! — Und morgens früh kam Graf Albrecht zu Elisa: Sitzet an das Fenster und sehet dort hinüber in jenes Gebäude, und wenn ich dann zu euch komm, so sagt mir, was ihr gesehen habt. — Dann ging er zu Arbogast und sprach: Geh mit mir dort hinüber und sieh, was der Wirth für eine schöne Frau hab. — Und da er hingegangen in den Hof und über der hohen Mauer sie an dem Fenster sitzen sah, da brannte er unter den Augen wie ein Feuer und sprach: Wäre es möglich zu reden, es ist aber nicht und kann nicht seyn, so ist doch die Frau einer Frau so gleich, daß ich gern einen leiblichen Tod wollte leiden, wenn sie es seyn könnte. — Da sprach Graf Albrecht: Nun thu es um der Liebsten willen, die du habest, und sing mir eine Tageweis, so du meinst, die sonst deine Liebste von dir gehört hat. — Und ging damit von ihm und kam zu Elisa und sprach: Frau, was thut ihr? Da antwortet sie: Da sitz ich und ist mir weder wohl noch weh. Lieber, lasset uns schier hinweg, daß ich komme zu meinem Arbogast. Frau, sagte er, wir wollen noch zween Tage hier ruhen und dann hinweg fahren. Frau, wen habt ihr gesehen? — Da sprach sie: Eines hübschen Mannes Bild, wenn er nicht so bleich wäre, so sähe er meinem Arbogast gleich. — Nun hörten sie ihn unten singen, wie er oft seiner Liebsten vorgesungen:

Hoch so wie die Sonne, steht das Herze mein,
Das kommt von einer Frauen, die kann treue seyn,
Ihre Gnade, wo sie sei,
Die machet mich von allem Leiden frei.

Hab ich Ihr zu geben nichts als meinen Leib,
Der ist ihr lange eigen, und das schöne Weib
Giebt mir Freud und hohen Muth,
Giebt ihn jedem, der an Sie gedenken thut.

Wohl mir des, daß ich Sie also treue fand,
Wo Sie nur wohnt, gefällt mir jedes Land,
Treibt sie mich auf wilde See,
Da fahr ich hin, mir ist nach ihr so weh!

Da sprach sie: Er singt auch meinem Arbogast nicht ungleich, aber die Stimme ist tiefer. — Es ist ein Knecht in dem Hause. Und dabei blieb es, bis der von Pfirt von einer Fahrt zurückkam, da wartete sein Graf Albrecht in der Nacht, da wollten sie mit einander von den Dingen reden, und kamen überein, daß er mit ihnen ging. Arbogast hatte indessen an Farbe und frohem Muth sehr gewonnen, sie gaben ihm die Kleider von Sammet und Seiden, die der König von Portugal dem Grafen

Albrecht beim Abschiede verehrt hatte, und führteu ihn zur Königin. Und da sie ihn ansah, da erschrack sie von Herzen vor rechten Freuden, desgleichen geschah auch ihm. Da fragte der von Pfirt, was das bedeute, und sie sagte ihm alle Geschichten und allen Handel, wie es ergangen war, und zuletzt bot sie Arbogast ihre Hand an, und hätte ihn gerne zur Ehe genommen. Der aber sprach: Nein, das wolle Gott nimmermehr, daß ich Euer Gnaden solche Unehr erzeigte, ich bin anderen unterthan, dieser aber ist ein wolgeborner Graf von Werdenberg, und mein Erretter, den sollt ihr nehmen und mag ichs an eurer Gnade und an ihm gehaben, so gebet mir zum Gedächtniß Amisen. — Die Königin und der Graf Albrecht, waren über diese Rede sehr erschrocken, auch Amisa, die dem Grafen zu Liebe mitgefahren war. Da sprach der von Pfirt, nachdem er das alles erfahren: Arbogast hat wohl recht, daß es euer königlicher Vater nie vergeben würde, so ihr euch einem Diener zur Ehe gegeben, auch würden eure Brüder, Graf Albrecht, euer Erbe streitig machen, so ihr ein gemeines Jungfräulein zur Ehe nehmen wollet, da denke ich nun, so es verschwiegen bleiben könnte, ihr Königin Elisa gebet euch aus für Jungfräulein Amisen, und ihr Jungfräulein Amise gebet euch für die Königin Elisa von Portugal, so könntet ihr zur Ehe nehmen, wer euch lieb wäre. — Als das die Königin Elisa vernommen, ward ihr ganzes Herz froh, sie gab ihren Namen und alle kostbare Kleinodien an Fräulein Amisen und der Kappelan des Grafen von Pfirt, Herr Hanns Heberlin gab sie auf Rhodus zusammen, und die Königin diente nun ihrem Jungfräulein, wie diese sonst ihr gethan. Amise vergoß deswegen häufige Thränen, aber die Königin tröstete sie. Der Graf von Pfirt, und der von Altsteten führten die beiden Frauen nach Triest, allwo sie ihrer Männer warteten, die nach ihrem Gelübte gen Jerusalem wallfahrteten. Und als sie heimsuchten die heilige Stadt, wurden sie allda zu Rittern geschlagen und fuhren weiter zu Sanct Katharinas Grab auf dem Berg Sinai, wo sie viel Deutsche fanden. Da sie nun also ihre Kirchfahrt geendigt hatten und gerecht waren, da fuhren sie endlich mit großer Eile nach Triest, und fanden ihre Frauen in gutem Wohlseyn, aber den von Altsteten todt und begraben in der Kapelle des Grafen von Görz, allwo noch heut zu Tage sein Helm und Schild zu sehen sind. In Salzburg lagen sie still und schickte Graf Albrecht eine Botschaft an den Jakob von Altsteten, der Vogt zu Werdenberg geblieben war, ließ ihm sagen, daß er eine Königin von Portugal brächte, die sein Gemahl wäre, das sollte er seinen Brüdern und Freunden zu wissen thun, daß sie ihm entgegen ritten, aufs beste sie könnten.

Da war der von Altsteten der Botschaft gar froh und wußte nicht, daß es sein Tod war, und that wie ihm entboten. Also ward ihnen entgegen geritten wohl mit sechshundert Pferden und zwei und dreißig Frauenwägen. Als aber der von Altsteten seinen Herrn begrüßt hatte, fragte er nach seinem Sohne und als er seinen Tod vernommen, ist er auch todt vom Pferde gefallen, daß aus dem Hochzeitzuge ein Leichenzug wurde. Auch zogen die Grafen von Rotenfahn, die weil sie alle zur Hochzeit waren, in die Grafschaft ein und brannten und raubten, wurden aber durch Arbogost von Andelon in die Flucht geschlagen, der dafür einen Theil ihrer Besitzungen überkam. Da besuchte ihn sein Vater Ruprecht, und alles war in großer Freude und Elisa, die jetzt Amisa hieß, gebar ihm drei Kinder, das erste nannte er Albrecht, das zweite Arbogast und das dritte, war eine Tochter Elisa; er kam in große Würdigkeit, Ehre und Gut, denn er vernünftig war, fromm und keck.

Graf Albrecht hörte, daß die Deutschen noch im Gefängniß lägen im Lande Portugal wegen seiner Flucht. Er hatte einen Sohn von Fräulein Amisen, (die Elisa genannt,) der hieß Hans und als er neun Jahr alt war, schickte er ihn in das Land gen Portugal seinem vermeinten Schwiegervater zur Versöhnung. Und ließ ihm sagen, er hätte ihm den liebsten und größten Schatz gegeben, den er und sein Gemahl auf dieser Erde hätten, nur daß er seiner Ungnade abließe. Als der König das hübsche Kind ersah, da ward er fröhlig und schrieb ihm ein Geleit, und dieser Knabe solle Erbe von ganz Portugal seyn. Also machte sich Albrecht auf und fuhr zu ihm und erzählte ihm, nachdem er seiner Gnade gewiß, wie sie hinweggekommen und daß keiner darum gewußt hätte. Der König aber sagte, daß die Deutschen drei Monat im Gefängniße gelegen, dann aber jedermann ledig gelassen ohne den von Hatstett, der läge noch, der wäre gezeihet, daß er zur Flucht gerathen und müsse im Gefängniß sterben. Das lag nun Graf Albert hart an. Des Morgens schickte der König nach ihm, also kam er und da er zu dem König einging, fiel er auf seine Kniee und bat, daß er ihm vergebe, so er ihn einst erzürnet. Der König antwortete: Einer der meinet ein Frommer zu seyn, soll einem andern nicht seine Ehre und Gut entfremden, unbewahrt, dieblich bei Nacht und Nebel. Da sprach Graf Albert: Eure Gnade vergesse eures Zorns, und erzählte wie großen Dank sein Vater an Arbogasts Vetter gehabt hatte. Da sprach der König: Gott der Allmächtige will uns mit mancherlei strafen und mahnen, daß wir erkennen, wie er allmächtig sei. — Er hieß den Knaben bringen. — Graf Hans ward gebracht. Da sprach der König: Das ist meines und eures Bluts; also will ich Gnade, Freundschaft und Liebe zu euch haben und bittet, was ziemlich sei, das will ich euch gewähren. Da fiel Graf Albert auf die Kniee und dankte ihm hoch und vor Freuden gingen ihm die Augen über,

Da sprach der König: Ich will euch geben eine Gab als ein Zeichen des Friedens, also daß ihr und eure Nachkommen diesen goldnen Ring mit einem Saphir am Helme tragen sollt. Des dankte ihm Graf Albert gar hoch und von Herzen froh. Nun thut eure Bitte, sprach der König. Da sprach Graf Albert: So bitt ich eure Gnade, daß ihr mir wollet geben, daß ich Hans Oswald von Hatstett ledig heim führe, denn er weder Rath noch Schuld an der Sache hat. Des ward er gewährt, Graf Albert lag dem von Hatstett zu lieb, weil er sein Landsmann, noch 16 Wochen still, bis er erstärkt und der Luft gewohnt war. Da führt er ihn heim und hatte ihn bei sich bis an seinen Tod. Seinen Sohn Graf Hans, muste er aber bei dem König von Portugal zurücklassen, der ihn zum Erben eingesetzt hatte, er ward aber nur vierzehn Jahr alt, liegt im Bernhard-Kloster begraben und ist noch heut zu Tage der Helm mit dem Ringe an dem Grabe zu sehen, als mancher Landfahrer gesehen hat und noch sehen mag.

Vierter Winterabend.

Der Krieg
nach alten Erzählungen.

Wir fanden den Invaliden beim Erzählen seiner kriegerischen Streifzüge. Er hatte seine größeren Bestrebungen und Begebenheiten immer verschwiegen; wir schämten uns, wie wir so vertraulich mit ihm gewesen, der so viel mehr als wir erlebt und gethan hatte und so setzten wir uns feierlich um ihn her.

„Nun fuhr er fort, ihr seid doch rechte Kindsköpfe, daß euch solche Geschichtchen gefallen, ich ließe mir alle Zähne ausreißen, wenn ich die damit alle aus dem Kopf heraus reißen könnte; was sich da auszeichnet, ist doch nur wie die einzelnen Pflanzen auf einer verhagelten Feldmark, die stehen geblieben, nun, die gedeihen freilich, wie es sonst nicht möglich gewesen, wo alle standen. Ja, wo blieb ich stehen: es ist wahr, bei dem Grenadier, der seinen abgeschossenen Arm in die geladene Kanone steckte, daß er hinausgeschossen, noch ein Paar Feinde ohrfeigen sollte. Ich besuchte ihn im Lazareth, da hatte sich der gute Kerl aufs Schreiben gelegt, weil es nun mit dem Kuhfuß, oder besser gesagt Muskete nicht weiter fortwollte; setzte auch für die jungen Bursche allerlei Kriegsregeln auf. Um ihm auf gute Art etwas zu schenken, ließ ich mir eine Abschrift geben, da lest sie, vielleicht gefallen sie euch eben so gut.

1.

Bist du recht müd und matt, ja ganz erschöpft von Sorgen,
So singe hell und laut, wie Spatzen thun am Morgen,
Gleich wird dir leicht die Brust, ein Mühlstein fällt hernieder,
Es thut dir innig wohl, so recht durch alle Glieder.

2.

Bist du ein andermal gepreßt zur höchsten Qual,
Ey Schwerenoth, so fluch aus Herzensgrund einmal,
Stehst du fürs Vaterland, du stehst für Gottes Ehre,
Bestehst du wohl den Kampf, so schadts nicht, daß ers höre.

3.

Bist du in der Gefahr, schlägst du dich in die Schanz,
So rufe nur: Mir nach! aus vollem Herzen ganz;
Es geht Kamrad! An an! Juchhei, mein Volk leb hoch!
Der Eine Ruf in der Gefahr mich nie betrog.

4.

Glaub mir viel besser todt, als sich gefangen geben,
Es ist ein kümmerlich, verachtet, elend Leben,
Wie einen räudgen Hund, den keiner gern mag leiden,
So den Gefangnen auch die Männer, Weiber meiden,
Die Gassen stehen voll, er wird vorbei geführet
In Lumpen, waffenlos, kein Mitleid wird gespüret,
Und keinen er versteht und keiner wills ihm deuten,
Ist Kindern da zum Spott und ehrlos bei den Leuten.

5.

Du fechtest mit dem Tod, bist du ein wahrer Krieger
Und scheust du ihn einmal, so bist du nimmer Sieger,
Doch nicht den Tod allein, auch Schmerzen zu verachten
Das sucht der rechte Muth, das ist sein stetes Trachten.
Wer lieber wünscht den Tod, als Wunden in den Schlachten,
Den muß ich Invalid aus ganzer Seel verachten;
Der Wunden Ehrenmahl sach auf mit tapferm Herzen
Und Hunger, Durst und Frost ertrage stets mit Scherzen.

6.

In müßger Stund denk nach, was du kannst thun und nützen;
Ein Schwank ist gut, doch Vorwitz laß zu Hause sitzen.
Nie tadle, wer dich führt, du kannst den Plan nicht rathen,
Das ist der Bürger Art, du rettest sie durch Thaten;
Glaubst du dein Offizier sei einmal gar zu hart,
Denk, er hat viel im Kopf, auch ist das Dienstes Art,
Mit allen meint ers gut, er muß für alle stehen,
Dafür darfst du dann kühn die ganze Welt ansehen.

7.

Üb Reinlichkeit, viel Baden, täglich Waschen wenns geht,
Das hält gesund und stark und leeret nicht die Taschen;
Ein trocknes Schloß, ein guter Stein auf dem Gewehr,
Dich oftmals retten kann und macht den Marsch nicht schwer.

8.

Dem Wirth, wo du quartiert, ein Dienst ein gutes Wort
Macht den Soldat beliebt und hütet ihn vor Mord,
Auch was du fordern kannst, noch bitte lieber drum,
Er thut dann wohl noch mehr, als wenn du trotzig stumm;
Geh ihm zur Hand, macht er dein Bett, dein Essen,
Den Fremden kann man nur nach Höflichkeiten messen.

9.

Verachtet ist der Dieb, er mordet das Vertrauen.
Dein ganzes Regiment muß ihn mit Abscheu schauen!
Das glaubt ihr all zu Haus, such auch in Feindes Lande
Nur Ehr und Waffen, Stehlen bleibt auch Schande;
Denk daß du Ältern läßt zu Haus und liebe Kinder,
Die Windfahn dreht sich schnell, das Glück noch viel geschwinder,
Erwerben läßt sich nichts im Kriege noch bewahren,
Als Ehr, und Gotteslohn, und Ruhm in alten Jahren.

10.

Verhaßter noch vor Gott, dem Unglück preis gegeben
Muß jeder Desertör vor sich in Schande leben,
Wie ein Gestank will er das Leben uns verleiden,
Es muß die leere Spreu vom Korn im Krieg sich scheiden;
Ein braver Kerl, auch wo er fremd, hat er geschworen
So hat er auch mit ganzer Seel den Dienst erkoren,
Die Fahne ist sein Stolz, die Kriegsthat seine Lust,
Er thut sie, weil er will, nicht eben weil er muß.

11.

Soldaten! lernt es wohl den Scherz mit Scherz empfangen,
Bei lustgem Wort ist manche trübe Stund vergangen.
Den Zorn üb' in der Schlacht, dein Gift beiß in den Feind,
Ein Wort zur rechten Zeit besänftigt oft den Freund.
Wenn Feinde schlecht und falsch von deinem Lande sprechen,
So kannst du dich in gleicher Münze zahlend rächen;
Dein Land ist altberühmt, du stehst in Jugendtagen
Und wenns nicht anders geht, wenn dus nicht kannst ertragen,
So schlage tüchtig drein, so schlage immer zu,
Die Fliege die da liegt, läßt sicher dich in Ruh.

12.

Ein Mädchen ist was werth, sie machet klare Augen,
Doch viele sind nichts werth, das kann zu gar nichts taugen,

Die jedem freundlich ist, sich gleich zu jedem legt,
Statt eines Herzens wohl ein Taubenhaus nur trägt.
Doch bist du einer treu, die macht dich fest in Schlachten,
Und ist ein schöner Trost, will dich der Tod umnachten.

13.

Verachte nicht der Vorzeit würdig große Thaten,
Gedenk du ruhst, mein Sohn, in unsrer Pflanzung Schatten,
Sei unsrer würdig erst, kannst du uns übertreffen,
So sag ich lebe hoch, dann mag der Tod mich treffen.

Nun, sagte er, das mag genug seyn; klingt das aber nicht ganz menschlich, und doch ist viel des Entsetzlichsten geschehen! — Es sollte auch solche Regeln für Bürger und Bauern geben, wie sie einquartierten Freunden und Feinden begegnen müssen, meinte der Gesandte. — Sie hätten nur hören sollen, wie ich dem Feinde in meinem Hause den Krieg gemacht habe, ich ließ mir nichts bieten, rühmte sich die Kranke. — Still, sagte der Invalide, das ist so eine von den allgemeinen Mythen, wovon wir alle wissen wie viel wahr ist, ein Schnipchen in die Tasche geschlagen ist auch schon genug, es kommen dabei sonderbare Verhältnisse zum Vorschein; die uns umgeben sind uns zu nahe, aber da habe ich eine Geschichte aus der Zeit des dreißigjährigen Krieges mitgebracht, da können wir doch den Schaden ruhig anhören, ohne gleich unsere Procente dafür zu berechnen. Heiliger Gott, warum muß es doch Procente in der Welt geben, Papiere nach Nominnal-Werth und Münzcourant? — Wozu sind denn die falschen Eide in der Welt, wenn sie nicht sollten geschworen werden! —

Philander unter den streifenden Soldaten und Zigeunern im dreißigjährigen Kriege.

Es war in der letzten Hälfte des verderblichen dreißigjährigen Krieges, als ich der Schule entwachsen von der damaligen jämmerlichen Noth der armen Bauern in unsrer Gegend umher gar tief gerührt wurde. Da öffnete ich einmal meine stark angeschwollene satirische Ader und ließ eine Lobschrift zur Ehre der Soldaten und eine Schmähschrift gegen die Zigeuner im Druck ausgehen, die ich in der Freude meines Herzens unserm Stadtkommandanten Gordon zueignete. In froher Erwartung des besondern Danks, den ich dafür erhalten würde, wie ich ihm so freiwillig in die Hände gearbeitet, wurde ich an einem schönen Morgen in den hohen Thurm gebracht. Dort war ich zum Glück bekannter als unser Stadtkommandant. Freilich ich aus frühern Jahren, ehe der Krieg in unsere Gegenden eingedrungen, wo ich mich oft auf der Stadtmauer mit den Falken herumgeschlagen, die ihre Jungen vertheidigten, und gegen mich ihre rothschwarzen Rachen aufsperrten, als ich sie ausnehmen wollte; ich hatte mich damals oft in einen geheimen Gang geflüchtet, der in diesen Thurm führte, jetzt flüchtete ich mich eben so sicher hinaus. Sobald ich den nahgelegenen Wald erreicht hatte, lief ich wohl vier Stunden immer zu, bis ich Abends, da die Sonne unterging, ein wenig Glast von Feuer aufsteigen sah; als ich hinzu ging wurde ich eine alte Kirche gewahr, meinte, es würden darin einige arme Salzträger zu Nacht rasten, durch deren Hülfe ich auf den Weg gewiesen werden könnte, doch als ich mich der Thür näherte, waren schnaps zween Kerl hinten an mir, hielten mich bei den Armen, und die Pistolen mit aufgezogenen Hähnen mir auf die Brust, wenn ich nicht still wäre. Ich sprach; Ja ihr Herrn ich will schweigen! da öffneten sie die Thüre. Behüte Gott, was ein Elend und Jammer war in der Kirche! Neun gesattelte Pferde, meist Schimmel, standen da an einem langen Stuhl und fraßen ihr Futter aus Maulsäcken. Um das Feuer lagen eilf Kerls, theils gekleidet als Wenden, ihre Feuerrohre neben sich; weit davon auf zwanzig Bauern und einige andere Leute, die mit Stricken aneinander gebunden waren. O was Angst und Schrecken, ich meinte die Soldaten aus unsrer Stadt hätten mich allda ertappt. Als aber einige aufwischeten und leise fragten: Wer ich wäre und wo ich herkäme? merkte ich gleich, daß ich mich geirret, aber alles Legnen war unnütz, da mich der eine, Battrawitz mit Namen, gleich erkannte, dem ich einmal bei seiner Gefangenschaft durch eine geschickte Vertheidigungsschrift Zeit gewonnen, bis er Gelegenheit fand davon zu laufen. Das kam mir gleich zu gut, denn ich wurde nicht gebunden wie die andern, nur mußte ich versprechen, nicht auszureißen. Ich ging in der Kirche umher um zu sehen, wo ich mich eigentlich befände, konnte aber keine andere Inschrift als einen zerbrochenen Grabstein finden an den Bauern angebunden; darauf standen die Worte: Hier ruhen in Frieden..... Da rief mich Battrawitz zum Feuer mit diesen Worten: Freß Bruter, du mußt jetzt reitt.

Ich war treflich froh, denn mein zusammgeschnurrter Bauch hatte mir die Reise lange vorgeworfen. Nach einer halben Stunde waren wir alle auf, ungefähr zwei Stunden vor Tag und ritten bei blinkendem Mondschein also dem Gebürg zu. Battrawitz setzte mich hinter sich, aber ein Jammer war es anzusehen, wie grausam die andern armen Leute zu Fuß nachgestoßen wurden mit Peitschen und Säbeln; zween ritten hinterher die sie forttrieben und zwischen vier Gebundenen waren zween wohlbewehrte Soldaten zu Fuß. Als wir nun ein vier Stunden im Gebürg gestampft, kamen wir in eine Wildniß hinein, in ein Thal, und war bei zwei Stunden auf den Tag, da suchten wir zwischen Hecken wiederum Lager, und wurden sobald zwei Schildwachen auf die höchsten Bäume gesetzt, wo man auf die Straßen sehen konnte und je zu zwei Stunden abgelöset, an welchem Ort wir bis drei Stunden in die Nacht blieben. Die gefangenen Leute litten große Noth wegen des Hungers, also

daß

daß etliche Gras abropften, sich damit zu erlaben. Ich aber bekam des Tages zwei Stück Brod, drei Knoblauch, und ein wenig Salz, so mir Battrawitz ließ geben. Da dachte ich, wie mancher meiner Freunde isset und trinkt jetzt nach Verlangen, schläft, wenn er will und denket doch nicht einmal, daß er besonders hochgesegnet, dann dachte ich auch, wie weißlich man thue, so weit es nicht gegen das Gewissen, sich jeden zum Freunde zu machen, denn ohne Battrawitz wäre ich nicht mit dem Leben davon gekommen. Zweie der Vornehmsten, Grichwbtt und Bobowitz, beydes Kroaten, nahmen mich eben auf die Seite, was ich für meine Auslösung geben wollte, als eine Schildwache ein Zeichen gab. Es brachten auch zweye einen Bauersmann, er trug ein Brieflein zwischen zweien Fingern, das aber keiner lesen konnte, sie brachten es mir, ich fand, daß es französisch mit griechischen Buchstaben war und ihnen anzeigte, er könne noch keine Nachricht geben, sie möchten noch warten. Sie wurden zornig, daß es nicht in ihrer Sprache geschrieben und fertigten den Boten ab. Nachdem ich ihnen diesen Gefallen gethan versprachen sie mir die Freiheit, wenn ich nicht bleiben möchte, doch sollte ich es erst eine Weile mit ihnen versuchen, und nicht hinterrücks von ihnen fortgehen. Nun wurden die Gefangnen einer nach dem andern vorgenommen. Ein Kaufmann aus Düsseldorf versprach hundert Thaler, der andre Kaufmann aber versicherte, er wäre Bürger einer Stadt, die mit keinem Menschen Feindschaft hätte, und würde nichts zahlen. Nachdem man ihm hundert Streiche auf den Unterleib mit dem Hammerstiel gegeben, hat er die Neutralität aufgegeben und hundert und funfzig Thaler versprochen, die funfzig Thaler mußte er für seine Schmerzen zahlen. Ein Bauer hoffte durch die Flucht zu entkommen, ersah seinen Vortheil, wurde aber zeitlich bemerkt, endlich sprang er aus Noth in einen Weiher bis an den Hals, da saß er wie ein Frosch, nachdem er aber einen Schuß bekommen, bat er um sein Leben, wegen sieben kleiner Kinder, die er zu Hause verlassen; das Leben wurde ihm versprochen, wie er aber ans Land kam, spaltete ihm Battrawitz den Kopf mit den Worten: Es ist besser, du sterbest Hund, als daß wir alle verrathen würden! — Drei Bauern schützten eine Unmöglichkeit vor etwas zu geben, da wurde dem einen ein Roßhaar durch die Zunge gezogen, womit sie ihn, auf und nieder geigten; dem andern wurde ein Strick um die Stirn geknebelt, daß er wie besessen aussahe; dem dritten wurde Salz an die Fußsohlen gestreut, das ihm eine Ziege ablecken mußte, wobey er fürchterlich lachte. Ich bat den Battrawitz, daß er um Gottes Barmherzigkeit der armen Leute schonen möchte, er sprach aber im Zorn: Wenn du viel Mitleiden haben willst, so bleibst du mein Freund nicht lange, der ist des Teufels, der Mitleiden hat. —

Zwei Bauerknechte gesellten sich bald zu den Soldaten und mußten, wie es bei ihnen Brauch war, Gehorsam Keuschheit und Genügen in Armuth schwören. Da sprach einer, er wollte halten Gehorsam in Vitiat (Novitiat), Keuschheit im Mandat und Armuth im Bad. Diese freche Rede gefiel allen so wohl, daß er noch eine Probe seiner Tapferkeit machte und auf seinen Herren zusprang, weil der ihn oft bis aufs Blut gegeisselt hatte, ihm die Finger mit Treibschnüren zusammenband, und mit einem Ladestock zwischen seinen Fingern herumfuselte, daß der Bauer manchen Schrei that, wobei ihm der Knecht ins Antlitz schlug, das ihm das Gesicht ganz duster wurde; letzlich versprach ihm der Bauer ein Pferd und zehn Thaler, da band er ihn wieder zu den andern und gab ihm ein Stück Brod: daraus sieht man, wenn man einen Bauern zu grund verderben will, so muß man keinen andern als einen Bauern dazu nehmen. — Dies geschah, so weit ich aus dem Sonnenschein vermerken konnte, bis drei Uhr, da rief die Schildwache, er sehe den Klenkstein. Es war ein Schnaltzer von dieser Gesellschaft, ein Alchbruder, ein Schurke, aber der Teufel sags ihm, ein Kundschafter im Lande daheim. Er zog ein kleines Brieflein als ein Kügelchen zusammengerollt aus dem einen Ohre, ich mußte es ihnen lesen. — Zur Nachricht. Es sind vor zwo Schwärzen (Nächten) drei vornehme Kummerer (Kaufleute) hiedurch auf schönen Klebs (Pferden) nach Mainz geschwänzt (gereist), die werden über drei Schwärzen (Nächten) wieder zurückschwänzen und etliche Gleicher (Mitgesellen) mit vielen baren Messen (Geldern) mitbringen. Sie haben bestellt, das man ihnen Lehem (Brodt) Keriß (Wein) gefunkelten Johann (Brandtwein) Boßhart (Fleisch) und ein Srohbohrer (Gans) soll, beissen (zu tragen), denn sie wollen daselbst schöchern (trinken). Der Schöchersetzer (Wirth) wird tapfer beissen (zutragen), und sie hier so lang mit Minkelen (langem Essen) aushalten, bis ihr sie im Schöcherbeth (Wirthshaus) oder doch im Gfar (Dorf) auf dem Madium (Ort) habt. Alcht (trollt euch) und boßt (schweigt). Gute Schwärze.

Ich lase es, es waren mir eitel Böhmische Dörfer, die Sprache lernte ich erst später. Alsbald ward den Pferden ein Futter gegeben, in einer Stunde saß man auf, ich ward wieder zu Pferde genommen, die andern Gefangenen mußten neben den Schnaphänen zu Fuß nachlaufen. — Wir ritten fort bei sechs Stunden, bis wir in ein altes verbranntes Schloß einkehrten, wo schon seit Jahren kein Mensch gewohnt. Wir waren nicht über eine Stunde da, so kam ein Bauer, welcher dem Haar nach auch ein Soldat sein mochte, der brachte etliche Brode und bei zehn bis eilf Maaß Wein in einem Fäßchen. Wir aßen und tranken bei einem kleinen Feuerlein, das wir unter einem alten Schoppen gemacht hatten. Nachdem der Bauer gegen Tag mit einem Trinkgelde von zwei Dukaten wieder fortgelassen, zogen wir durchs Gewälde, so lang bis es wieder Nacht worden.

Einer, da wir noch einen Büchsenschuß zu reiten hatten, stieg von seinem Pferde, zog die Sporen ab und ging zu Fuß von uns, kam nach einer Weile und erzählete, daß der Schöcherfetzer (Wirth) am Ende des Gfars (Dorfs) hinter dem großen Beth (Haus) mit ihm gebarlet (redet) und gesagt, daß es eben richtig Zeit, denn die Gleicher (Mitgesellen) hockten und schlunten (schliefen) ohne Sorg in der Schrenzen (Stuben). Welche Worte alle ich damals nicht zu fassen wußte. Alsdann ritten wir alle fort, fort, fort, und kamen, wie mich däuchte, zur Hinterthür eines Hauses, denn es war finster. Sie stiegen ab bis auf zween, so neben mir die Pferde halten musten, die übrigen gingen zur Thür, die der Wirth offen gelassen, mit aufgezogenen Pistolen hinein. Ein einziger Schuß geschah zur Stubenthür hinein, da waren dia Leute schon vor Schrecken halb erstorben und ohne viel Wortmachen, wurden ihrer fünfe (der sechste war nicht zu Hause) gebunden, geknebelt und neben ihren Felleisen fortgeführt, zurück in das alte Schloß, dahin wir gegen Tag wieder einkommen und unsern gestrigen Bauer mit Brod, Wein und Fleisch antrafen. Aber der Arbeit dieser Pferde und Leute konnte ich mich nicht genugsam verwundern, denn ich ward so müde, daß ich tausendmal lieber geschlafen hätte, wiewohl sie alle noch frische Augen hatten wie die Falken. Wir machten uns lustig; sie sagten mir, da der Streich sowohl gelungen, sollte ich ihr Lied singen und bei ihnen bleiben. Dann theilten sie den Raub, der an Geld und Kleinodien etwa 3000 Rthlr. betragen mochte. Sie theilten ihn in drei Theile, einen für die Musquetier, die im andern Walde der Gefangenen hüteten, den zweiten für gemeine Noth, wo irgend einem ein Pferd zu Schanden ginge, den Theil bekam ich zum Aufheben; den dritten theilten sie unter sich, so daß jeder sechzig Thaler an Werth bekam. Die Kaufleute versprachen noch nach vieler Marter jeder 80 Rthlr. zur Ranzion mit Ausnahme eines Doktors, der zum deutschen Kriegsvolke ziehen wollte, der versprach bei ihnen zu bleiben. Damit aber die Kaufleute nicht davon laufen könnten, nahmen sie ihnen den Nestel aus den Hosen, also daß sie mit einer Hand immer die Hosen halten mußten. Den Tag blieben wir da, und da sahe ich von der Höhe hinab in einem nahgelegnen Weiher, der trocken lag, weil das Wasser abgelaufen, vier Bauern als Pferde an einen Pflug gespannt, daß mir Herz und Augen übergingen, wie elend die Leute ihr Leben erhalten mußten und doch so grausam ums Geld gemartert wurden, aber öffentlich durfte ich mir kein Mitleiden anmaßen.

Gegen Nacht zogen wir weiter; vor Tag kamen wir müde zu unsern Gesellen im Walde und zogen zwei Stunden ins Land hinein zu einem Städtlein, mit dessen Meyer und Bürgern wir gute Kundschaft hatten. Darum wurden wir eingelassen, die Thore nach uns zugeschlossen, die Gefangnen in einer Stube zusammen gesperrt, einige Wachen ausgestellt; so schliefen wir bis drei Uhr, wo der Wirth gar ein köstliches Essen, Wildpret, Geflügel, Fische und den besten Wein im Saale aufgetragen hatte. Hieher kam bald der Wirth, der uns die Kaufleute verrathen hatte, stellte sich, als ob sein Haus wäre geplündert worden und verlangte, daß man die Reiter in Haft nehme. Die Reiter wiederum stelleten sich, als ob sie ihn todtschlagen wollten, doch waren die Streiche von Flaumfedern, zuletzt verglichen sie sich, daß er zwanzig Dukaten zum Abstand nehmen und weiter nichts an sie suchen wollte. Ich mußte ihm dieses Geld aus dem gemeinen Sekkel zahlen, es war das Trinkgeld seiner Verrätherey. Die Nacht über waren wir mit ihm dort sehr lustig und ich gedachte was für ein Trinkgeld die bekommen, die aus Tag Nacht und aus Nacht Tag machen.

Um Mittag kam ein Bote das Land herauf mit einem Brieflein in einer Erdscholle eingeballt, damit er es unvermerkt beiseite werfen konnte, es kam von einem Vogte, der lange von unsern Reitern verfolgt worden, und sich nun wieder beliebt zu machen suchte. Ich mußte das Brieflein vorlesen. Riobo Hollom; oß wild abol nelgom flaoha oim Schiff nit ajorom wuhlom, glessol buhlschufft and rattom aem himmom mueh Trier gohom, duß nommont sie urros hubom. zar sicholheit hub ich ihmom noimom sehm zan pfumdt goschickt. W.

Keiner konnte das verstehen, bis es der Doktor durch Versetzung der Vocale und Consonanten herausbrachte, es hieß aber: Liebe Herren, es wird übermorgenfrüh ein Schiff mit vielen Waaren, großer Bahrschaft und Leuten von hinnen nach Trier gehen, das können sie alles haben. Zur Sicherheit habe ich ihnen meinen Sohn zum Pfand geschickt. W.

Sogleich ward der Bote auf Begehren wieder aus dem Städtlein gelassen, welcher in einem Garten des Vogts Sohn abholte, der zwar von uns treflich gastirt, aber doch bis zu unsrer Rückkehr in Verwahrung gelassen wurde. Die Gefangnen wurden dem Meyer für fünf hundert Thaler überlassen, der aber wohl acht hundert Thaler nachher von ihnen erpreßt hat. Neune mußten von uns sich zu Pferde setzen, unter denen der Doktor und ich, ein jeder ließ einen Schnaphanen hinter sich sitzen, theils mit langen Feuerröhren theils mit Bürst und gezogenen Röhren bewaffnet. Wir ritten die Nacht durch bis gegen Tag und kamen in ein andres Städtlein, da wir gar sicher waren, weil die Besatzung uns jederzeit zugethan gewesen, da blieben wir wieder bis Nacht und waren treflich lustig. Darnach saßen wir auf und kamen bei drei Meilen hinunter am Wasser, allda wir uns in einem leutelosen Dorfe in einer alten Scheuer stellten, und unsre Feuerröhre an das Wasser in Buschkade legten. Alles aber besser zu ordnen, so setzten drei durch eine Fuhrt über das Wasser auf die andere Seite.

Als nun gegen acht Uhr das angezeigte Schiff herabkam und unsre drei Reiter sich jenseit sehen ließen, waren die guten Leute geschäftig herüber zu kommen auf die Seite wo unsre Buschkade lag. Zu allem Unglück ist aber einem sein Rohr, dessen Zünglein blos an eine Weidenruthe gerühret, losgegangen, als sie eben anlanden wollten, da wurden sie unsrer gewahr und haben sich wieder zu Wasser begeben. Doch in dem die drei Reuter drüben mit Pistolen und einem langen Rohre auf sie los rannten, bearbeiteten sich die armen Leute mit Rudern, so gut sie konnten, uns in der Mitte des Flusses also zu entkommen. Das wäre möglich gewesen, wenn nicht die Unsern beständig Feuer in das Schiff gegeben, wodurch einige erschossen wurden. Die unschuldigen Leute, unter denen auch Weiber und Kinder, wurden endlich dadurch so bestürzt, daß das Rudern nicht mehr ordentlich ging, daß sie aber auch des Schießens nicht mehr achteten, bis das Schiff, das an einigen Orten von den Kugeln durchlöchert war, anfing zu sinken, unter grausamen Geschrei! Ein erschrecklicher Anblick! O Gott, des Elends, das Wasser war außer zwo Fuhrten sehr tief, und so sahen wir sie vor unsern Augen alle plötzlich untergehen! Es waren aber die Vornehmsten unsrer Gesellschaft so unsinnig, weil ihnen solche Beute so liederlich aus den Händen gegangen, daß sie sich verschworen, daß sie sich des Schadens ergetzen möchten und ob auch einer einen Paß von unserm Herr

Gott selber habe, er doch ungestrippt nicht durchkommen sollte. Denn das hatten sie in der Gewohnheit, wo sie hinkamen und nichts mitnahmen, so meinten sie allemal, sie hätten was verloren. Es war aber unfern ein Kloster, in dieses kamen wir mit List, und als sich die Herren mit Güte nicht abfinden wollten, wurden sie zusammengekuppelt und für öffentliche Feinde erklärt. Ein Diener bekannte auf der Marter, daß die beste Baarschaft unter einem Grabsteine verborgen, da ging es an ein Suchen in den Gräbern und wurde mit den Todtenbeinen schön herumgeklappert. Der Abt, der diesen Greuel sah, hielt indessen eine schöne lateinische Rede, deren die Gesellschaft herzlich lachte, nachdem sie wohl 1500 Dukaten zusammengeschleppt hatte. Wir fütterten beiderseits Menschen und Pferde und zogen ohne Rechnung zu machen davon und zurück zu unserm Städtlein, wo des Vogts Sohn mit zwölf Dukaten Trinkgeld abgefertigt wurde. Da hatte ich nun Zeit mit dem Doktor zu disputiren, ob alle die Menschen, die in dem Schiffe eines Todes gestorben, einerlei Geburtsstunde und Himmelszeichen gehabt hätten. Während wir nun darüber so sprachen, ob ein Mensch sein Gestirn wohl bezwingen könnte, mußten wir auf, es war ein Brieflein gebracht worden in einem Eichenlaub zwischen zwei Blättern mit grüner Seide eingenäht, das der Doktor vorgelesen hatte; ich aber wußte nicht, wohin es gehen sollte. Als es Tag war, ersahe und erkannte ich, daß ich auf meinem Mist war und sicher bei dieser Gelegenheit einem Bekannten wider meinen Willen ein Leid zufügen müßte. Und das traf ein, es war mein bester Freund der schwarze Amtmann, den wir bemausten. Er stand mit dreien Röhren und einem Fäustling schon etliche Jahre Wache, wenn seine Knechte ackerten. So mußte er mit Gefahr des Lebens den Kindern das Brod verdienen, aber seine drei andern Schildwachen waren diesmal saumselig und wurde sein Vieh überrascht, ich thäte als wenn mein Rohr versagte, sonst wäre er mit dem Leben nicht davon gekommen, doch ist er durch den Mangel an Vieh bald darauf verarmet. In einigen Tagen waren diese Pferde und Ochsen durch die Gurgel, denn es war weder Schutz noch Gedeihen dabei und mußten uns oftmals selbst krank und den Tod daran fressen, das machte der Segen, so darüber gesprochen war, aber sonst war eine Fröhligkeit in der verfallnen Kirche, wo wir wieder übernachteten, auch kein Mangel an Spielleuten und Weibern, die für Geld herumschweiften. Der Doktor brachte alles vor, was er nur an Trinkliedern wußte und gab es für seine Erfindung aus, um das Stehlen auch mitzumachen, ich aber machte einen eignen Gesang auf die löbliche Gesellschaft, nachdem ich ihnen beim Trunke ihre Feldsprache abgedrungen hatte, die sie mir gar ungern beibrachten und nach vielem heimlichen Gemurmel unter einander. Mein Gesang aber lautete:

Die löblich Gesellen zwischen Rhein
Und der Mosel allzeit rüstig seyn,
Nach Unfall sie nicht fragen,
Das Terich (Land) hin und her
Lang breit, durch und die Quer,
Zu Fuß und Pferd durchjagen,
Frisch sie es wagen,
Kein Scheuen tragen!

Über hohe Berg durch tiefe Thal
Fallen sie oftmals wie der Strahl,
All Weg ohn Weg sie finden,
Zu düstrer Nachtszeit
Wann schlunen (schlafen) andre Leut
Sie alles fein aufbinden,
Ohn Lichtanzünden,
Bleibt nichts dahinten.

Laffall der weiß gar fein auszusehn,
Wo irgend in einem Gfar Klebis (Pferd) stehn,
Wanns wär auf zwanzig Meilen,
Beim hellen Mondenschein,
Die Gleicher insgemein
In einer kurzen Weilen,
Sie übereilen
Und redlich theilen.

Battrawitz, der alcht (geht) zur Hinterthür hinein,
Bobowitz sazt sich hinter ein Haufen Stein
Mit den andern Gesellen;
Den Quin (Hund) ruft er klug,
Und brockt ihm Lehm (Brodt) gnug,

Daß sie nicht sollen bellen,
Bis auf den Ställen
Sie Klebis schnellen.

Wenn sie nun haben die Hautzen (Bauer) Roß,
So reiten sie nach dem neuen Schloß:
Ist jemand der will kaufen?
Der Putzjakala
Ist müd und liegt da,
Weil er sich lahm gelauffen,
Schier nicht kann schnaufen,
Drum will er saufen.

Herr Wirth: Nun so laß uns lustig seyn,
Lang mir den Glestrich (Glas) vom besten Wein,
Um Drulmeß (Pfennig) darfst nicht sorgen;
Ein halbe gute Nacht
Uns all zu Sontzen (Edelleuten) macht,
Du kannst uns ja bis morgen
Die Irtin (Zeche) borgen,
Der Hautz muß sorgen.

Ist das nicht wunderlich Gesind,
Daß der Hautz sein Schuh mit Weiden bindt,
Und da die Zech muß zahlen?
So lang er hat ein Kuh,
Die Klebis auch dazu,
Die Rappen mit den Fahlen
Wir allzumalen
Durchs Giel (Maul) vermalen.

Dieses Lied wurde von allen durch Aufschlagen auf den Altar, der unser Tisch war, sehr gelobt, und wie das Lob die Frommen zum Guten, die Bösen zum Bösen desto beherzter macht, also gab ich ihnen allen Rath, sie sollten den Stadtbeamten und den Commandanten meiner Stadt, mit dem sie sich gut standen auf den andern Tag zu Gaste bitten. Dieses geschahe, wie waren aber die Herren verwundert mich da zu finden, den sie eingesteckt und erwarteten nichts Guts. Ich aber sprach ihnen freundlich zu mit einem Glase Wein und der Stadtkommandant Gordon sang dazu ganz aufgeräumt:

Juch, dien' ich dem, so krieg ich kein Geld,
Dien ich dem andern, so haßt mich die Welt
Dien ich zu Wasser, so wird mirs zu lang,
Dien ich zu Felde, so hab ichs kein Dank,
Ich weiß mir einen Helden zu Feld,
Der sich hier bei uns hält,
Dem laßt uns dienen ohne Geld,
Denn er läßt uns stehlen, wo es uns gefällt.

Und darum:

Frisch unverzagt, beherzt und wacker,
Der scharfe Säbel ist mein Acker,
Und Beutemachen ist mein Pflug,
Damit gewinn ich Gelds genug.

Ja freilich, sprach der Schultheiß, das erfahren wir armen Bauern wohl.

Denn Bauerschinden ist dein Pflug
Und doch hast du nicht Häut' genug!

Und einerlei ist Freund und Feind,
Hat einer Geld, der andre keins.

Es ließe sich viel darüber sagen.

Heraus mit der Red, sprach Bobowitz, der ist des Teufels, der nicht alles sagt, was er weiß.

Ho ho nein, sprach der Schultheiß, ich hab mit dem Herrn Hauptmann hier zu thun; er wollt vorher wissen, warum wir deutsche Bauern und Bürgersleute unsre Freunde und Feinde fast in gleichen Ehren halten?

Aß ist eban also, fiel ein Bauer ein, wirr Harran sien salbsbscht schlauli dron, ihr halten uns eban all wy Feing.

Du hast recht Bauer, sprach der Hauptmann, weist du aber auch woher es kommen, daß wir sogar kein Glück mehr auf unsrer Seite haben.

I willsy währly wohl soga, wannyrr mier nischt thuon wara. Doch will ich die Worte, die er auf gut Kochenspergisch vorbrachte lieber in verständliche Sprache übersetzen. Vorzeiten, wenn man hat zur Feldschlacht oder zu einem Scharmützel gehen wollen, so hats geheißen: Wir wollen fort in Gottes Namen! Nun ihr Brüder, fort in Gottes Namen! ein jeder sprech ein Vaterunser und befehle sich Gott, denn der Feind ist da, es wird jetzt an ein Treffen gehn. Nun Gott helf! haltet euch redlich ihr Brüder und denkt an Gott und an unsern gnädigen Herrn, und thut alle das Beste. Da hats denn golten, und ist Glück dabey gewesen.

Aber jetzt, da hießt es, botz hundert tausend Sack voll Enten. Auf ihr Burschen, daß dich der Donner und der Hagel mit einander erschlag, in die Wehr, der Feind ist da. Drauf ins Teufels Namen. Fort ihr hundert Safferments Bluthunde, daß euchs Wetter erschlag, drückt draf. Gebt Feuer daß euch der Hagel erschlag ihr Bursche alle mit einander. Halt Trupp, daß dich botz hundert tausend Sakkerment schände, und was dergleichen schreckliche Morgen und Abendsegen mehr sind. Stehet auf, daß euch der Hagel erschlag. Marschiert, daß euch der Donner erschmeiß. Freßt, daß euchs der Teufel gesegne. Sauf, daß das höllisch Feuer in den Hals fahr. Legt euch nieder, daß euch der Teufel mög holen! — Wie wollt ihr dabey Gottes Seegen zu hoffen haben? — Der Bauer redet, der Teufel hol mich recht! sprach der Commandant. — Aber wie soll einer beten? sprach Laffall, was sinds für Wort, der ist des Teufels, der so viel Wort könnt behalten. — Der ist des Teufels, sprach Bobowitz, der so lang beten könnte. — Wenn ich des Morgens aufstehe, sprach Grschwbtt, so spreche ich ein A B C, darin sind alle Gebete begriffen, unser Herr Gott mag sich darnach die Buchstaben selbst zusammenlesen und Gebete draus machen wie er will, ich könnts so wohl nicht, er kann es noch besser. Und wenn ich mein A B C gesagt hab, so bin ich gewischt und getränkt, und denselben Tag so fest wie eine Mauer! — Und ich, sprach

Bobowitz, morgens ehe ich aufstehe, so streck ich mich einmal aus, daß mir alle Glieder knacken für meinen Morgensegen, das thut mir den ganzen Tag wohl im Leibe. — Und du Philander, was thust du, ehe du aufstehst? Ich leg mich nieder, sprach ich. — Philander wird gut werden, sprach Grschwbtt, wenn er noch eine Zeit bei uns bleibt. — Und ich, sagte Battrawitz, mache es wie mein Vater Parra. Denn als ich in die Welt geboren worden, war ein großes Gefest; mein Vater wußte nicht was für einen Helden er zu einem solchen großen Wust zu Gevatter bitten sollte, letzlich gedachte er, wenn er den Tod zum Freund haben möchte, so würde er auf Erden immer leben, denn des Himmels hat meine Freundschaft nie viel geachtet. Darum, so bat er den Tod zu Gevattern; der Tod, welcher den Possen bald merkte, bedankte sich erstlich und sprach: Mein Freund Parra, ich halt mirs zwar für eine Ehre, daß du mich meines alten Rechtes würdigst, welches will, daß sobald ein Mensch geboren ist, er meiner Gewalt untergeben sey, solcher Freundschaft erkenne ich mich hoch verbunden und thue dir hinwiederum zu Gefallen, was du von mir bitten magst, nur allein die Unsterblichkeit begehre nicht von mir, denn die kann keinem Menschen auf Erden gegeben werden. Welcher letzten Worte mein Vater zwar erschrak, aber als ein schlauer alter Schelm, sprach er: Ja lieber Gevatter Tod, ich verstehe es wohl, daß ihr keines Menschen verschonen mögt, aber gleichwohl eine Bitte könnt ihr mir vergünstigen, ehe ich sterbe. — Der Tod, der sonst wie der Teufel schwer zu betriegen ist, sprach gleich hin ohne ferneres Nachdenken: Ja das sey dir vergönnt, es wäre auch was es wolle; was ist es denn? — Ach gnädiger Herr Gevatter Tod, daß ihr mich nicht eher tödten wollt, bis ich zuvor ein Vaterunser gesprochen habe. — Ja wohl, sprach der Tod, das sey dir in die Hand versprochen, daß ich es dir fest halten wolle. — Dann ist der des Teufels, sprach mein Vater, der sein Lebtag mehr ein Vaterunser betet. — Dessen der Tod erschrak und ich glaube mein Vater lebt noch, es sey denn, daß ihm seither irgend ein Vaterunser im Trunk möchte entwischt seyn.

Ihr Herren, ihr Herren, sprach ein Beamter, gottlos Reden und Leben hat noch keinem genutzet, und fleißig gebetet hat noch keinem geschadet.

Ihr Herren, sprach der Schultheiß, wisset ihr auch, welcher der frömmste Soldat sey? — Der ist des Teufels, sprach Laffall, der der Frömmste ist. — Ich hatte neulich drei junge lebendige Wölfe zu verkaufen, sprach der Jäger, da fragte mich einer, welcher der beste sey? Ey Herr, antwortete ich, ist einer gut, so sind sie gewiß alle gut. Aber wer ist nun der Frömmste! — Wenns keine Ungelegenheit giebt, sprach der Schultheiß, so will ichs sagen, der Frömmste hat eine Kuh gestohlen. — Die Rede gab ein großes Gelächter, dieweil ein jeder da der Frömmste seyn wollte, denn der eine schwor, er hätte

300, der andre 500, Bobowiß aber hatte den Preis von allen gestohlen. Indem wir in diesem Gespräche waren, kamen zween zerlumpte Gesellen zur Thür hinein getreten, deren einer schon ein Vierteljahr in Eisen gelegen und den Stadtknecht mit Gelde bestochen, daß er des Tages zuvor, ehe er sollte gehenkt werden, mit ihm ausrisse. Jener, er hieß Zwerch nach seinem Feldnamen, sobald er den Schultheiß ersahe, erkannte er ihn, weil er ihn auch einmal gefangen gehalten und bot ihm die Hand. Der Schultheiß aber kannte ihn nicht wieder, meinte auch nicht, daß er Soldat, und sprach: Wie sollte ich diesen Händen da meine Hand biethen, diesen Händen da, die so viel unschuldiges Blut vergossen, so viel Häuser angezündet.

Zwerch. So muß man es euch Bauern kochen, anders kann man euch nichts herbeibringen.

Schultheiß. Ho, ho, du bist so wild nicht, wie du dich stellest.

Zwerch. Ich meinte, du hättest es genug erfahren, Bauer, daß so viel gute Worte ich dir jetzt geben hab, so viel Teufel sind in mir, wenn ich mich erzürne.

Schultheiß. Der Teufel muß dir mächtig viel schuldig seyn, weil du ihm so treulich dienst.

Zwerch. Wenn ich könnte, ich wollte die ganze Welt in einem Streich niederschlagen.

Schultheiß. Hast du denn gar kein Erbarmen?

Zwerch. Der ist des Teufels, der sich über einen Bauren erbarmt, wer einmal einen niedergemacht hat, der wird so voller Teufel, daß es ihm eben ist, als ob er einen Hund erschösse, wenn er einen Menschen niederlegt, oder einen Bauren büchset und giebt mir eine rechte Lust, wenn ich sehe das Blut also herausspringen.

Schultheiß. Das ist eine verdammte Lust, die du dir da selber giebst.

Zwerch. Der ist des Teufels, der nicht alles niederschlägt und insonderheit die Bauern, ich sehe wohl, du kennest mich nicht mehr, bis ich dir deine Schweine und Kühe noch einmal abnehme.

Bei diesen Worten erkannte ihn erst der Schultheiß, daß er ihn schon bestohlen und meinte, weil er bei uns gut am Brette wäre, so möchte er sich an ihm wohl rächen und schlug nach ihm. Aber der Zwerch, der dieses Schimpfs nicht gewohnt war, wollte den Schultheiß gleich niederstoßen. Der Schultheiß wurde von uns in der Sakristei versteckt; aber da sollte man den Jammer des Zwerch gesehen haben, er raufte sich selbst die Haare aus, bisse sich die Lefzen und Finger, daß das Blut danach liefe, es war kein Fluch so Französisch, den er nicht mit viel Galgen und Millionen multiplicirt hätte. Wir baten ihn, das entsetzliche Fluchen einzustellen. Der ist des Teufels, der nicht flucht, sprach er, also daß wir still schwiegen, bis er aufhörte zu toben. Nach langem Wesen brachte man ihn wieder zum Tisch, da hatte zwar das Fluchen etwas nachgelassen, da donnerte es aber noch von fern mit Mortbieu, Testebieu, Corbieu, tausend Sack voll Enten, daß dich der Donnerstag, daß dich der Hasen erschlag, botz Zink, botz Zäpfel, botz Zähholz, botz Zucker. Um nun dem tollen Narren, dem Zwerch, die Grillen zu vertreiben, ließ Putiacala noch mehr Spielleute auf seine Kosten kommen und ging alles zu unterst und oberst mit Tanzen, da es der eine auf Welsch, der andere auf Deutsch, der dritte auf Krabatisch, der vierte auf Polnisch machte, und an wem die Reihe war, dem mußten die andern nachfolgen mit diesen Worten: der ist des Teufels, der nicht mitmacht. Da kamen genug Weibsleute und es schien ihnen alles so recht ordentlich, wie es da zuging, mochte wohl manche nachher aussagen, der Teufel habe sie im Walde beim Holzlesen versucht. Der Doktor sang aber zuletzt noch, worauf alle mit tranken:

Mein Freund, dir will ich eins singen
Von dem lieben, süßen Wein.
Doch noch dieses dir vorbringen:
Holla Jung schenk eines ein.

Denn mein Thun besteht im Trinken,
Wo mir mangelt an dem Wein,
Will mir Herz und Seel versinken,
Komm Jung schenk noch eines ein.

Die Gesundheit soll umgehen
Aller, die stets durstig seyn.

Keiner laß die vor sich stehen,
Du und ich sind nicht allein.

Jung laß hier die Leuchter bringen,
Liebster Bruder, gute Nacht,
Mein Gesang will nicht mehr klingen,
Hapus, Hapus gute Nacht.

Da trat der Doktor zu mir, als er sahe, daß ich von dem vielen Getöse und Trinken und seinem schlechten Gesinge ganz traurig in einem Beichtstuhle da saß; die Herren aus der Stadt waren indessen zurück gegangen. Bobowitz und Laffall, die das von uns verdroß, daß wir uns so absonderten, ließen ein spitziges Glas bei fast zwo Ellen hoch einschenken und brachten uns beiden das zu: auf Gesundheit des frömmsten Soldaten. Als wir uns des großen Geschirrs entschuldigten, sprach Bobowitz: Der ist des Teufels, ders nicht sauft. Ich aber verschwor mich, daß ich es nicht könnte, weil ich schon so viel getrunken. Bobowitz verschwor sich hingegen, wo ich es nicht trinken würde, so müßte ich des Todes seyn. Battrawitz kam zwischen und sprach, ich sollte einen Tropfen wegschütten, so wäre mein Schwur erfüllet, und würde sich Bobowitz auch nicht zu beschweren haben. Bobowitz wollte aber hierin nicht willigen, ich müßte des Todes seyn, wenn ich was ausschüttete, ich sollte ein Tröpflein am Boden lassen, das wolle er zugeben. Der Doktor, ein kleines Männlein, aber herzhaft genug, sprang auf: Was, Bobowitz, meint ihr, daß wir nicht Manns genug, wider Gewalt uns zu schützen, daß ihr uns also dräuet als einer feisten Gans. — Was willst du Schriftling, du Blatvogel? antwortete ihm Bobowitz, mach nur die Gurgel fertig das Glas auszusaufen, oder du mußt sterben. — Ich bin ein klein Männchen, sprach der Doktor, aber du wirst einen Mann an mir finden; der ist des Teufels, der sich vor einem Großen fürchtet. Darauf fing er auch an zu singen um die Leute auf andere Gedanken zu bringen:

Vermeinst du, daß ein kleiner Mann
Sein Faust nicht auch gebrauchen kann,
Und wohl sobald ein That im Feld
Verbringet als ein Doppelheld?

Darum, ob ich schon klein dasteh,
Und dir kaum an den Gürtel geh,
Sollst du mir doch bald sehen an,
Ich sey sowohl als du ein Mann.

Doch dieser Gesang verdroß dem Laffall sehr, der sprach. Was willst du Schriftling wissen, du hast wohl noch keinen todten Mann gesehen, als in der Zeit, da du bey uns Federn bekommen. — Mein, ihr Herren, sprach ich wieder, ich habe schon als ein kleiner Bube meinen Ort vertheidigt, mich als ein rechtschafner Soldat gehalten, wo ihr noch von der Mutter die Ruthe bekommen. — Sauf du fort, sprach Bobowitz, sauf rein aus, oder es wird dir übel gehen. — Indem schüttete ich meinen

Schwur zu erfüllen ein Tröpflein aus dem Glase, es konnte aber noch nicht ausgeschüttet seyn, so hatte ich eine ungeheure Maulschelle von dem Bobowitz, gegen den ich aber Wein und Glas in das Gesicht stieß, daß ihm das Blut darnach lief und mir der Fuß des Glases in der Hand blieb, allwo ich noch das Zeichen trage, warf auch dem Fuß nach ihm, der aber Laffalln, der dazwischen trat, das Knie traf, daß er blutete. — Die Streiche waren kaum geschehen, als es uns schon allen gereuete; Bobowitz ward von allen gescholten, daß er solche unnöthige Gesundheit ausgebracht, und wäre keiner blutig gewesen, der Streit wäre durch einen Trunk beygelegt.

So aber sprach Bobowitz, wenn ich ein redlicher Kerl wäre, so sollte ich morgen erscheinen, er wolle meines Bluts auch sehen und wer den andern könnte schlafen legen, der sollte den Preis haben. Darauf gab ich ihm die Hand und brachte ihm eins zu, welches er mir Bescheid that. Laffall war auch heftig an den Doktor gekommen, weil er ihm Schuld gab, er hätte mit seinem dummen Liede allen den Streit gestiftet, er wollte ihn dafür mitten von einander brechen und mit ihm bis Ungarn laufen ohne Ausruhen, und ihn da statt Brod in der Suppe fressen. Der Doktor aber hatte ein gutes Herz und beschied ihn auf morgen, da gab ihm Laffall die Hand und sprach: Schlaf und befehl dich auf morgen, ich aber befehl mich jetzt und morgen in meiner Liebsten

Gnad und Huld! — Wobey er ein rothes Taftband, das an seinen Huth geknüpft, küßte. — Und du, sprach Bobowitz zu mir, gute Nacht Philander, in des Raben Magen kommen wir wieder zusammen.

Ich lag diese Nacht mit dem Doktor zusammen hinter einem Baum, da unterredeten wir uns wegen morgen. Der Doktor sagte, er wüßte einen Stoß, den ihm Laffal schwerlich ausschlagen würde, er wollte ihn von hintenzu durchstoßen, ehe er es könnte gewahr werden. — Ich mußte des Doktors lachen, so unlustig ich war und sprach: Pfuy das ist ein häßlich Stoßen, von hinten zu, hauet und stoßt ihm nach dem Gesicht, so wird er fliehen. Nun, nun, sprach der Doktor, ich habs mehr probirt, wir wollen morgen sehen.

Des andern Morgens um sieben Uhr, nachdem wir jeder ein halb Maaß Wein getrunken, und uns Gott befohlen, gingen wir vors Holz auf eine Wiese, unsre Gegner kamen bald hernach, waren aber plumpvoll und stellten sich fast unsinnig. Ich nicht faul zog gleich von Leder, aber aus Unbedacht, der in solchen Fällen sehr gewöhnlich, stellete ich mich in eine flache Tiefe und Bobowitz stand wohl einen Fuß höher. Wir fochten eine Weile und liefen zuletzt mit einander ein, daß beyde Degen neben dem Leibe hingingen. Bobowitz warf gleich seinen Degen beyseite und ergriff mich in der Mitte, warf mich zu Boden, und stieß mir mit den Knien gegen das Herz, als ob er mich radbrechen wollte.

Ich aber behielt meinen Degen in der Faust und stieß ihm mit dem Kreuz so lange auf den Kopf, bis das Blut darnach rann. Er stieß aber unverdrossen mit seinen Knien auf mein Herz. Das ist nicht redlich gehandelt, schrie ich, Bobowitz du bist ein Mörder. Auf diese Worte sprangen die andern herzu und machten mich los, und hatte er mich zwar übel zugerichtet, aber es that mir doch wohl, sein Blut zu sehen, dessen er wollte unsinnig werden. Bobowitz schwor, daß mich das Allmosen errettet, was ich einmal den Bauern gegeben, es hätte ihn einer von hinten fest gehalten, als er mir den Todesstoß mit dem Knie geben wollen. Darauf kamen der Doktor und Laffall an einander. Der Doktor mußte dabey gewesen seyn, denn er sprang herum wie eine Atzel, bald auf diese, bald auf die andre Seite, es konnte sich der Laffall, der dicken Leibes, so geschwind nicht wenden, daß er den Doktor recht zu Gesicht bingen mögen, bis der Doktor endlich seinen Vortheil ersah und dem Laffall einlief und ihm von hintenzu den Degen in das Dicke stieß, daß er zu Boden sank, ehe ers innen worden. Der Laffall schwur, daß er sich schon rächen wollte, dazu war aber keine Zeit, denn Zwerch hatte in der Morgenzeit, um sich an dem Schultheiß zu rächen, ihm zwey Stück Ochsen, die im Felde pflügten geraubt, es kam bald ein Bürger mit einem Schreiben des Kommandanten Gordon, das ich vorlesen mußte.

Hochedle gestrenge Herrn! Daß die Herren

heute unserm Schultheißen sein Vieh abgenommen hätte ich mir gestern nicht versehen. Wollen die Herren aber die Fehde also fortsetzen, daß ich das Vieh Ihrer Bauern am Gebirge dagegen forttreibe und Sie das hiesige ungehindert, so wird es uns beyden zu statten kommen, weil doch die Bernhäuter keinerseits dem redlichen Soldaten mit Liebe was zugut kommen lassen. Meiner Herren dienstwilliger Knecht, Gordon. — Hierauf mußte ich sogleich antworten. Vielgeliebter Herr, ihr gütiger Vorschlag wegen Plünderung der gegenseitigen Bauern, zu denen wir kommandirt sind, scheint uns durchaus wohl überlegt und zuträglich. Wir geben unsre Einwilligung und werden nächsten Sonnabend wieder an die Stadt kommen.

Battrawitz, Hauptmann.

Auf dieses Schreiben erhielten wir von dem Burgemeister der Stadt, wo inzwischen eine andre Garnison eingerückt war, die unerwartete Antwort.

Meine Herren, ihr unvermuthetes Schreiben an unsern schnell ausmarschirten Stadt-Commandanten Gordon haben wir von unserm Mitbürger erhalten. Es wird darin über unser weniges Vieh verhandelt, daß uns die Augen übergehen möchten. Es ist zum Erbarmen wie unser eigner bisheriger Commandant uns über die gewöhnliche Art als Wachten, Festungsbau, Botenlaufen, Essen geben, Service geben noch an freiwilligen Geschenken ausgesogen hat. Haben uns nach der Herren Schreiben also gerichtet, daß wir hoffen, Gott, der uns von unserm Commandanten befreyt, werde uns auch vor ihrem unchristlichen Beginnen schützen.

Euch schwöre ich ihr Potentaten!
Gott, der an dem Bürgersmann
Kleine Sünde strafen kann,
Wird all diese böse Thaten,
Dieses Morden, Raub und Brand,
So geschieht in eurem Namen,
Fordern einst von eurer Hand.

Der Burgemeister.

Keiner von uns wollte erst reden wegen dieses Schreibens, so überraschend war es uns; ich, gab meinen armen Stadt-Leuten von Herzen recht, durfte mir aber nichts merken lassen, denn alle andern waren entschlossen, sich auf eine recht schreckliche Art an meiner guten Stadt zu rächen während die Garnison ausmarschirt sey. Ein Bauer, den sie eingefangen, behauptete, daß sie mit einer Leiter von vier und zwanzig Sprossen die Mauer recht gut hinauf könnten, die wurde angeschafft. Ich meinte gleich, daß sie zu kurz sein würde, sagte aber kein Wort. Dann brachen wir gleich auf, um uns in dem Walde bey der Stadt zu verstecken. Ich wollte vorher noch ein halb Maaß Wein trinken, Brod und Fleisch im Bauche haben. Battrawitz sagte aber, ich wär ein Höfling, ein Suppirer, ich könnte nicht anders reiten, als wenn ich Sporen im Leib hätte. — Ich antwortete, es wäre nicht meinetwegen, sondern wegen des Pferdes, als auf welchem ich viel leichter wäre, wenn ich gegessen. — Der Doktor sprach auch: es ist war, ein todter Mensch ist schwerer als ein lebendiger, und ein hungriger ist nichts besser als ein Todter. — So aßen wir denn noch und kamen gegen Abend vor die Stadt auf den Berg; ich konnte meines Vaters Haus sehen und wie mein Vater sich davor in die Sonne gesetzt hatte. Ich betete, daß unser Streich verunglücken möchte. Gegen zehn Uhr kamen wir mit der Leiter unter die Stadtmauer. Die Schildwache ward erst nach langem Rufen abgelöst, woraus wir schlossen, es müsse die Wache schlafen, oder beym Spielen so geschäftig seyn, daß sie nicht hören könne. Der aber ablösete trat frisch auf und fing nach einer Viertelstunde an zu singen:

Gott ist der Christen Hülf und Macht
Und feste Citadelle,
Er wacht und schildert Tag und Nacht
Thut Rund und Sentinelle,
Jesus ist das Wort,
Brustwehr, Weg und Port,
Der rechte Korporal,
Hauptmann und General,
Wir sind die Bürgergarde.

Mit unsrer Wacht ist nichts gethan,
Es ist bald übersehen,
Denn wers mit Menschen fanget an,
Um den ists leicht geschehen.

Oftmals Glauben bricht
Wer zuviel verspricht,
Wer Gott nicht traut allein
Muß stets in Sorgen seyn,
Um Leib, Gut, Ehr und Leben.

Oft der, der uns verfechten soll,
Weiß nichts von Wehr und Waffen,
Liegt auf der Haut, ist blind und voll,
Thut seine Rund verschlafen,
Doch Gott ist nicht weit
Von uns selber Zeit,
Und so wir bleiben frumm,
Ihn kindlich bitten drum,
Die Engel uns bewachen.

Und sey der Feind noch eins so sau'r
Als wollt er uns verschlingen,
Und käme schon bis auf die Mau'r,
Solls ihm doch nicht gelingen,
Gott der mit uns ist,
Entdeckt seine List,
Und in eim Augenblick
Stößt ihn hinab zurück,
Daß er mit Schand muß weichen

Gott Ehr und Preis, der uns zu Gut,
Die Feind mit Furcht thut schlagen,
Und über uns hat treue Huth
Auf seinem Feuerwagen
Sein ganz himmlisch Heer
Rondet um uns her,

Lobsingt, Lobsinget ihm,
Lobsingt mit heller Stimm,
Ehr sey Gott in der Höhe.

Um eilf Uhr kam die Runde, die rief er an: Wer da? — Gut Freund! — Was für Freund? — Runde! — Was für Runde? — Hauptmann. — Geh fort, bleib mir vom Leib. Da merkten sie erst, daß die Wachtstube weit entlegen sey, was ich wohl wußte, weil er die Runde nicht stehen hieß und den der die Wacht hatte, heraus rief. Sie hofften auf guten Fortgang. Weil nun die Runde so wachsam war, gingen wir allgemach zurück. Nach anderthalb Stunden gingen wir wieder hin und fanden die Schildwache schlafen, denn sie schnarchte, daß wir es hörten. Nun würde die Leiter angelegt, aber als wir dieselbe anschlugen und hinaufstiegen, war sie um sechs oder sieben Sprossen zu kurz; ich dankte Gott vielmals. So ging es voll Ärger zurück; alles fluchte auf den Bauer, der uns angeführt; sie hieben aus Ärger alle junge Fruchtbäume in den Gärten nieder. Der Bauer, der ihnen die falsche Nachricht von der Mauer gegeben hatte, als er aus der Stadt des andern Tages zu uns kam, wurde gleich gebunden. Er schwur aber, es sey unser Glück gewesen, daß nichts daraus geworden; die Mauer sey an der Stelle, weil sie da am niedrigsten gewesen, wohl zehn Schuh breit mit Bienenkörben besetzt gewesen, wenn einer da eingebrochen, wären wir sicher von den erzürnten Bienen jämmerlich zugerichtet worden, auch sey schon die neuangekommene Garnison von regulären deutschen Truppen gegen uns zum Nachsuchen aufgebrochen. Der Bauer bekam ein gutes Trinkgeld von 12 Dukaten; wir aber setzten uns eilig zu Pferde. Wir waren noch keine halbe Stunde im Walde geritten, so sahen wir eine Menge Bewaffneter, die uns im Wege lagen; das waren zu viele um sie anzugreifen, alles stiebte aus einander; ich aber wollte über eine Grube setzen, mein Pferd stolperte und stürzte, ich fiel herunter, mein Pferd lief davon. Im ersten Schrecken sah ich mich schon auf dem Rade, doch suchte ich mich noch, so gut es gehen wollte, hinter einem Busche zu verbergen. Da kam ein wunderlich Gesindel auf mich zu, welches ich bald für Zigeuner erkannte. Die Bursche hatten viel Hunde bei sich, die spürten mich bald aus und schlugen an, als wenn ein Stück Wildpret vorhanden gewesen wäre. Die Herren eileten alsbald mit langen Schnaphahnröhren auf mich zu, der eine stellte sich hierhin, der andre dorthin, wie auf einem Gejägt und ich fing an zu schreien, als ob ich das Waidmesser schon an der Gurgel hätte. — Siehe, da kam eine prächtige Zigeunerin auf einem Maulesel daher geritten, dergleichen ich nie gesehen, oder davon gehört hatte. Sie schien eine Person von ungefähr sechzig Jahren zu seyn, hatte nicht wie die andern ein pechschwarzes Haar, sondern etwas falb und dasselbe mit einer Schnur von Gold und

Edelgesteinen festgesteckt, die mit einer Krone zusammengefaßt war, wie andre Zigeunerinnen ein schlechtes Bändel, oder gar nur eine Weide zu tragen pflegen In den Ohren trug sie ein Paar Gehenke von Gold und geschmelzter Arbeit mit Diamanten besetzt, um den Hals eine Schnur Zahlperlen, deren sich keine Fürstin hätte schämen sollen, ihr Kleid war Scharlach mit grünem Plüschsammt ausgefüttert, mit silbernen Posamenten verbrämt, sie trug polnische Stiefel, ihr Hemd mit schwarzer Seide nach böhmischer Manier ausgenäht, woraus sie hervorschien wie eine Heidelbeere in der Milch. Ihr Zigeunermesser trug sie im Gürtel. — Diese Zigeunerkönigin sprach zu mir: Ach mein schöner weisser junger Gesell, was machst du hier so gar allein und so weit von den Leuten? — Ich bin ein armer ausgelernter Schüler aus der Stadt, sagte ich, ich wollte gerne einen Dienst haben. — Daß dich Gott behüte, mein Kind, sagte sie, wolltest du mir wohl ein vierzehn Tage mit deiner Feder dienen und schreiben, ich gebe dir alle Tage einen Reichsthaler. — Ich nahm das Anerbiethen mit vielem Danke an, wir lagerten uns gleich und sie erzählte mir, daß ein gewisser Philander so viele Lügen gegen die Zigeuner geschrieben, daß sie zu ihrer Rechtfertigung mir ihre ganze Verfassung und Lebenslauf diktiren wollte. Darauf fragte sie mich, wie ich heisse, ich sagte Sittewald; denn hätte sie gewußt, daß ich eben der Philander wäre, der zur Übung seiner Schulberedsamkeit gegen die Zigeuner geschrieben, ich wäre nimmermehr davon gekommen, so gar boshaft sprach sie gegen mich. Da brauchte ich nichts als fressen, saufen, schlafen und drei bis vier Stunden aufschreiben, was sie mir erzählte, wie sie gar nichts nehmen, als was ihnen geschenkt würde; auch was sie in ihrem unruhigen Leben in allerlei Gestalten erfahren und ausgeführt. Die Männer inzwischen gingen dem Gewild nach, welches sie durch zauberischen Segen zum Stillstehen bannten, oder mit abgetödtetem Pulver, das nicht laut kläpfte, zu fällen wußten. Die Weiber brachten Geld, Hühner, Brod, Wein, Speck, auch zuweilen wohl einen himmelblauen Buckel mit, wenn sie ertappt waren. Dann ging es an ein Essen, Trinken, Fechten, Springen, es war ein viel artiger Leben als bei den Soldaten, und vierzehn Tage gingen mir so um, ich wußte nicht wie. Da kam eine neue Schaar Zigeuner und brachten eine schöne Jungfrau mit, die bezeigte sich gegen mich so freundlich, daß ich ihr bald von Herzen gewogen ward. Sie fragte mich gleich nach gemachter Kundschaft was ich der Frau zu schreiben hätte? — Ich gab zur Antwort, es wäre unnöthig, daß es die Jungfer wüßte. — Den andern Tag schien mir unsre Frau, die sich Gräfin nennen ließ, noch gnädiger: sie fragte mich, wie mir dies freie Leben gefiele? — Sehr wohl, antwortete ich, wenn ich nur die Sprache erst könnte. — Bleibet nur bei uns, antwortete sie, ich will euch eine schöne Beischläferin zum Heirathen verschaffen. — Da fragte ich denn, ob ich wohl die schöne Jungfer bekommen könnte, die erst seit gestern zu uns gestoßen; ihr schien das recht lieb, und die Hochzeit sollte gleich den andern Tag seyn. — Ich küßte ihr die Hand und erzählte meiner Jungfer Libussa, wie weit wir schon mit einander wären; die sprang hoch in die Höhe und machte sich daran, mich von dem Ungeziefer zu reinigen, was natürlich bei dem steten Umherliegen in den Kleidern mit aller Art von Menschen, sich auch bei mir eingefunden. Das that mir sehr wohl, doch fand sie bald, daß ich gar zu sehr damit bedeckt wäre, weswegen sie mir auch Abends, nachdem wir auf Zigeunerart Verlobung gehalten, eine Salbe einhändigte, womit ich mich dagegen schmieren sollte. Diese Verlobung bestand aber darin, daß ich das Mädchen, dem alle beystanden, so lange nachlaufen mußte, bis ich sie gefangen. Sie war so geschickt, daß ich ihr wohl bis heute nachliefe, wenn sie sich nicht von selbst nach drei Stunden mir in die Arme geworfen. Von der Verlobung gar sehr müde, schmierte ich mich doch mit der Zigeunersalbe ehe ich einschlief. Ich hatte doch zu Abend gebetet, aber als ich Morgens erwachte, glaubte ich, daß ich behext wäre, so war alles, die Zigeuner mit allem Geräth, Weinflaschen, Essen, Braut, alles war verschwunden, nur an der Asche und den Kohlen, altem Stroh und Plundern sah ich, daß alles kein Traum gewesen. Ich rief erst nach Libussa, dann lief ich ins nächste Dorf, um nach den Zigeunern zu fragen. Da schrieen mich aber die Kinder an: der Teufel kommt und schlugen die Thüre zu. Da sah ich wohl, daß ich ganz schwarz war, dachte aber nicht an die Zigeunersalbe, die mich schwarz gebeitzt, sondern meinte, es sei eine schwere Krankheit, die mich durch Hexerei überfallen. Mein Beutel, mit der gemeinen Kasse der Soldaten, den sie mir zum Aufheben gegeben, und den ich vor den Zigeunern sorgfältig versteckt gehalten, war mir genommen, mich hungerte und ich bettelte von einem Hause zum andern. Da erbarmte sich meiner der Prediger des Orts, Freymund, und ich erzählte ihm meine Noth; er wollte mich in seinem Hause ernähren, bis ich wieder weiß gebleicht wäre, um mich dann in meine Vaterstadt zu schicken, wo ich seit dem Abmarsche des Kommandanten Gordon sicher erscheinen konnte. Dafür bat er sich nichts als meine unter Soldaten und Zigeunern erlebten Fata aus, daß ich sie ihm in dieser meiner müßigen Bußzeit getreulich aufschreiben möchte, andern zur Belehrung. Gott segne ihn für seine viele Wohlthat, da er selbst wenig zu leben hat! — Heute brachte der Sauveitle die Nachricht, daß die streifenden Soldaten, meine Kameraden, beinahe alle im Schlafe durch Verrath des Doktors gefangen worden sind, und in wenig Tagen den Lohn ihrer erschrecklichen Ruchlosigkeit in meinem Städtlein erhalten werden; ein paar Tage früher und ich hätte unschuldig mit leiden müssen. Gottes Gnade ist groß und wacht über alles!

Kaum hatte der Invalide den letzten Segen über seine Historie gesprochen, der alles gut machen sollte, was empfindliche Ohren beleidigen konnte, ey da, wie klangs so wunderlich vom Flügel her. Das gesunde Frauenzimmer hatte sehr heimlich den weitläuftigen Spaß ausgeführt, sich an den Flügel zu schleichen und Schillers Reiterlied hellaut abzusingen. — Mir ist so beklommen, sagte einer. — Ist der Ofen etwa zu früh zugesetzt; ist Kohlendampf im Zimmer, fragte ein andrer. — Mir ist als wenn eine Bombe auf den Fleck, wo ich sitze, niederschlagen sollte, sagte die Geniale, die einmal auch belagert gewesen. — Der Invalide fluchte und weinte, eine entsetzliche Erscheinung in einem harten Manne. Um aller Teufel willen, rief er, singen Sie mir das Lied nie wieder, es treibt den Schraubstock an meinem Herzen so fest zusammen, daß mir alles Blut in den Kopf gepreßt wird. — Wann werden Sie einmal klug, sagte die Gesunde, wo giebt es denn ein schönres Kriegslied? Ich meinte Ihnen ein Vergnügen zu machen, haben Sie es mir nicht tausendmal sonst vorgesungen? — Mir zum Vergnügen? antwortete er. Wissen Sie denn gar nicht, daß auch mich die Sündfluth angeführt hat, daß ich sie erst für eine künstliche Wiesenwässerung gehalten, bis das Wasser immer höher anstieg, und Bekannte und Freunde sich alle in gleicher Verzweiflung an die Felsenspitze drängten, wo ich zusah und an meine Brust. Ich konnte keinen retten, von mir blieb ja selbst nur ein Stück übrig. Diese ganze Last von armen Seelen, die sich an dem Liede begeisterten und entgeisterten, die alle von mir gerissen wurden, die macht mich wasserscheu, liederscheu, kameradenscheu, reiterscheu, und um aller armen Menschen willen, die unnütz gestorben sind, singen Sie nicht weiter in diesem fürchterlichen Geisterchore. — Die Gesunde hob trotzig den Kopf, als wenn sie alles abschüttelte. — Der Gesandte fiel ein: Mir ist es nur merkwürdig, wie fröhlich die jungen Mädchen von dem Sturme um Minnesold singen, wie würden sie schüchtern wegsehen, wenn alles beim rechten Namen genannt wäre. — Mein Gott, sagte die Gesunde hochroth beschämt und wollte das Zimmer verlassen, ich weiß nicht und mag nicht wissen, was Sie meinen, aber wer kann daran denken, was man singt, ich hab es von andern Mädchen singen hören, ich hab es auswendig behalten! — Bleiben Sie, bat der Gesandte flehend, das ist gerade der höchste Triumph der Unschuld, ich habe Sie noch nie so schön gesehen; ich bin ja tausendmal mit Ihnen in demselben Vorwurfe gewesen, daß ich erst nach Jahren bei Theatermusiken, die ich behalten, auf die Worte aufmerksam wurde, ob ich darin mitfühlen könnte, genug, die Musik hatte mich ergriffen. Das Lied ist vortreflich, aber nicht für Mädchen und es wäre das vortreflichste für Männer, wenn wir es nicht zur unrechten Zeit gehört hätten. Aber selbst bei schlechten Liedern finde ich es abgeschmackt, wenn sich Komponisten so sehr über die schlechten Operetten beklagen, woran sie ihre Musik hängen müssen, es ist dies gerade ein Triumph ihrer Kunst. — Der Meinung bin ich nicht ganz, sprach der Invalide, die meisten Gedichte werden wohl im Ganzen der Hauptanlage nach von den meisten verstanden und geprüft, darum dauern Operetten von ganz schlechter Anlage selten, aber freilich gegen die einzelnen Verse sind die meisten sehr abgehärtet, auch nimmt sich manches in guten Worten ganz anders aus, als es wirklich ist. So will ich drauf wetten, den Damen hier, die kein solches herumschweifendes Leben mitgemacht, würde Philanders Reise sehr reizend vorkommen, die Schrecknisse abgerechnet; bei dem Nachtlager im Walde fallen ihnen ein paar angenehme Sommerabende im Walde ein, wo sie bei Hörnerklang Erdbeeren suchten und Kränze flochten. Eine Nacht bivachiren, was würde da für Klage seyn. — Das ist die Frage, sagte die Kranke, ich glaube, daß ich bei solchem Leben ganz allein wieder ganz gesund werden könnte. — Lassen Sie es uns versuchen, sagte die Geniale, ich bin oft schon vor Sonnenaufgang in unsern Garten gegangen und habe mich da unter die Blumen gesetzt. — Ey wohlan, meinte der Invalide, lassen Sie uns diese Nacht einen Versuch machen, wir nehmen einigen Mundvorrath und Feuerzeug mit. — Der Plan war eben so schnell ausgedacht als ausgeführt, nur die Frau vom Hause schlug es aus, die andern Frauen suchten ihre dichtesten Schuhe und ihre wärmsten Kleider, der Invalide führte uns an mit einer alten Trommel, die sich als Bildungsmittel der Pferde im Stalle vorfand. Der Invalide trommelte uns boshaft querein durch tiefen Schnee und allerlei Gebüsch, die Luft war milder aber sehr trübe geworden, wenige Sterne vermochten es noch ihr trübes Licht durchzudrängen und so gingen auch bald unsrer Frauen fröhliche Augen unter, nur die Geniale stellte sich, als wenn ihr Leben eigentlich recht aufginge, zitterte aber dabei an allen Gliedern. Der Invalide machte ein Feuer an aus allerlei gestohlnem Holze; er suchte uns durch mancherlei Erzählungen zu ermuntern, brachte aber aus Bosheit lauter Geschichten vor, die wir alle längst wußten. Er erzählte, wie sich die Soldaten abwechselnd über und unter einander legten um sich zu erwärmen, er erzählte von dem Schottischen Hochländer, der seinem Sohne als Weichlichkeit verwiesen, daß er sich aus Schnee ein Kopfkissen ballte. — Die Kranke unterbrach ihn zuerst, sie versicherte, ihre Füße wären eiskalt, sie bekäme sicher ihre Krämpfe, die Geniale hustete, der Gesandte hatte Kopfweh. Da wurden die Uhren herausgezogen; wir hatten noch keine halbe Stunde da gesessen und hatten es ohne laut zu werden, doch alle genug; wir hatten ja alle die freie Natur schon tausendfach bequemer genossen. Nun brachen wir auf, das Feuer wurde ausgelöscht; wir gingen durch die Propyläen in die Stadt; der Mond ging auf, die gewaltigen Seulen des Thors standen da wie eine Riesenwache unter Gewehr die Stadt zu schützen. — Die Menschen und ihre Sonne sind doch eigentlich jeder großen Architectur hinderlich, sagte die Geniale, die Architectur ist die Nachtseite der Kunst. — Aber bemerkt ihr wohl den Stern, rief die Kranke, der gerade an der Stelle vorleuchtet, wo sonst die Victoria gestanden, es ist unser Hoffnungsstern! Wie glänzend! Stern der dämmernden Nacht, schön glänzest du in Osten. — Wunderbar, ich habe nie einen so großen Stern gesehen, riefen alle; ach Gott, er sinkt, es war nur eine Sternschnuppe. — In dem Augenblicke fiel der Stern so heftig am Thore nieder, daß dieses Meteor wenigstens ein Steinregen seyn mußte; der Invalide dagegen meinte, als er einen rothen Mantel im Mondschein erkannte, es müsse vielleicht ein Wächter heruntergestürzt seyn. Die Damen sprangen fort, um nicht den entsetzlichen Anblick zu haben, er ging schnell hinzu, wir fanden einen Mantel mit vielen Büchern in den Taschen bepackt und eine zerbrochene Laterne. Wir lachten unsres Zufalls, nach einigen Minuten ging das Thor knarrend auf, ein junger Mensch schien etwas zu suchen; wir händigten ihm das Gefundene ein, er dankte; wir fragten ihn neugierig, was er so spät da oben getrieben und warum er Mantel und Laterne heruntergeworfen. Er antwortete lässig, als wenn er an etwas ganz andres noch nebenher denke, versicherte uns, daß er da oben schon seit dem Tage geschlafen, wo die Victoria heruntergenommen worden; er warte und suche nach den Sternen und Träumen, wann sie ihn wieder ablösen würden, in geheizten Zimmern könne er es nicht aushalten. Diese Nacht sey es ihm im Traume erschienen, als käme die Göttin, diese Victoria, der er sein armes Leben ganz geweihet, und habe ihren Wagen statt der viere mit acht Pferden bespannt, und indem er sich vor ihr niederwerfen wollen, sey er erwacht und habe sich am Rande der Mauer gefunden, von der sein Mantel, auf dem er geruhet, und seine Laterne, bei der er geschrieben, schon herabgefallen. — Aber was schreiben Sie da oben, fragte die Kranke neugierig. — Es ist nur soviel als zum Einschlafen nöthig, ein paar feurige Tropfen aus dem Mohnkopfe, am Morgen zerreiß ichs. — Geben Sie es uns lieber her, bat ich ernstlich. — Recht gern, da haben Sie es, sagte er flüchtig und entlief uns, ehe wir ihn zu unsrer Kolonie einladen konnten. Sobald wir auf dem Zimmer der Kranken waren, mußte das Manuscript noch vorgelesen werden.

Träume.

Steigen die Götter herab von ihren Gebürgen im Blitze,
Da erbebet dein Herz, wie die Eiche im Forst,
Steigen sie nieder in heimisch heiligem tiefen Vergessen,
Schauest du freundiich vertraut, Väter und Kinder zugleich.
Kenntlich erscheint dir die Bildung, sie sprechen verständlich in Worten,
Schlafe, denn nun du erwacht, Stimme und Wort dir verhallt.
Was die Worte mir sind? Es sind die Geister der Menschen,
Und ich achte das Wort, weil mir heilig der Geist;
Offenbaret ist jeglicher Geist, so sind es die Worte,
Darum auch störe sie nicht, warte und pflege den Schlaf.
Lasse vom Lieblichsten dich zum Schlafe hinüber geleiten,
Ist die Stirne dir hell, trägt sie den Bogen des Lichts.
Wachend halle zurück aus deinem entfesselten Busen,
Was die Götter gesagt, was dir im Traume vertraut:
Bist du Wiederhall Mensch, so lasse auch frei dich erfüllen,
Denn wie leer ist deiu Sinn ohne das göttliche Wort!
Fürchte auch nimmer Vergessen, es ist der fruchtende Boden,
Dem die Traube voll Safts steiget aus glühendem Schooß.
Auch die tausend der Formen, die alle mir treiben im Hirne,
Müssen in wenigen nur, sichtbar erscheinen, vor euch.
Doch die größere Zahl, sie fliegt von der kreisenden Scheibe,
Weil die Scheibe zu schnell, weil der Stoff noch zu leicht.
Unverloren sie sind, sie steigen ein würdiges Opfer,
Hellumflattert vom Mohn, wie ein Wölkchen verfliegt.
O so seyd dann gelobt ihr holden Gespinste der Träume,
Die Vergessenheit treibt, wie den Sommer der Herbst,
Denn ihr kehret zurück und bringet eure Gespielen,
Denen ihr gerne gesagt, wie ich dem Eigensinn folg'.
Seyet vor allen gesegnet, ihr Träume schönerer Künste,

Als mir die kriegrische Kunst, Vaterland, Freunde geraubt,
Ach da dachte ich einst aus Radegasts slavischem Sande
Hin zum griechischen Land, nimmer der Marmor da fehlt.
Ach und wie tief ich grabe im Sande von Brandenburgs Erde,
Immer nur find' ich den Sand und er ist mir so lieb,
Ja ich beisse mich ein in diesen viellockeren Boden,
Schaff ich kein Leben darin, so begrab ich mich selbst;
Doch im Traume da lösen sich leicht die Banden des Lebens
Hin zum griechischen Land, so entschlief mir der Geist.
Ich erging mich da leicht in fernen vergangenen Zeiten,
Ganz natürlich erschien, was so wunderbar ist;
Dort als Lehrling, so fand ich mich wieder, auf Phidias Hofe,
Wie ich den Marmor beschaut, als mein künftig Geschick.
Heilige mystische Räthsel, ihr Blöcke von Parischem Marmor,
Horchend lieget ihr da, auf des Bildners Gehöft.
Oft befühle ich euch, ob göttlich lebendes Feuer
Schon im Inneren treibt, bildend die reine Gestalt.
Auch die Dämmerung formlos im röthlich schwebenden Dufte,
Alle die Tempel bedeckt, Seulen und zierlichen Fries.
Ja so steiget auch bald aus schimmernder Decke von Marmor
Aphrodite empor, wie aus dem Schaume des Meers.
Wie? die Werkstatt erklingt schon hell in gewaltigen Schlägen,
Frühe den Bildner erweckt, Schreien des kleineren Kinds,
Eilenden Schrittes mit offener Brust zur zierlichen Werkstatt,
Gehet der sinnige Mann, steiget auf Jupiters Bild.
Jupiter will, daß Griechen ihn kennen in herrlicher Bildung,
Denn die Griechen sie sind, herrlich vor allen gebildt.
Er entsendet ihm Iris, sie stehet in Nebeln am Hause,
Schauet ins Fenster aufs Werk, daß sie bewundernd es prüf;
Doch auf einmal, so scheints ihr, hinaus aus der Wolke von Marmor

Trete der donnernde Gott und sie sagt ihm beschämt:
„Langsam bin ich nicht flogen, es war im schnellsten der Bögen,
„Farbig erglüht noch die Brück, wankte mir unter dem Fuß,
„Tropfen entfielen der Stirn, sie fielen schimmernd auf Gärten,
„Daß die Blumen gesammt sich eröffnet vor mir.“
Doch es schweigt ihr der Gott, sie siehet es sey nur sein Bildniß,
Fehlt ihm doch himmlisches Wort, das gebildet die Welt.
Lächelnd Phidias spricht: „Du Hehre, Himmlische, Reine,
„Daß ich dich, Göttin, getäuscht, das verzeiht mir der Gott,
„Wenn ich ihn treulich gebildet, so ist mein Werk mir nicht eigen,
„Denn das göttliche Werk, Menschen gehöret es nie;
„Wie beim fröhligen Mahl, von lustgen Gesellen umlagert,
„Wechselt das treffende Wort, das doch keinem gehört,
„Also im offenen Sinn, da lagern sich, reisende Götter,
„Und das Lager es hält wohl noch den Eindruck des Gotts!“ —
Iris, sie spricht dann mit Ernst (wie herrlich in frischender Jugend
Scheinet der ewige Ernst, wie ein Eisberg im Grün):
„Wer den Eindruck bewahrt, o wohl ihm, doch herrlich der mittheilt
„Eindruck und Glück auch der Stadt, die den Glückssohn gebar,
„Wißt, ihr befreiet die Welt, o wisset, ihr Künstler der Erde,
„Menschen saget ihr wahr, täuschet die Himmlischen nur!
Still sie denket in sich: „Wohl gut für die Willkühr der Götter,
„Daß der Künstler nicht ist Herrscher der Menschen allein,
„Schon die Götter verderben einander in feindlichem Glauben,
„Und der Abdruck, er bleibt reiner als eben der Gott;
„Einer dem anderen steht im Lichte das Leben zu schauen,
„Wenigstens fehlet ihm stets, was des andern Natur.
Phidias Knaben erweckt vom Meissel da treten mit Kränzen,
Beide zum Vater herein und die Göttin, sie blieb.

Nieder legt er den Meissel, die rauhere Stelle am Blitzstrahl
In den Händen des Gotts, blieb, denn weich war sein Herz;
Seinen Kleinsten, den Blonden, mit röthlicher Wange und Knieen,
Mit dem bläulichen Blick, setzte er sich auf den Schooß;
„Stumm noch bist du, den Schrey, ich höre viel lieber ihn gar nicht;
„Doch ein himmlischer Geist thut mir in dir, ach, so wohl,
„Daß ich die Arbeit veracht, die nimmer solch Leben gebildet,
„Und die Weiber beneid um solch herrliches Werk."
Also der Meister, doch zürnend, so stellt sich und spricht da die Göttin:
„Wenn du das Göttliche schaffst, lasse die Kinder der Zeit."
Küssend setzt er ihn nieder, die Zeit mit Eil zu gewinnen,
Und die Göttin entfliegt, blicket noch manchmal zurück. —
Wie ich so gerne ihn schau in seiner bedächtigen Arbeit,
Seht die Kinder, sie sind Affen der Ältern doch stets,
Setzten sich auch zu dem Thon, nachahmend des Vaters Geberde,
Ernst den Zug in dem Mund, wenn er am göttlichen Fleisch;
Auch sie nahmen die Stäbchen und bildeten, was sie nur wußten,
Wie im kindischen Sinn, Zufall und Absicht zugleich.
Doch nach manchem Versuch zu bilden die Göttergestalten,
Brachte der Jüngste heraus eine gerundete Wurst.
Herrlich erschien das dem Ältern, er suchte die Form von Gesichtern,
Die der Vater zerschlug, drückte sie oben hinein,
Setzt ein Vögelchen drauf, den Stierkopf setzt er am Magen,
Alles, wie es da fiel in die kindische Hand.
Tief versunken im Werk, vergißt sie der feilende Künstler,
Denn das schwerste Geschäft ist das letzte zugleich.
Aber die Kinder sie gingen zum Markt, sich setzten zu andern
Bildnern kühn in die Reih, allen ein fröhliger Scherz.

Denn der eine da fand, die Kinder des Phidias wären
Viel geschicklicher wohl, als anderer Leuten Kind;
Doch der bucklichte Töpfer, er meinte es wär wohl Genie drein,
Aber die Kunst, ja die Kunst, Zeichnung die fehle noch sehr.
Andre baten wohl heimlich um die zerschlagenen Formen,
Die der Vater gebraucht, boten ihm Früchte dafür.
Jegliches Volk sich zeiget am Markt, es kaufet, was nützlich,
Häusliche Götter es bringt immer vor allem nach Haus.
Auch die Barbaren, die goldenen Waizen aus Taurien brachten,
Ließen sich führen hieher, göttliche Bilder sind feil.
Blind sie gehen vorüber, was Griechen als göttlich verehren:
„Nackt ist immer nur nackt!“ sagen sie spottend in sich.
„An dem Kleide erkenne den Mann, erkenne die Götter,
„Wären wir alle noch nackt, wären wir alle doch gleich.“
Doch der wirbelnde Strom der marktlich wandelnden Menschen
Drehet sie bald auch hier zu dem kindischen Werk.
Tief gerühret sie stürzen darnieder mit schlechten Geberden,
Schrieen und schlugen die Brust, denn so ehren sie Gott,
Mit dem Vogel am Haupt, mit dem Widder am Magen,
In dem Mantel verhüllt, Radegast heisset der Gott;
Hatten doch nimmer vermocht, ihn selber also zu bilden,
Gaben nun alles ihr Geld für den gefundenen Gott.
„Ey was dienet der Kuh Muskaten!“ so rufet der Töpfer,
Stäubt mit dem Flederwisch ab seine Vasen behend.
Freundlich gedachte der älfste der Knaben der Armuth des Vaters,
Nimmt den Barbar an die Hand: „Komme zum Vater mit uns,
„Schönere Götter da stehn voll heiliger Wonne verbunden,
„Lohnet dem Vater die Zeit, gerne verkauft er die Lust.“
Langsam geht der Barbar, er lächelt des ziehenden Knaben,
Freut sich, daß bessere Sitt giebt dem Sohne die Furcht.
Wie zum Handwerker tritt er gröblich in Phidias Werkstatt,
Daß der Bildner erschrak, reitend auf Jupiters Hals.

Als der Barbar Kronion erblickt, so lacht er zum Künstler,
Spricht: „Ey giebt es wohl Leut, die so groß sind bei euch?“
Und wie die Kinder ihm zeigten die kleineren häuslichen Götter,
Die den Ärmern zur Lust, bildet die müßige Stund,
Lacht der Barbar auch wieder und streichelt den herrlichen Meister,
Sagt: „Ey giebt es wohl Leut, die so klein sind bei euch?“
„Seyet nicht böse, saget der Meister, es giebt so der Stunden,
„Wo das Schicksal versagt Lust zum schaffenden Werk;
„Böse Stunden benutz ich zum Bilden im sicheren Handwerk,
„Was ich in Fertigkeit hab, was dem Schüler noch Kunst:
„Sehet das sind die ewgen, die höchsten der himmlischen Götter,
„Sehet Apollon so hoch, sehet den Bachus so weich;
„Herrschend thronet Kronion und Juno so himmlisch gebietend,
„Venus den Gürtel ihr reicht, dreyer Grazien Geweb!“
Drohend bricht der Barbar aus: „Thoren, ihr wollet verehren
„Euer menschliches Seyn, diesen vergänglichen Glanz,
„Darum in Unzucht stellet ihr nackt dem frevelnden Auge,
„Was die heilige Zucht guter Sitte verbirgt!
„Stellet die schändliche Lust, die heimliche Sünde der Menschen,
„Wovon keiner doch frei, wie die Tugend uns dar;
„Nur was die Kinder gemacht, ist rein in Unschuld geworden,
„Ach ich ehr es als Gott, weil ich denn Sinn nicht versteh.
„Mühsam hab ich bisher den Maser des Holzes gespalten,
„Ob in den Streifen vielleicht, ob in dem Bruche ein Gott.
„Manchen hab ich entdeckt, doch keinen wie diesen in allen,
„Offenbaret dem Kind, wie ihn der Priester beschrieb,
„Der unmenschlich gebildet, auch frei von allen den Leiden,
„Von der Sterblichkeit ist, die uns verbindet dem Vieh.“
Phidias schauet in Ruh des Mannes vielkräftige Muskel,
Zeichnet mit flüchtiger Hand auf dem Papiere sie nach,
Sprechend: „Du schändest die Götter, verachtest du Armer dich

„Willst du die Stimme des Gotts, horche der eigenen Brust.
„Wisse, das beste an dir, es sind die herkulischen Muskeln,
„Daß von dem göttlichen Stamm dir ein Zeichen auch blieb."
Mürrisch sagt der Barbar: „Ja wären die Muskeln mir schwächer,
„Wahrlich der Arbeit wär nicht für den Herren so viel,
„Wenn ich vielerlei kann, so muß ich vieles auch thun ihm,
„Gar verdammt ist die Müh, mühsam alles doch bleibt."
„Schützen die Götter euch nicht, spricht Phidias, fröhligen Dienstes,
„Dienst und Orakel bei uns sind den Bedrängten zum Schutz."
„Fröhliger Dienst, ihr lästert, entgegnet mürrisch der Fremde,
„Drohend stehet ein Haus auf der Insel im See.
„Nur ein Brückchen uns führet alljährlich hinüber und manche
„Kamen nicht wieder zurück, Radegast nahm sie zu sich;
„Gräßlich blickt er uns an in nächtlicher Lampen Erleuchtung,
„Wenn wir geblendet am Tag treten ins heilige Haus,
„Zeichen zaubrischer Art umziehen die blutigen Wände,
„Golden scheint sein Gesicht, Purpur sein flatternd Gewand,
„Wen er verlanget zur Speise, den tödten die harrenden Priester,
„Immer verlanget er den, der sich von Arbeit befreit."
Ey pfui! sprach dann der Grieche und keiner verstand mehr den andern,
So verstehen bei uns Herren und Knechte sich nie,
Jene die sprechen zu hoch, und diese die reden nur plattdeutsch;
Die sich bildend getrennt, einet die Noth nicht einmal.

Also träumete mir, entschlafen bei Winkelmanns Buche,
Der ein Landsmann von mir, mich dem Lande entzog;
Rückwärts wandt' er mich hin zu jenen griechischen Zeiten,
Doch die Geschichte der Kunst mich prophetisch erfaßt,
Und nun wähnt' ich halb träumend, mich wecke zur nordischen Arbeit
Deine vielliebliche Hand, göttlich beglückendes Weib,
Und ich küßte die Hand, da sah ich in Strahlen des Morgens
Einen Bauer am Bett, der mir Victorien zeigt:
„Sehet doch, Herr, so sprach er, die Bildseul fand ich im Keller
„Eurer veralteten Burg, stürzte gar tief da hinein,

„Weil der Regen die Wölbung des alten Gemäuers erweichet,
„Und der Boden er schien sicher wie immer zu stehn,
„Eine die bring ich euch mit, doch stehn da noch viel der Gespenster
„Und ich scheue sie sehr, ohne Augen sie sehn,
„Haben so schreckliche Waffen und scheinen doch alle so milde,
„Kamen die lebend zu uns, wie bestanden wir die?"
Gut, ich komme, so sprach ich, noch trunken vom träumenden Schlafe,
Doch da träumte ich tief, tief wie das Senkblei im Meer
Hörte prophetische Stimmen, die sangen im Rohre des Meergrunds:
„Ist die Burg erst entdeckt, steigen die Schrecklichen aus,
„Kommen dann Männer von Westen, die spielen mit schrecklichen Waffen,
„Treten die Berge erst platt, treten den Boden dann ein.
Also erwachte ich wirklich im Schrecken der hallenden Trommel,
Und die Victoria sank nieder am herrlichen Thor,
Das ich erbauen gesehn und steigen die Göttin auf Säulen,
Warnend steht es nun da ohne den göttlichen Schmuck;
Die Erhabene lag vorm Fenster so schmälig gestrecket,
Sarg und Wagen dabei, der die Leiche entführt.
Wie der Wagen entdonnert, da meint ich sie gänzlich entführet,
Doch in der Enge des Thors schloß sich die Göttin noch an,
Grösser sie war als Brandenburgs Thor sie konnte erfassen,
Und so stand auch mein Volk, größer als Brandenburgs Land.
Stürzt auf uns Toren dies Thor, fort wollt ihr die Göttin uns rauben,
Und vernichtet auch uns, da ihr vernichtet den Ruhm.
Brandenburg, Thor des Sieges, wie bist du also gefallen,
Ein Jahrhundert erwarb, was ein Tag dir geraubt.

Im Silbenmaaße ist doch oft gefehlt, sagte die Kranke. — Ihre kritischen Krämpfe kommen wieder, rief der Invalide, geschwind zu Bette, gute Nacht.

Fünfter Winterabend.

Die neuen Amazonen.

Ich kann mir die Götter, wie sie auf Erden wandelten, nicht anders als auf Schlittschuhen denken, diese höchste Geschwindigkeit mit leichtester Mühe ist ihrer allein würdig! sagte eintretend die Gesunde; mit ihren rothen Backen und hellen Augen schien sie aus dem grünen Helme wie eine prächtige Frucht. — Und sie wären doch auch der Götter wie der Menschen Siegerin geblieben, gleich Amor, meinte der Gesandte. — Wahrhaftig sie haben heute alle Liebhaber in dem Ringelrennen auf dem Eise überwunden. Heute that mir zum erstenmal mein hölzerner Fuß wehe, daß ich keinen Gang mit ihnen machen konnte meine schöne Amazone, denn das ist geringe Ehre das jetzige Männergeschlecht zu überwinden, wo die Besten vor dem Feinde erschlagen sind, sagte der Invalide. — Und nun werden lauter Mädchen gebohren, sehn sie nur die Zeitungsanzeigen, es muß ein Amazonenreich entstehen und sie meine schöne Schlittschuhläuferin werden Königin. — Die neue Amazone antwortete dem Gesandten, der ihr das sagte: Sie erfinden mir da nichts Neues, schon in meiner Kindheit war dies mein einziger Gedanke, und späterhin, als wir die Tiranney der Männer kennen lernten, machte ich mit vielen Mädchen einen Bund, unverheirathet zu bleiben; sie sind aber alle abtrünnig geworden. — Das Gespräch wurde durch einen Wagen unterbrochen, der im lockeren Schnee heranpfif, unsere Abendunterhaltung hatte mit diesen Einfällen eine prophetische Berührung, was sich wohl öfter fände, wenn man öfter acht gebe.

Hören Sie wie die Räder pfeifen; die Pfeifenbegleitung der Schottentänze, scheint mir darnach komponirt. — Aber sehen Sie doch, wer da aussteigt mit unserer Kranken! Wahrhaftig ein Lord, sagte der Invalide, ihr schönen Kinder legt euer bestes Gesicht an, schüttelt eure Locken auseinander, setzt euch hin als wenn ihr gar nicht Acht gebet auf den, der hereintrit; Ihnen mein gesundes Fräulein, kleidet ein wenig Melancholie sehr gut. Ist alles in Ordnung? Da ist er! — Die Kranke trat am Arme eines jungen Mannes in das Zimmer, dessen Kleidung ganz Modenjournal, das Gesicht aber viel reichhaltiger und voll Weltkenntniß war. — Sag', Liebe, bist du verheirathet? rief ihr die Frau vom Hause entgegen, hab' ich das Vergnügen deinen Mann bei mir zu sehen? — Beinahe getroffen, antwortete sie, für diesen Abend haben wir alles Unglück als gute Eheleute mit einander getheilt. Den

Namen muß ich noch verschweigen, mein guter Freund ist aber ein Musterreiter, und so will er genannt seyn. — Nach einigen Bewillkommungen fuhr sie ungewöhnlich beredt fort. Ohne diesen meinen Freund hätte ich heute aus Langeweile Krämpfe bekommen; denkt euch, wohl dreißig meist junge Leute beisammen zu einem langen Mittagsessen und keine einzige Intrigue, keine Heimlichkeiten, keine Auswahl von Plätzen, und auch in den drei Stunden entstand nichts der Art, als zwischen uns beiden. Es ist doch ein Elend mit der jetzigen Jugend, daß sie sich alles so bequem macht, was wollen daraus für alte Leute werden. Die Paare, die sich für verliebt in einander ausgaben, waren auch schon versprochen und benutzten ihre Erlaubniß zu küssen so ungemessen, daß einem das Herz davon wehe that. Und dabei denkt euch das ewige Reden von Schauspielern und das ohne alle Bewunderung, ohne alle Bosheit, ohne allen Witz, bloß so in beurtheilender Kritik; nein ohne meinen Freund wäre ich ohnmächtig geworden unter diesen halben Stimmen, die ihre Worte kaum selbst werth achteten verständlich ausgesprochen zu werden. Und dann wieder dieses nachgeäffte Französisch, dem nicht der französische Ton, aber wohl der Geist fehlte. Seht zu meinem Glück saß dieser Herr bei mir, sieht er nicht recht frisch aus? Doch das wars nicht; er erzählte mir frisch fort seine seltsamsten Abentheuer, allen Skandal in seiner Familie, zeigte mir Briefe seiner alten Freundinnen: es ist ein Engel, und heute Abend muß er uns eine Entführungsgeschichte aus England aus seinem Tagebuche vorlesen, die ganz himmlisch ist, so was geht doch bei uns nicht vor; ehe sich unsre jungen Leute mit kahlen Platten zu einer Entführung entschlössen, müßte auf jeder Poststation eine kalte Pastete und ächter Bourdeaux vorräthig seyn. — Wir drangen natürlich in ihn, uns diese Geschichte vorzulesen, er schlug es erst ab und that es dann, alles mit vielem Anstande. Er verschwieg Tag und Jahr seines Reisetagebuchs.

Mistris Lee.

Ich überzeuge mich jeden Tag, den ich in den Gerichtshöfen zubringe, daß die Engländer einen Naturtrieb, eine reine Begeisterung zum Gesetzgeben haben, wir Deutsche, in denen die besten Thätigkeiten selten zu einer allgemein geltenden Form gelangen, sollten uns von ihnen die Gesetzgeber, wie die frazösischen Mamsellen aus Neufchatel, oder wie die Castraten aus Neapel erkaufen, haben wir doch dazu die fleißigen Bergleute, die mit ihrem Bergleder die Gänge der Unterwelt durchkriechen, um alles dazu nöthige Erz an die ungeduldige Sonne zu bringen. Selbst das flüchtige Vergnügen, das sonst wie eine Feder in der Luft schon von dem Gewichte einer Fliege umschlagen kann, muß sich die strenge Form einer großen bürgerlichen Ordnung gefallen lassen, wenn es in England geduldet werden will;

die Langeweile, die sich sonst wohl verschweigen aber nicht verbergen läßt, läßt sich auf diesem Wege sehr gut dahinter verstecken. Der Ceremonienmeister in den Bädern, die ängstliche Übereinstimmung im Erscheinen der jüngsten Leute fällt dem Fremden sehr auf, der sie nach dieser strengen Erziehung zu Hause, im Auslande wie im Tummelplatze ihres Muthwillens gesehen. Sah ich doch in der katholischen Kirche zu Dresden junge Lords ihre schmutzigen gestiefelten Beine auf das Pult für die Gesangbücher legen, bis endlich die riesenhaften graugelben Kirchendiener sie mit ihren Stäben berührten. Damit vergleiche man das Gesetz bei der großen italiänischen Oper in London nur Männern in Schuh und Strümpfen und im Rock den Eingang in das Parterre zu gestatten. Welche Umständlichkeiten für einen Fremden, der sich den ganzen Tag zum Sehen befleißigt und Abends noch auf sich selbst sehen muß. Zu dem Gesehenwerden der Zuschauer ist das Opernhaus auch viel besser eingerichtet als zum Sehen; die Dekorationen sind meist abgerieben, das Haus so wie im Innern, so von außen ohne bedeutende Verzierung, aber zahlreiche Lichter besternen die Logen, und die schönen Frauen wie Sternbilder ruhen im Kreise umher, und die Engländer von Welt, als eine schifffahrende Nazion, kennen alle diese Sternbilder, weil sie theils durch ihre Schönheit, theils durch ihre Männer öffentliche Charactere sind; manche sind auch öffentlich selbst und finden sich wie gefallene Sternschnuppen im Parterre. Heute trat fast mitten im Stück, es wurde die schöne Müllerin gegeben, noch eine neue Schönheit hervor, wie einer von den Sternen, deren Licht noch nicht angekommen ist, das erregte die Aufmerksamkeit, als würden die Siegskanonen in Hydepark gelöst; sey die Stimme der Sängerin noch so eindringend, die Zudringlichkeit der Neugierde ist stärker, die Liebe ach die Liebe hat sie so weit gebracht. Die lächelnd eintretende Frau war etwas stark, aber ohne Beschwerde, Fülle ohne Überfluß, ohne jugendlich zu seyn, doch noch jung, die Haut sehr klar und schön gefärbt, die Augen etwas tief und verwirrt, ihr Haar blond und künstlich gelockt, aber sehr dick; sie trug einen rothen Schal. Das sah ich alles genau an, und um nicht immer wieder hinzusehen, drehte ich ihr den Rücken zu und ließ mich von dem anziehenden Sange aufzehren. Ich durstete am Ende des Stücks als wär es ein heißer Tag gewesen; ich eilte fort, aber im sogenannten Kneifsaale, wo das Vorfahren der Wagen erwartet wird, stopfte es sich und der Strudel riß mich endlich ganz dicht auf die viel beschaute Schöne hin; was so viele sehnlich gesucht, das trat mir wie ein Hinderniß entgegen. So unangenehm mir dies Drängen war, sie schien sehr behaglich dabei. Ich machte einen Engländer meiner Bekanntschaft, der ihr recht fest in die Augen sah, aufmerksam auf sie; ich erschrak, als er mir fast laut sagte: Kennen

Sie noch nicht die berühmte schöne Mistris Lee? Engländer lassen sich nur sehr selten zum ganz leisen Sprechen herab, wie sie sich auch nur selten zum Schreien erheben, was aber das Wort berühmt anlangt, so heißt es dort meist nichts mehr, als daß es mehrmals in den Zeitungen gestanden, wie bei gewissen deutschen Gelehrten, und dann meinen sie, daß es die ganze Welt wissen müßte. Ich fragte ihn deswegen im Scherz: ob es nicht die Schwester von Lukas Kranachs Eva sey? sie hätten Familienähnlichkeit mit einander. — Unmöglich, meinte er, kein Mensch in England hat das je vermuthet, das muß in ausländischen Blättern gestanden haben. — Ich lachte und ging mit ihm durch manche Hand der Versuchung, weil ich die Gewohnheit habe die Musik, die in meinem Kopfe lustwandelt, vor mir hinzusingen, was in ganz London Abends nur ein Betrunkener thut. Wir traten in Neubondstraße ins Kaffeehaus und setzten uns zusammen in eine Bucht und tranken einige Gläser Nigus; da kamen wir nothwendig auf die schöne Frau, er wußte ihre Geschichte sehr umständlich von ihren Entführern, ich will sie im Auszuge ihm nacherzählen:

Ich möchte ihnen voraus meine Ansicht von dem Character der drei wunderlich verschlungenen und verfeindeten, der Mistris Lee, und der beiden Brüder Laudon und Lockhart Gordon geben. Über die beiden letztern bin ich ganz einig; Laudon ist durchaus gutmüthig, vielleicht etwas zu unentschlossen, dabei von seinen Schicksalen früher gebeugt. Lockhart könnte böse seyn für jeden andern, dem er gut wäre, dem könnte er auch schlechten Rath geben, weil er ihm seine eigne Überlegenheit zur Ausführung nicht mittheilen kann. Er hat das schlechte Leben der Hauptstadt mitgemacht, ohne gerade schlechter zu seyn als die übrige Schaar; von allen Leidenschaften war ihm eigentlich nur die Jagd geblieben, Weiber und Spiel dienten ihm nur zur Ausfüllung müßiger Stunden. Thätigkeit war ihm Bedürfniß; er war allen dienstfertig, ohne einem dienen zu wollen. Beide trugen ihren Character im Gesichte und in ihrer Haltung; Lockhart, kräftiger und streng gezeichnet, reitzt doch viel weniger die Frauen, als die sanfte Schwermuth in dem verbrannten Gesichte des Bruders, dessen Anstand durch das Soldatenleben sich auch besser entwickelt hatte. Mistris Lee wurde als Miß Daschwood mehrere Jahre bei der Mutter der beiden Gordons auferzogen; ihren Character zu entwickeln mag die Geschichte dienen, sie werden bald finden, daß sie in die allgemeine Abtheilung von gut und böse nicht passen will, denn beides hat doch einen festen Grund, aber das Wunderbare in ihr, diese Mischung von Talent und Beschränktheit, von scheinbarer Bosheit und mitleidiger Güte, so etwas ist nur in einer Frau unsrer Tage zu finden, wo der Enthusiasmus früherer Jahre an der kalten Gleichgültigkeit der Mehrzahl aufbrennt, und die Luft, die daraus sich entwickelt, ist nun einmal wie alle Luft gestaltlos und unathembar, weil sie verbrannt ist. Sie war sehr früh entwickelt und gehörte zu den Mädchen, die man immer schon erwachsen gesehen zu haben glaubt; Richardsons Bücher erhöhten ihre Lebendigkeit zum festen Ideale; sie suchte sich einen bildsamen Stoff, dem sie die zugehörige Rolle übertragen konnte, und keiner war so geschickt dazu, als der nachgebende schöne Laudon, den sein Bruder deswegen oft neckte. So trieben sie in gegenseitiger Vertraulichkeit ihr unschuldiges Liebeswesen so lange bis Laudon, der ohne Vermögen war, in die Militairschule zu Wolwich gebracht wurde und Miß Daschwood fast erwachsen zu ihrer Mutter zurückkehrte. Sie hatte schon zuweilen in ihrer kleinen Geschichte mit Laudon Anfälle von kleiner Teufelei mitten in höchster Empfindung gehabt, in der ihr alle Wichtigkeiten ihres Zusammenhaltens lächerlich vorkamen, aber gerade diese Unsicherheit, dieses Umschlagen entwickelte sich jetzt sehr auffallend: Sie trat in einen größeren Kreis sehr gewöhnlicher Menschen, die solche Übergänge wie eine Überlegenheit des Verstandes anstaunten und ihre ärgsten Unarten sehr anmuthig fanden. Die Tage wurden gleichgültig ausgefüllt und es kostete ihr wenig sich einem Herrn Lee zu vermählen, der alt und abgelebt, ihr wohl durchaus unangemessen, aber durch ein bedeutendes Vermögen sie in die Welt einzuführen versprach. Sie kannte ihn sehr bald und alle seine Schwächen und um ihren Kränkungen vor allen Leuten zu entgehen, trennte er sich durch Übereinkunft von ihr, ohne Scheidung, und setzte ihr 2000 Pfund Sterling jährlich aus. Laudon war inzwischen im sechzehnten Jahre in die Artillerie eingetreten und nach Westindien geschifft, wo er bis zum vorigen Jahre blieb. Einer strengen Sorgfalt in seinen Angelegenheiten war seine Nachlässigkeit unfähig; früh, durch die hohen Verbindungen seines Hauses, in der Gesellschaft reicher Leute, hatte er den Sinn für eine ordentliche Haushaltung verloren; ohne zu verschwenden, machte er Schulden und mußte wegen einer solchen Schuld das Regiment verlassen. Er kam im Oktober vor zwei Jahren nach London, um diese Angelegenheit einzurichten; das Regiment gab ihm das Zeugniß eines braven Offiziers. Er wohnte bei seinem Bruder, der inzwischen eine geistliche Pfründe bekommen, und sich bei guter Jagdbewegung und gutem Leben gar stattlich ausgewachsen und gefüllt hatte; doch hatte Laudons verbranntes trocknes Gesicht viel Reitz für die meisten Frauen der Gesellschaft; eine seiner ersten Fragen war aber nach Miß Daschwood, an wen sie verheirathet, wovon er nur ein unbestimmtes Gerücht vernommen, doch wußte Lockhart ungefähr, daß sie verheirathet, getrennt und in Wolford lebte. Ein unbedeutendes Magenübel führte ihn zu Herrn Blankett, der lange seiner Mutter Apotheker gewesen war, er erkundigte sich bei ihm gleichfalls, der erzählte ihm mehrere

Umstände ihres Lebens und daß sie jetzt nach Piccadily gezogen wäre. Das war im December, er suchte sie auf, sie nahm ihn mit Vergnügen an, die ersten Ausdrücke hatten die alte Vertraulichkeit; erst nachher wie sie einander gegenüber saßen, sahen sie, wie sie sich beide entwickelt hatten; der sanfte Laudon hatte viel ertragen müssen und erst 23 Jahr alt, doch eine gewisse Sicherheit, die ihr in den wunderlichen Launen ihres Wittwenstandes verloren gegangen, in denen sie jeden einmal darauf angesehen, ob er sie wohl aus dem langweiligen Alleine befreien könnte, wenn er sie auch nicht liebte; sich hinzugeben einer Liebe, hatte sie wohl in der Ehe verlernt. So saßen sie einander gegenüber, ihm fiel nichts auf, als wie das kleine Mädchen so schön zugenommen und stark geworden; ihre Hand war so voll und weich, er wog sie in der seinen, es war noch derselbe Eindruck aber stärker, den bei mehreren hundert Meilen mehrjähriger Entfernung die schreckliche senkrechte Sonne nicht hatte ausbrennen können, fast vergaß er der zwischenliegenden Zeit. Mistris Lee schien auch an alle älteren Verhältnisse erinnert zu werden, fragte nach Gordons Mutter, nach Lockhart, den sie sehr zu sehen wünschte bei seinem nächsten Besuche. Dann sprach sie mit Thränen von Gordons in Westindien verstorbener Schwester, ließ von ihrem Kammermädchen, der Davidson, einen erhaltenen Brief bringen, den sie wenig Tage vor ihrem Tode geschrieben, zeigte auch ihr Bildniß dem Bruder, sie fühlten sich ordentlich gezwungen einander alles nachzuholen, was ihnen einzeln begegnet, und als er nach zwei Stunden sehr zärtlichen Abschied nahm, machte sie es ihm zur Pflicht, recht bald wiederzukommen.

Als das nächste Mahl kam, schien sie ihm doch im ersten Begrüßen fremdartig; er hatte sich in der Zwischenzeit alles Störende andrer Gewohnheiten weggedacht, er meinte schon, sie wäre nur mit ihm beschäftigt. Nun fragte sie gleich nach Lockhart, warum der nicht mitgekommen, er sagte, sie wüßte wohl seine Jagdliebhaberei, die ihm zu Besuchen wenig Zeit und Lust übrig lasse. Sie kamen bald auf Bücher, hier war es ihm überraschend, wie er so manches in Westindien versäumt hatte, was ihr besonders lieb, sie führte fast allein das Gespräch, wünschte sein Urtheil über Vaillants Reisen unter anderm und lieh sie ihm. Er wünschte auch etwas Gelehrtes zum Gespräche zu geben und ihm fiel nichts Besseres als eine Übersetzung des Anakreon ein, sie versicherte, daß es der einzige Dichter wäre, den sie liebte, er sollte das Buch schicken. Sie versicherte ihm, sie hätte erst nach Bath in diesen Tagen reisen wollen, aber nun könnte sie ihn nicht sobald verlassen. Das nächstemal kam er wieder ohne Lockhart, sie sagte: Ich errathe den Grund, warum er nicht kommt, ich bin für sceptisch bekannt, doch sagen sie ihm, daß ich nicht von Religion sprechen will. Er versicherte ihr, daß sein Bruder wahrscheinlich nichts davon wisse und daß er zu liberal über diese Dinge denke, um daran Anstoß zu nehmen, er hätte aber so viele Bekannte. Sie versicherte ihm darauf, daß sie seit zwei Monathen nicht aus dem Hause gewesen. Laudon fürchtete in ihr einen hypochondrischen Zustand, so erschienen ihm ihre Religionsuntersuchungen, rieth ihr Bewegung und schlug vor die Christmeßpantomime zu besuchen. Recht gern, äußerte sie, nur fürchte ich Beleidigungen im Theater. Laudon versicherte ihr, daß er sie wohl schützen wollte; es kam ihm aber ganz sonderbar vor. Sie lachte und sagte, daß sie einen Traum gehabt hätte, was der wohl bedeute; kurz vor dem letzten Meteor, ob er wohl damit im Zusammenhange? Das kam ihm noch sonderbarer vor, davon hatte weder Clarissa noch Westindien etwas gewußt. Er bat sich das Blatt aus, worauf sie den Traum geschrieben, er versprach es niemand als seinem Bruder zu zeigen. Als sie ihn hierauf an einen bestimmten Tag wiederbestellte, war es ihm gar wunderlich, er versicherte, daß er mit seinen Freunden nie so gestanden, sondern wie es der Zufall beschert; — aber sie war schön und immer schöner.

Zu Hause las er gleich, den Hut noch auf dem Kopf, diesen Traum seinem Bruder vor.

Es mochte ungefähr drei Uhr Morgens seyn, wie ich nachher vom Wächter erfuhr, da sah ich nach Südost sich die Sonne glorreich durch die

Wolken brechen, deren Ränder vergoldet waren. Indem ich so hinsah, so herrlich hatte ich es nie gesehen, da dachte ich und rief: Es ist erst drei Uhr und auf unsrer Erdseite noch dunkle Nacht, und doch bricht die Sonne durch. Indem ich darüber nachsann, wendete ich mich Nordost und sah den Mond bleich und bewölkt, aber an beiden seinen Seiten waren zwei leuchtende Kugeln wie Sonnen, die ihn allmählig erleuchteten und zu einer Feuerseule erhoben, und indem ich ihn so mit Vergnügen betrachtete, erhebt sich daraus das köstlichste Gebäude, was menschliche Kunst nie nachbilden kann. Die Seulen waren ungeheuer und rauh aufgebuckelt mit köstlichen Steinen, der Flur gläsern, aber so hoch, daß ich den obern Theil nicht unterscheiden konnte, die Architectur so zusammengesetzt, daß ich sie nicht benennen konnte, aber alles durchdrungen von einer übermenschlichen Schönheit, Größe und Macht. Ich war in tiefer Betrachtung versunken, als mich der Wächter, der dreie ausrief, aus dem Schlaf weckte, ich konnte noch lange nachher den Traum deutlich vor mir sehen, allmälig verschwand erst das Gebäude.

Der Bruder lachte und machte eine zotenhafte Auslegung davon, aber Laudon wurde sehr böse, versicherte ihm, es sei viel eher eine religiöse Schwermuth darin. Da setzte sich Laudon hin und meinte mit Siegsgeschrei alles gefunden zu haben, schrieb auch gleich an die schöne Träumerin.

Beste Frau. Ehe ich meine Auslegung des Traumes Ihnen mittheile, den Sie mir übergaben, erkläre ich voraus, daß so christlich meine Deutung, ich durchaus nicht als ein Ritter für das Christenthum auftreten möchte, das durch Mißdeutung seiner heiligen Wahrheiten eher könnte gefährdet werden. — Die aufgehende frühzeitige Sonne ist das erste Erscheinen unsres Herrn Jesus Christus in Judäa, wie oft ist er genannt das Licht der Welt und die Sonne der Gerechtigkeit. Die mit Gold verbrämten Wolken, zeigen die Dunkelheit der damaligen Welt mit Ausnahme weniger. Der Mond in Nordost bezeichnet die erste Bekanntmachung des Evangeliums, der Nord ist immer zu erst genannt, er bezeichnet das Beginnen, sein Dunkel die Erniedrigung und die Marter unsers Herrn, die beiden Feuerkugeln sind Vater und heiliger Geist, die allmälige Erleuchtung und Vergrößerung des Mondes zeigt den Fortschritt des großen Werks der Erlösung. Daher die Wonne bei diesem Anblick, der mit dem großen Gebäude des Christenthums schloß, das kein Mensch überschauen kann. Die kostbaren Steine bezeichnen die eingeborne Schönheit der Tugend, der gläserne Flur die Heiterkeit eines wahren Christen. Die Architektur war freilich allzusehr zusammengesetzt, um in die Seulenordnungen der Menschen sich zu fügen, denn die Engel streben in ewiger Seligkeit darnach sie zu kennen, die Teufel selbst glauben daran und zittern davor. Möge diese Betrachtung Ihr Gemüth beruhigen, dem ich gleiche Überlegenheit über menschliche Zweifel wünsche, als Ihr Geist über den Verstand anderer Menschen ausübt; dies ist der Wunsch ihres ergebnen Laudon Gordon.

N. S. Ihrer artigen Aufforderung gemäß, werde ich Ihnen mit meinem Bruder nächsten Freitag meine Aufwartung machen.

Die Brüder wurden den Freitag angenommen mit den herzlichen Begrüßungen, die zwischen alten Bekannten herkömlich, sie sagte aber kein Wort von dem Traume und der Deutung, überhaupt erschien sie Laudon nach den ersten Begrüßungen anders, sie wandte sich viel gegen Lockhart, und was sie ihm sagte, hatte immer eine gewisse Beziehung zu dem. Lockhart sagte, daß er furchtsam gewesen den Tag zu ihr zu kommen, da er seine Stiefeln sehr beschmutzt. Sie sagte lachend: Ich dachte nicht, daß sie je furchtsam wären, da sie ein Christ sind; dann fuhr sie fort, niemand soll wohl so wie ich an eine Vorsehung glauben, ich bin unglaublich unterstützt worden, als ich jede Art Noth, selbst Geldnoth erlitt. — Laudon war verwundert, wie sie so sehr unglücklich gewesen, wovon sie ihm nichts bekannt, doch schob er es auf Rechnung ihres Zartgefühls, ihn nicht betrüben zu wollen. Darauf fragte sie nach Gordons Mutter und als sie hörte, daß sie noch wohl sei, erwiederte sie: Ich freue mich es zu hören, es ist eine ausgezeichnete Frau, aber gestehen Sie, ihre Grundsätze sind allzustreng. — Wenn Grundsätze je zu streng sein könnten, meinte Lockhart. Ohne bestimmt zu sagen, daß sie beide hier von ihrer Trennung sprachen, fuhr sie doch fort, als wenn sie sich verstanden, ihren Schritt zu entschuldigen, sie erzählte sehr rührend, wie sie von allen verlassen gewesen, welche die Natur ihr verbunden, seit sie H. Lee geheirathet; seine üble Sitten hätten alle zurückgeschreckt, es hätte jeder wohl gefühlt, daß sie recht thäten sich zu trennen, eben deswegen hätte es ihr niemand rathen wollen, sie hätte ihre Tage in Thränen zugebracht um Nachts mit dem verhaßten harten Manne ein freudeloses Lager zu theilen, ihrer Zärtlichkeit und ihrer Verzweiflung hätte er gleich gespottet, ein Rudel Hunde wären seine Vertrauten gewesen! Sie wurden beide gerührt, das drückte ihr Lockhart sehr lebhaft aus, da erinnerte sie ihn an die glücklichen Tage ihrer Kindheit, wo sie ohne Ursach stundenlang mit einander gelacht, sie erinnerte ihn, wie er immer so kurz angebunden gewesen, wie er sie immer kurz weg Dasch genannt, wie er an die Thür gedonnert, wenn er aus der Schule gekommen, die sie zu öffnen den Auftrag hatte, und geschrien: Dasch fix, ich will hinein! Lockhart, wie alle rauhe Leute, wenn sie einmal erweicht, so bedauern sie es, nicht immer so gewesen zu seyn, er mässigte seine Stimme und versicherte: Es thäte ihm herzlich leid, wie rauh und plump er damals nach Schulbubenart sie behandelt, es wäre aber von ihm gar nicht so böse gemeint gewesen, wenn er sie zuweilen geschlagen, er hätte es ihr nicht anders sagen können, daß er ihr gut gewesen. — Mistris Lee antwortete: Sie haben mich nie übel behandelt, ich habe auch alles gut aufgenommen und sie nie verklagt, ich nahm alles als ein Zeichen von Zuneigung, ich hielt sie für einen großmüthigen, offenherzigen Knaben. — Laudon erinnerte sie an ihr Richardsonsches Verhältniß, sie schwieg, als wäre es ihr fast vergessen, endlich wiederholte sie, daß sie zu jeder Zeit Lockhart sehr gern sehen würde. Die Brüder nahmen Abschied, Laudon wollte zuletzt im Zimmer bleiben, sie sah ihnen nach durch die Thüre. Lockhart meinte auf der Straße zu seinem Bruder, es sollte ihn recht ärgern, wenn sie glaubte, er hätte sie bis dahin absichtlich vernachläßigt, er wolle künftig gelegentlich immer Karten bei ihr abgeben.

Laudon erhielt darauf folgenden Brief von Mistris Lee, es war der erste, er untersuchte erst alles daran, er war mit dem Hoffnungsanker besiegelt, die Form war etwas unregelmäßig, dann riß er ihn schnell auf und las:

Ihre Traumdeutung ist voll Geist und gesunder Vernunft, jener in dem Durchschauen der fantastischen Welt, dieses in dem Bekenntniß, daß es nur Wahrscheinlichkeit. Hier muß ich Sie aber warnen gegen dramatische Phantasie, die sich in verschiedne Verhältnisse setzt, was der Eitelkeit schmeichelt, aber den einen natürlichen Eindruck aufhebt. Der Ausdruck, die Sonne der Gerechtigkeit für Christus, wenn gleich nicht neu, ist doch sehr schön, für viele seiner Nachfolger war sie es, aber der größere Theil war unwissend und lasterhaft. Einige mystische Schriftsteller nennen ihn den Tagsquell. Ihre Auslegung von der großen Seule machte mir ein inniges Vergnügen, auch glaube ich, daß Tugend dem Menschen eingeboren, aber im jetzigen Zustande der Welt ist die Heiterkeit, die der Tugend nothwendig, fast unerreichlich. Die natürliche Anziehung zu allen, die unsre Kindheit erfreuten, veranlaßt mich, um ihren Besuch noch diese Woche zu bitten.

Er versäumte sie darauf ein paarmal, einmal wegen Beschäftigung, vielleicht auch aus Absicht, weil sie ihn einmal so kurz entlassen; sie schrieb ihm nochmals zu kommen und sie kamen acht Tage darauf zusammen. Die Träume und ihre Auslegung beschäftigte sie beide lange, Laudon hatte sich von Lockhart allerlei Gelehrsamkeit dazu gefischt, er versicherte ihr, daß ihr Traum sicher wahr werden müsse, da Horaz nach der Mitte der Nacht die Zeit wahrer Träume setzt; dann erinnerte er an die schönen Worte Ovids über Träume, die alles wieder geben, was die Abwesenheit genommen. Er kam auf Brutus, daß der sicher geschlafen, als er das Phantom gesehen; endlich auf Alexander, der vor dem Anfange des persischen Krieges träumte, ein alter Mann in fremder Kleidung komme ihm vor einer ihm unbekannten Stadt entgegen, aber er werfe sich aus Ehrfurcht vor ihm nieder. Vor Jerusalem sah er diesen alten Mann des Traums, es war der hohe Priester der Juden, und er warf sich vor ihm nieder. — Mistris Lee fügte sich endlich in die Meinung, daß Träume wohl zu guten Zwecken ausgesendet seyn können, und fuhr fort: Wenn das ist, so habe ich Ihnen etwas Eigenes mitzutheilen, was mir träumte. Laudon fragte. Sie hielte es für Schuldigkeit, fuhr sie fort, Laudon in Zeiten zu warnen, sich nicht in sie zu verlieben, sie verlangte deswegen so oft er käme, möchte er sie gleich als ganz alt und häßlich denken; da sie wenig ihrer selbst bewust wäre, so möchte ihr Reitz ihm um so gefährlicher seyn. Laudon ergrif ihre Hand, sah ihr in die Augen und sprach: Es ist zu spät diese Vorsicht, ein Glück für mich, sie ist zu spät; mein Glück ist in ihrer Hand, und war von meiner Kindheit nur in ihnen und bei ihnen. Gedenken sie, wie ich halbe Nächte vor der Thür ihrer Schlafkammer ihnen vorgelesen, wie ich für sie mit dem starken Lockhart mich oft geschlagen, und wahrlich, es war der traurigste Tag meines Lebens, der mir anzeigte, daß sie die Arme eines andern umschlossen. Sie fragte: Wie er diese Nachricht empfangen, es wäre ja nur kindische Anhänglichkeit gewesen zwischen ihnen, wie sie sich darauf hätte verlassen sollen. Laudon: Und doch ist diese ganze

Anhänglichkeit noch in mir, uud tausendfach andre von diesen Tagen. Lee: Nun wohlan, so mag ichs gestehen, ich liebe sie noch wie immer, und da legte sie sich über den Tisch und deckte ihre Augen, ergrif aber Laudons Hand: Was haben sie sich vorgenommen? Wollen sie mit mir in diesem Hause zusammen leben? Auch wenn sie es wünschten, es geht nicht, mein Mann wohnt nur zwei Straßen von hier. — Laudon sprang von seinem Stuhle auf, und küßte sie vielfach und sagte; Er habe keinen Plan, aber was ihr lieb, das wollte er unternehmen. Sie schien sehr zufrieden, es war der unschuldigste Augenblick ihres Lebens, es hatte sie alles überrascht, ohne sie zu erschrecken; der Zufall wollte es gut, aber der Mensch thut meist etwas zu viel. So fragte sie: Was die Welt zu ihrer Verbindung sagen würde. Loudon: Die Liebe ist nicht umsonst leicht geschwingt um sich über menschliche Bande zu erheben. — Und da wurde sie unendlich freundlich, legte ihre Hand unter sein Kinn: So ist es wirklich dein Ernst, daß ich deine kleine Frau werde? — Laudon seufzte: Noch verbieten die menschlichen Bande, daß du etwas anders als meiner Seele Herrscherin bist. Da beweinte sie herzlich ihre unbesonnene Heirath und sprach von Entführung; sie wurden immer lebendiger mit einander, und sie brach mit einer Art Erschrecken ab, ging zum Bücherschrank und holte ein geschriebenes Buch heraus, worin sie manches aus Browns Gedicht von der Unsterblichkeit abgeschrieben, sie las daraus vor und gab es ihm. So schwer es ihm wurde, nahm er Abschied, er ging nach Hause, hatte aber keine Ruhe, er wollte lesen, hatte aber keine Achtsamkeit, er meinte, daß er etwas versäumt habe und lobte sich doch, daß er ihre Güte nicht mißbraucht. Der Tag verging, da sah er Lust an Lust gedrängt, Männer und Frauen auf den Straßen, diesen heimlich, jenen öffentlich, er wollte nur vor ihr Haus schleichen, um zu sehen, ob sie noch wachte. Ganz leise schlich er hin, da sah er Licht, es war eilf Uhr; er klopfte an, der Bediente sagte, die Frau wäre zu Bett. Er wollte es nicht glauben, er sagte, er habe ihr eine wichtige Neuigkeit zu sagen. Der Bediente kam zurück, daß sie schon schliefe; er sagte, daß er den Morgen wieder kommen wüede, durchlief die Straßen nach allen Richtungen, und warf sich angekleidet auf sein Bette. Am Morgen war er wieder bei ihr, die Magd öffnete die Thür und gab ihm gleich ein Briefchen in die Hände, er öffnete es heftig und las:

Ich kann ihre Uebereilung der vorigen Nacht nur aus Trunkenheit erklären, ehe sie sich nicht entschuldigt, kann ich sie nicht wiedersehen; wenn sie mich nicht als Freund meiner Kindheit wiedersehen können, so ist es besser, wenn wir alle persönliche Bekanntschaft abbrechen. — Er konnte nicht antworten, und ging taumelnd zur Thüre hinaus, am Abend gab er im Flur einen Brief ab, der unter hunderten, die er zur Entschuldigung geschrieben, der letzte und der schlechteste war.

Verehrte Frau. Mit Recht schreiben Sie meinen späten Nachtbesuch der Trunkenheit zu — meine Seele war trunken von einem köstlichen Trank, den meine Lippen auf ihren Lippen eingesogen. — Den Wein verschmähten sie seitdem, kein Tropfen war über meine Lippen gekommen, ich aß zu Hause. Vergeben sie diese einzige Handlung meines Lebens, die sie geängstiget; bringen sie mich nicht zur Verzweiflung, sehen sie mich und mögen sie mich wie einen Negersklaven, wie einen Hund behandeln, ich will es dulden, ich habe es verdient, aber sehen muß ich sie. — Sie las dies und bat Laudon herauf zu kommen, die Magd war hinausgegangen; Laudon kniete zu ihren Füßen und sah sie ernst an. Sie lachte bei dieser tragischen Stellung und meinte: Laudon, es war doch nicht recht von ihnen, so spät zu kommen, warum nicht früher? Laudon sah jetzt ihre gute Stimmung, küßte ihre Hand und stand auf und erzählte ausführlich, wie ihn seit den Küssen ein eigner Geist umfangen und er seiner fast nicht mächtig gewesen; es wäre der Wein, der so viel Jahre in dem Keller seines Herzens gereift, der sich den Abend Luft machen wollen. Ein Tisch stand zwischen ihnen, sie sagte, er möchte seinen Stuhl rücken; er rückte ihn dicht zu ihr, sie näherte sich ihm auch, sie drängten sich an einander, und ein Entführungsplan entwickelte sich allmälig zwischen ihnen, von dem eigentlich keiner sagen konnte, wem die Ehre der Erfindung gebührte; nur zeigte sie, was nie seyn sollte, mehr Überlegung und Zuversicht dabei als er, kleine Hindernisse brachten ihn gleich außer Übersicht. Er schlug Wallis zu ihrer Zuflucht vor, sie wollte aber in kein Walliser Wirthshaus; er versprach ein Landhaus dort zu verschaffen. Nun fragte er sie, ob sie ihre Leute mitnehmen wollte? — O nein, rief sie, ich kann ohne Bedienung reisen, und nachher nehmen wir wälsche Mädchen an. Besonders meinte sie, müßte die Entführung ihrem Mädchen, der Davidson verheimlicht werden, die wäre lange im Hause des Hn. Lee gewesen, sie glaubte, daß die ein Spion von Hn. Lee, doch sie hätte sie gerade angenommen, damit niemand ihr einen Vorwurf wegen ihrer Lebensweise machen könne. Die Vorsicht brachte sie auf Betrachtung ihrer künftigen Einnahme, ihr Haus schien ihr zu kostbar; sie nahm ein Buch, Laudon meinte, es wäre vielleicht ihr Rechnungsbuch, sie suchte darin und zeigte ihm dann eine Stelle, da stand von ihrer Hand geschrieben; Es ist mein Entschluß, den Rest meines Lebens in Gesellschaft eines Mannes zu verleben und mit ihm einer Sekte in Deutschland zu folgen, die mit Ausnahme der Heurathlosigkeit ein möndhisch Leben führt, denen Herrnhutern — Sie wollte ihm damit beweisen, daß es überlegter Entschluß, kein Taumel, darauf sprach sie: Sie sehen wie nothwendig es in diesem Falle ist, Haus und Diener abzuschaffen. — Dann fügte sie hinzu, daß sie bis zum Februar kein Geld zu einem solchen Unternehmen habe; Laudon, dem sein Bruder Geld versprochen, sagte, daß er damit versehen und sie möchte auf morgen den Anfang ihres Glückes setzen. — Warum so im Sturz, fragte sie, haben sie Ahndung von einem Übel, das mir bevorsteht? — Keine, als daß die längere Vorbereitung zu diesem Unternehmen ihnen Sorge macht, und unser Glück stört. — Aber ich möchte noch einen treuen Rathgeber fragen, und ich bin so ganz verlassen. — Legen sie ihr Haupt auf meine Brust und die Sorge wird sich theilen zwischen zwei Herzen und sie sind erleichtert. — Sie fiel ihm um den Hals und rief: Ja wohl ist dies Auslegung meines Traums, es muß eine wesentliche Änderung meines Schicksals folgen; Sie werden das Haus mir werden, wo Schönheit, Größe und Macht, mich ganz erfüllt und die Dreye ist ihre Treue. Aber was wird ihre Mutter, was wird Lockhart sagen? Die Mutter würde es sicher verdammen, sie las immer gegen jeden bösen Willen aus dem neuen Testamente vor. — Ist es denn böser Wille? — Also soll ich wirklich ihre kleine Frau werden? — Aber ein Zeichen muß ich haben von Ihrem festen Willen zur Entführung! — Erst schien sie nicht darauf zu hören, nachher gab sie ihm ihr Halstuch: Es ist mit neun bezeichnet, eine vollkommene Zahl. — Nach mancher Rede wurde alles auf den zwölften festgesetzt; zwei Tage sollte er nicht wieder kommen, um Argwohn zu entfernen. Um eilf Uhr ging Laudon reich an Küssen und an Hoffnungen von ihr fort, das mystische Halstuch vor seinem Munde, um die fremde Luft, die er einathmete, sich werth zu machen. Das absichtlich Geheimnißvolle ist ein schrecklicher Abgrund dem, der sich nicht mit seiner ganzen Natur darin versenken kann und den Eingängen der Kohlenschachten zu vergleichen, wo man ersticken müste, wenn das Sinken der Herabgelassenen durch die verdorbene ausströmende Luft nicht so schnell wäre, daß jeder noch zur rechten Zeit in der Tiefe anlangt, ehe er das Bewußtseyn ganz verloren. War es doch auch ein Tuch was Othellos ganzes Gemüth verwilderte, ein Tuch das ganz der Liebe ergeben machen sollte. Kaum war Laudon zu Hause, so schrieb er ungeduldig.

Du setzest meine Standhaftigkeit auf zu strenge Proben, zwei Tage von dir getrennt zu leben; flieht ihr langsamen Stunden, ich unterwerfe mich eurem Joche, aber ich kann es nicht lassen darunter zu seufzen und dich zu begrüßen, du einzig Anbetungswürdige, deren Willen ich mich unterworfen habe.

Sein Brief war kaum mit der Fußbotenpost angekommen, da überraschte ihn bald eine Antwort von M. Lee, die wir uns sehr leicht erklären können. Wir würden ihm gesagt haben: Wer noch lebendige Hoffnungen in sich nährt, kommt leicht zu einem Entschluß, aber nur die Gewohnheit der Thätigkeit und des Handelns giebt ein sicheres Durchführen: eine Frau die meist durch Hülfe andrer die Geschäfte gelenkt hat, kann nicht gut für sich allein bleiben, wo sie auf eine neue Art erregt ist, sie sucht die alten Freunde auf, deren Rathe sie sich durch manchen guten Erfolg unterworfen. Sie ging zu ihrem Sachwalter, der ihre Ehetrennungssache besorgt hatte; wir entschuldigen sie, sie war verheirathet, sehr unglücklich verheirathet gewesen und die Kraft der Unschuld schützte sie nicht mehr. Der Sachwalter sah die Begebenheit einzig aus dem Gesichtspunkte ihres künftigen Unterhalts, ihr eignes Vermögen war nicht groß, Gordon hatte nichts, und das Jahrgehalt von ihrem getrennten Manne muste nothwendig nach einem solchen Schritte aufgegeben werden; er fragte nachher besorgt, ob sie Gordon näher kenne, kindische Neigung täusche, sechs Jahre unter fremdem Himmel ließen wenig vom alten Menschen übrig, es wäre die Frage, ob er sie nicht einzig zu gewinnen suche, um aus dem Bedrängniß seiner Schuld zu kommen und nachher, wenn er ihren ersten Reitz genossen, wieder als Soldat in die neue Welt zu gehen. Sie zweifelte und war schwach genug diesen Brief von ihm an Laudon sich diktiren zu lassen.

Sie haben an jenem Abend meine bedrängte Lage treu aufgefaßt, aber Ihr Mittel sie zu erleichtern scheint mir jetzt sehr sonderbar: Sie gewinnen viel dabei und ich verliere das wenige, was mir übrig geblieben; weder Ihre Lage, noch Ihr Alter versprechen mir den Schutz, der mir nothwendig. Fragen Sie Ihr Herz, Ihren Verstand. Wäre Vergnügen meine Absicht, jetzt wäre weder Geist noch Körper dazu aufgelegt; wir beide müssen das Urtheil der Welt höher achten. Sie nennen sich meinen Freund, zeigen Sie es durch Aufopferung Ihrer Leidenschaft. Als Knabe sah ich Großmuth in ihnen aufkeimen, zeigen sie mir, daß die Zeit und der fremde Himmel sie nicht zerstört haben, sondern gereift. Sie unterwürfen sich meinem Urtheile, sagen Sie, ich fordere die Erfüllung Ihres Versprechens. Mein Entschluß ist gefaßt und wer ihn nicht unterstützt, kann mein Freund nicht seyn, dies theilen Sie Ihrem Bruder mit, und glauben Sie, daß ich bin Ihre ergebene Lee.

Ein kleiner tückischer Geist spielt zuweilen mit den menschlichen Worten und macht oft gerade die zu Schanden, die ihr Leben mit Wortabwägen und Wortverdrehen zugebracht haben. Der Schluß dieses Briefes, den der Sachwalter so deutlich meinte, den Entführungsplan kurz abzubrechen, brachte gerade in dem scharfsinnigern Kopfe des Liebhabers alles zur Ausführung; der Anfang war ihm wunderlich, aber er erklärte ihn aus einer Vorsicht, wenn der Brief in fremde Hände fiele, vielleicht aus einem Wunsche, ein schriftliches Versprechen seines Entschlusses und der Mitwirkung seines Bruders zu haben, in dessen Charakter sie großes Zutrauen setzte. Hätte im Schlusse nur ein Wort gestanden, daß die Entführung nicht statt finden könnte, daß er den Tag nicht zu ihr kommen sollte, so wäre noch alles zu retten gewesen. Laudon, dem die Angelegenheit im Ganzen neu war, drängten sich nun mancherlei Schwierigkeiten vor, er theilte diese und den Brief dem Bruder mit, und bat um seine Beihülfe. Lockhart sagte: Ich habe dich die ganze Zeit beobachtet und finde jetzt den Entschluß in dir fast räthselhaft, was ich dir helfen kann, das bleibt dir sicher, aber bedenke wohl, daß Beihülfe nicht alles allein thun kann, und daß da nicht gut helfen ist, wo nicht einer so etwas auch ohne Hülfe vollbringen kann. — Laudon wurde böse. — Lockhart fuhr fort: Du erinnerst mich an den kleinen Laudon, der sich immer so wild gegen die andern Buben anstellte und den ich doch endlich immer aus der Patsche heraus helfen muste, das ist bei dem erwachsenen Laudon der Teufel hol mich nicht möglich, denn Schwerenoth mit dem Manne, mit dem Bruder, und vor den Gerichten must du deine Sache doch allein ausmachen. Ich will dir nicht rathen, da müste ich ja Tinte gesoffen haben, aber was du nun willst, ich bin dabei. — Laudon ging zweifelhaft im Zimmer umher. Es ist zu weit, sie will es, sie schreibt mir, daß sie entschlossen, du must mit. — Gut, Hand darauf, sagte Lockhart, das Abmahnen von einem tollen Streiche ist so nicht meine Sache, das treibt mir einmal das Blut in andre Adern. Da rieb er sich die Hände, ging auf sein Zimmer, brachte ein Paar Pistolen mit einem Zettel dabei an seinen Bruder, der eben einen Brief an seine schöne Herrin geschrieben:

Meine theuerste Frau. Mein Glück liegt in Deiner Beistimmung, das Vorurtheil hast Du überwunden. Der Schutz, den ich Dir erbiethe ist die Stärke meines Körpers und meiner Seele, die der Gefahren gewohnt. Mein Alter hat das Unglück gereift. Meine Glücksumstände, unangemessen meiner Geburt, sind durch ein reines Bewußtsein erträglich. Mein Herz hab ich befragt, ich würde es ausreißen, wäre es Dir nicht ganz ergeben, mein Verstand billigt die Wahl des vollkommensten Wesens. Lust ist nicht die Triebfeder meiner Handlung, aber die Einigung gleichgeborner Geister wird nur in der körperlichen Vereinigung vollkommen; gehorche dem ersten Gesetze Gottes und der Natur. Die Welt ist Deiner unwürdig was solltest Du ihre Meinung fürchten; nein, die darf nicht Deine Treue erschüttern. Mein Bruder wird selbst Dir zusprechen; kaum kann ich ausdrücken, was ich selbst für dich fühle.

Lockhart setzte sich hin und schrieb gleich darunter:

Geehrte Frau. Ich billige von ganzer Seele,

was mein Bruder Ihnen sagt. Betrügt Sie Laudon, so schlag ich ihm den Grind ein und dann sind wir beide verdammt, wie wir es dann auch verdient hätten. Starkes Gefühl bricht die Bande des Ceremoniels und wählt die ungebildete Sprache der Natur. Sie finden in Lockhart einen Freund, der einen Kopf zum Begreifen, ein Herz zum Fühlen und eine Hand zur Ausführung hat, wo irgend was zu ihrem Glücke geschehen soll.

Lockhart.

Laudon brachte die beiden Briefe selbst. Nachdem sie gelesen wurde er zur Frau hinaufgerufen. Wie überraschte es ihn, als er von ihr mit einer halben zitternden Stimme hörte, sie hätte ihren Rathgeber gesprochen, der hätte ihr die Entführung sehr abgerathen; sie sollte auf ihrem Grund und Boden halten und bestehen bleiben, würde sie fliehen, so würden sicher alle Höllenhunde auf sie losgelassen. — Doch seine Gegenwart unterdrückte den guten Rath so bald, daß sie bei seinen ersten Vorstellungen ihren Entschluß ganz vergaß, und zum Montag die Entführung verabredete. Laudon sprach freier, es schien ihr heimlich zu gefallen. Sie sagte, eh er das nächstemal sie besuche, sollte er ihr Bild beim Maler Cosway sehen. Laudon war wieder verwundert, daß sie noch für den Tag an so etwas dachte; er schwur ihr, daß sie ihn nie wiedersehen würde, wenn die Entführung nicht erfolgte. Sie versprach alles und spielte mit seinen Fingern; für den Sontag bat sie ihn zum Essen, er sollte Lockhart mitbringen, alles sollte dann ins Geleise kommen.

Er sprach nachher mit seinem Bruder, der die Sonderbarkeiten geradezu für kleine weibische Ziererei hielt, die nie etwas vollständig zu thun gestattete. Lockhart selbst war in allem, was er einmal ergriffen, sehr eifrig, er sagte seinem Bruder, daß er durch Nachgiebigkeit gegen solche Grillen ihr Narr würde, er müste Sonntag dem Faß den Boden ausstoßen, sie müste entweder Sonntag entführt werden, oder das wäre ein Hund, der ihm nachsagte, daß er weiter was damit zu thun habe. Sontags um vier kamen die Brüder zum Essen, die Stille der Stadt, die Erinnerung wie sie mit der kleinen Dasch sonst in bie Kirche gehen musten, machte sie alle recht vertraulich. Mistris Lee öffnete ein Fenster, sie fand den Tag ungewöhnlich frühlingsluftig, es müsse eine seltene Sternenjunktur am Himmel seyn. Hat Sie sehr überrascht, fuhr sie zu Lockhart fort, was ihnen Laudon gesagt? — Lockhart versicherte, er wäre schon ein paarmal bei solchen Geschichten gewesen. — Aber, sagte sie zweifelnd, wird nicht Laudon in einem Jahre andern Weibern nachlaufen. Laudon fiel ein, daß ihre Schönheit die beste Sicherheit dagegen bleibe. Lockhart, der gar nicht daran dachte, daß noch irgend ein Zweifel seyn könnte, behauptete jetzt: Es wäre durchaus das Beste noch diesen Abend in einer Postchaise die Stadt zu verlassen. Mistris Lee lachte, sie hielt es für Scherz; das Essen war fertig, und während des Essens konnte wenig über die Hauptsache gesprochen werden, da der Bediente immer gegenwärtig blieb. Mistris Lee trank Lockhart einen Freimaurergrus zu, und wiederholte ihn mit Laudon, auch gab es mancherlei Anspielung, man trank mit Lust und also viel; sie saßen bis sieben und sprachen meist über Kleinigkeiten, da zog Lockhart seine Uhr heraus und sagte: Die Postchaise wird gleich hier seyn. — Welche Postchaise? fragte sie. — Die Postchaise in der Sie mit Laudon nach Wales reisen. — Sie lachte ungläubig mädchenhaft: Ist es Ernst damit? — Laudon: Wie froh bin ich, daß es Ernst ist, unsrer beiden Wünsche werden erfüllt, aber Entschlossenheit ist jetzt durchaus Pflicht. — Lockhart: Gieb doch dein kleines Geschenk unsrer schönen Wirthin. — Laudon hatte schon etwas den Kopf verloren, er hielt einen Ring in Händen und wuste nicht, was er damit machen sollte; Lockhart steckte ihr den Ring an und sagte: Es ist für jetzt das einzige Zeichen seiner Anhänglichkeit. Mistris Lee zwar in heftiger Bewegung, schob doch den Ring zurück, er lag auf dem Tische, sie sprach von Schutzlosigkeit. Lockhart: Wir sind völlig bereitet zu unsrer Reise, wir haben Pistolen zu ihrem Schutze. Die Verwirrung der armen Frau stieg aufs höchste; der ganze Entführungsgedanke war in ihr mehr ein bloßes Rettungsbild gewesen, sie hatte nie an die Gefahren der Ausführung gedacht. Sie grif in Lokharts Tasche, holte ein Pistol heraus, besah es, und steckte es wieder hinein, dann fühlte sie an Laudons Taschen. Lokhart bat seinen Bruder nach dem Wagen herunter zu gehen, die Frau bat er ein Reisekleid und etwas Leinen mitzunehmen. Sie wollte es nicht und klingelte dann, und ging in ihr Schlafzimmer; die Davidson war darin, sie sagte ihr in höchster Verwirrung, fast als wäre ihre Seele vor Schreck auswendig herausgegangen und sie spräche mit sich: Da ist ein Plan mich wegzuführen, sie haben auch Pistolen! Zerstreut kam sie zurück, das Mädchen wuste nicht, was sie daraus machen sollte. Lockhart ging herunter, als der Wagen in der Nähe hielt. Laudon stand einen Augenblick unten in Gedanken, er sagte ihm, daß er Mistris Lee nicht sollte allein lassen, um alle Unvorsichtigkeit zu vermeiden. Er trat ins Zimmer und fand sie kniend auf einem Stuhl, das Gesicht gegen die Lehne, sie betete um ihr Gemüth zu sammeln; es war aber nicht möglich, ihre Glieder flogen vor Überraschung, sie hatte kaum Athem. Er umarmte sie und bat, daß sie ihr Kleid anzöge, sagte auch was ihm sonst für den Moment wichtig schien. Hätte er sie doch nicht in ihrer Andacht gestört. Sie sagte ihm: Ich kann noch nicht, ich bin noch nicht vorbereitet! — Er faßte ihre Hand, als Lockhart ins Zimmer trat und zurief:

Alles ist fertig, kommen Sie Mistris Lee. Die Davidson und der Bediente stellten sich in den Weg; jene sagte: Unsre Frau soll nicht aus dem Hause gehen. Laudon führte sie aber neben den beiden Leuten vorbei, und als die hinter ihnen Lerm machen wollten, drehte sich Lockhart um, und beschwichtigte sie augenblicklich, indem er ein Pistol vorzog. Indem Laudon sie zum Wagen führte, der etwa hundert Schritt vom Hause hielt, begegnete sie einem Mann, der sie anblickte, sie fragte ihn erschrocken: Wer seid ihr, kennt ihr mich? Laudon beruhigte sie, sie stiegen in den Wagen; da fragte sie, ob ihre Hausthür zugemacht. Laudon antwortete, Lockhart ist noch dort. Der aber kam mit Laudon Überrock, den der vergessen, und indem er das Geschrei der Diener wieder erwachen hörte, sagte er nach seiner Jägerart: Fahr zu Schwager, oder ich schieß dich nieder: — Mistris Lee wuste wenig von sich; bald fiel es ihr ein, sie müste sich stärker zeigen und fragte: Hab ich nicht meine Gegenwart des Geistes gezeigt? Dann fragte sie wieder ganz, als wäre nichts vorgefallen: Ob wohl Feuer im Wohnzimmer angemacht wäre? — Ihr Zittern löste sich allmälig in eine fieberhafte Wärme auf; sie umarmte Laudon sehr oft, und suchte den Ring von seinem Finger zu ziehen, den sie vorher auf dem Tisch liegen lassen. Er kam ihr zu Hülfe und steckte ihn an ihren Finger. Gott behüte, sagte sie, du steckst ihn an die unrechte Hand.

Sie nahm ihn selbst und steckte ihn an die Linke, wo Trauringe getragen werden: Ich muß mich in die Gewohnheit der Welt fügen. — Lockhart: Ich hoffe, er paßt gut. — M. Lee: Recht gut — Lockhart: Ein gutes Zeichen. — M. Lee: Da hab ich noch einen Ring, eine Schlange, die sich in den Schwanz beist, es ist eine alte Freundschaft, er wird diesem nichts zu leide thun. Sie ließ darauf ein Fenster nieder. Lockhart: Ich glaube, sie warfen etwas weg? — M. Lee. Mein Halsband, woran eine Kampferbüchse hing mit Zeichen, geweiht gegen alles sinnliche Vergnügen, nun brauch ich sie nicht mehr, hab ich nicht recht sie wegzuwerfen? — Laudon meinte gern, daß sie recht hätte. — Lockhart sprach darauf von seiner Rückkehr nach London. Mistris Lee, die ihn gar nicht aus den Augen ließ, behauptete, es würde schändlich seyn, wenn er sie so verließe, die Welt würde es ihm nie verzeihen. Lockhart: Es war nie im Plan mit ihnen zu gehn, ich habe keine Kleider, ich habe ein wichtiges Geschäft in London, und muß morgen auf einem Ball erscheinen, allen Verdacht zu entfernen. M. Lee. Ich meine, da werden sie allen hübschen Mädchen erzählen, daß ich mit Laudon davon gegangen. Lockhart: Wie können sie so scherzen, es ist ja außerdem viel zu sehr mein eigner Vortheil, daß alles geheim bleibe. Sie stritten sich lange, aber Frauen in Noth hören selten Gründe; sie hatte sein festes Gesicht so nothwendig zu ihrer Ruhe, daß er endlich nachgeben muste, so sehr es ihn in Ungelegenheit setzen konnte. Als er das zugegeben, wurde sie so aufgeräumt, daß sie jeden darauf ansah, der im Dunkel vorüberstiefelte, was er von ihr denken mochte; dann versteckte sie sich wieder, wenn sie der Laterne von Chausseehäusern sich nahete, sie drückte sich so eng an Laudon, daß es Lokhart ärgerte, der heilig schwur, er sähe so was im Fahren durchaus nicht gern. Das gleichförmige Rollen des Wagens erregte endlich allgemeines Nachdenken und Stille, sie schlief über die Stille ein und erwachte in Tetsworth, wo die Wirthsleute schon zu Bette waren. Laudon suchte ein Schlafzimmer aus, zwei Betten in mäßiger Entfernung, ein einzig Bild in dem ganzen Zimmer, Hoffnung mit dem Anker, Glaube mit dem Buche, Liebe mit dem Kinde: Gottlob daß es wenig Zimmer in Altengland giebt, wo nicht eine dieser Gottheiten ihren Altar hat. — Das Abendessen war gut, aber sie waren einander zu nahe und doch zu wenig geübt um über ihre Angelegenheiten sich auszureden, das Fernste war ihnen das Liebste, und so sprachen sie von Ägyptischen Pyramiden, von Hieroglyphen, und die drückten ihnen manches aus. Es ist etwas Wunderliches, die Erwartung kann dem Menschen oft überlästig werden, und er möchte im Buche seines Lebens dann nur erst einmal blättern, eh er es ausführlich zu lesen braucht. Sie gingen aus einander. Mistris Lee wollte Lockhart etwas Artiges sagen, er sah sie aber so hart an, daß es ihr nicht möglich war.

Sie ging in ihr Schlafzimmer, wie erschrack sie, als sie sich allein fand, sie hatte nie allein geschlafen, und Abends vor jedem einsamen Zimmer eine Furcht, nun hier in der Fremde, wie viel mehr Schrecknisß, die Davidson hatte nach ihrer Ehe-Trennung in ihrem Zimmer geschlafen; sie fragte die Magd, ob sie bleiben wollte, der war es unmöglich, weil einige Postkutschen Nachts einsprächen. Sie setzte sich unentschlossen aufs Bett, die Magd ging heraus um in dem Zimmer der Herren aufzuwarten; Laudon sagte ihr, sie mögte nur die gnädige Frau fragen, ob sie etwas beföhle. Die Magd bestellte dies im Namen ihres Mannes, sie glaubte, er wäre es, und die arme Mistris, welche die ganze Zeit im Schrecken der Einsamkeit zugebracht, wuste nichts zu antworten, als daß sie noch nicht zu Bett wäre, weil sie nicht allein schlafen könnte. Als Lockhart die Antwort hörte, sagte er zu seinem Bruder: Gehst du nun nicht gleich, so schieß ich dich nieder! — Da sprang Laudon herunter; wie war es beiden so wunderbar, und kein Mensch im Hause gab darauf Achtung und neidete die Glücklichen, die für alte Eheleute gehalten wurden. — Da Laudon sehr spät aufwachte, so ließ sich Lockhart Tinte und Feder geben, arbeitete eine schöne Trauungsrede aus, die er erst gegen Mittag den beiden zu halten Gelegenheit fand. Mistris Lee dankte ihm erröthend: Ich habe heute schon früher Ihre Klugheit zu bewundern Gelegenheit gehabt; ich besah Laudons Pistolen und fand dabei diesen Zettel, ihr Rath wird uns immer wie ihre Gesellschaft willkommen seyn. — Auf dem Zettel stand geschrieben: Zum Schutz deiner Ehre und einer beleidigten Frau schenke ich dir diese Pistolen, sie opfert dir alles, gieb ihr alles in deiner Liebe und Achtung, vermeide den ersten Streit wie den ersten Überdruß, schlaft in abgesonderten Betten, zieht euch nicht in selbem Zimmer an, sei auch im Sprechen zarter als ich, brauche, aber mißbrauche nicht die geheimnißvolle Freude: Dies sind die Resultate mancher Beobachtungen. — Mistris Lee vertheidigte gegen ihn das Schlafen in einem Bette, weil es in ganz Altengland für das Zeichen glücklicher Ehen angenommen wird; Lockhart widerlegte und wurde fast unhöflich, sie aber tief gekränkt, als er nun fortwollte nach London, äußerte wieder den Verdacht, er wolle auf ihre Unkosten die hübschen Mädchen unterhalten. — Lockhart konnte sie nicht begreifen, fast wollte sich Laudon ein Ansehen über sie geben, er wurde aber abgeführt; wir wollen das Räthsel lösen. Erst hier hatte sich Mistris Lee gestanden, nachdem sie mit Laudon verbunden, daß sie eigentlich von Jugend auf Lockhart geliebt, aber bei seiner Ungeschliffenheit, mit Laudon von je die Liebe nur gespielt habe; sie seufzte jetzt über dem

Abgrunde wunderbarer tiefer Irrung, in den sie immer tiefer hinabsank; da war kein Ausgang, sie wünschte sich beleidigt zu seyn, um sich rächen zu können. Die Launen sind des Teufels Gewalt auf Erden, sie sah voraus, daß sie ohne einen schnellen Entschluß für immer von Lockhart getrennt seyn würde, der eine Reise nach Ostindien sich vorgesetzt hatte; ihr Gram hatte keine Grenzen, die Ähnlichkeit mit seinem Bruder, und daß er es doch nicht war, machte ihr den hübschen Laudon zum Schreckbild, zur Geistererscheinung. Sie ging verwirrt zur Wirthin, zu Mistris Edmonds, sie konnte vor einer Frau sich nicht schuldig angeben, sie sagte, daß sie gewaltsam entführt sey. Entführt, ruft eine Stimme, sie hatte niemand im Zimmer bemerkt, entführt? Mistris sind sie Hn. Lees Frau, der sie im andern Wirthshause gegenüber sucht? Mit den Worten springt er zur Thür hinaus, sie will die Brüder retten, den Liebsten und den Vertrautesten, da dringen mit ihr zugleich Hr. Lee und mehrere Gerichtsdiener herein. Lockhart glaubt sich von ihr verrathen, als der Gerichtsdiener ihr zuruft: Sind das die gewaltsamen Entführer, über welche sie sich beklagen. Lockhart ergreift sein Pistol, drückt es gegen Mistris Lee ab, aber das Pulver brennt von der Pfanne. Er und sein Bruder sind von der Menge überwältigt, sie werden gebunden und nach dem Gefängniß gebracht, Mistris Lee fährt mit Hrn. Lee wie im Triumphe nach London, von ihrem

Hause wie eine Befreite empfangen, und wie hart liegt sie gefangen; ihr verhaßter Mann ist durch das Auffallende des Vergangs ihr neu verbunden, sie darf ihn nicht aus dem Wahne reißen, daß alles mit ihrem Wissen geschehen, will sie dem Lockhart nützlich seyn will, der durch den bestimmten Vorsatz sie zu ermorden das Leben verwirkt hat. Was wollen wir die verwickelten Rathschlagungen der besten Rechtsgelehrten durchgehen, so viel Wahrscheinlichkeit die Aussage der Brüder hatte, daß sie mit eigner Einstimmung ihnen gefolgt, so waren das doppelte Bekenntniß der Frau an die Davidson und an die Wirthin, so wie Lockharts Pistolenziehen im Ausfahren und nachher, allzustrenge Beweise gegen sie. Nur durch Hn. Lee Vermittelung, seine Frau veranlaßte ihn dazu nach tausend Liebkosungen, veränderte die königliche Gnade Lockharts Todesstrafe in eine mit seinem Bruder gemeinschaftliche Verbannung nach Botany-Bay. Wie Mistris Lee seitdem gelebt hat, es ist wahr, aber kaum glaublich. Nach den ersten Schmerzen schien die Freude, die Hoffnungen ihrer Jugend ausgekämpft zu haben; was sie je mit höherer Gewalt getrieben, ist mit einem Kinde ausgeboren, dem sie alle ihre Zärtlichkeit zugewendet, sie gefällt sich jetzt in der Gewöhnlichkeit ihrer Welt und ihres Mannes. Sie sahen ihr behagliches Wesen in der Oper, sie war zum erstenmale darin. Ihr Mann ist selig bei ihrer gleichen, unveränderlichen Unempfindlichkeit, die Trennung hörte gleich auf, sie hat ihm dies Kind geboren, ungefähr neun Monat nach ihrer Entführung, was ihn sehr freut, da er vorher drei Jahre ohne Kinder mit ihr zusammengelebt; ihr Mann hat sich in diesem bessern Verhältniß zu ihr gebildet, sie ist fast geistlos geworden. Von den beiden Brüdern gehen wunderbare Gerüchte, sie sollen kurz nach ihrer Ankunft in Botanybay mit andern Verbannten entflohen seyn, und eine Insel unabhängig beherrschen; sie sollen gegen die Gewohnheit jener Länder eine furchtbare Sittenstrenge eingeführt haben, um mit ihrem warnenden Geschicke ein ganzes Volk zu bilden. Da sie einmal der Gegenstand allgemeiner Aufmerksamkeit in London geworden, fabelte jeder über ihr Schicksal, ich aber, weil ich sie lieb hatte (wir saßen unzähligemal hier zusammen, wie wir beide hier sitzen) ich bin über den schmäligen Prozeß, in dem ich als Zeuge mehrmals verhört bin, wie über eine gefährliche dünne Stelle im Eise leise hinübergeeilt ohne Umsehen, ob es hinter mir nachbreche. Ich rede nicht gern davon, das Grübeln der Rechtsgelehrten kann den besten Menschen, wie alles Grübeln und Reflectiren zum schlechtesten Kerl machen und so kam es, was unglaublich scheinen möchte, bei so treu bewahrter alter Anhänglichkeit, daß Laudon in Mistris Lee endlich nichts als die schändlichste Wollust sah, die genießen wollte ohne abhängig zu werden, und wie die alten Amazonen der Fabelwelt nach dem Genusse mordete. Mistris Lee dagegen behauptete gegen ihre Vertrauten, daß Laudon sie einzig zur Bezahlung seiner Schulden entführt habe, warum hätte er sonst die Entführung so gewaltsam beschleunigt, ehe ihr Entschluß gereift, warum hätte er gleich das erste Wiedererwachen kindischer Schwärmerey so gemißbraucht. — Es ist ein entsetzliches Geschlecht die Weiber, so schloß der Engländer, und wie sie so prangen in Gesellschaft mit prächtigen Zeugen, leuchtenden Metallen und Steinen; erkennt und seht nur an den schwarzen Haaren, sie mögen sie noch so herrlich mit Perlen durchwinden, die fleischfressenden Raben, die über dem Meeresstrudel schweben, und in anscheinender Gleichgültigkeit auf Opfer warten, die ihnen die Gesellschaft herbeizieht.

Ich muste herzlich lachen über den Vergleich, aber die Engländer haben das noch seit Schakespeare behalten, daß sie in den Weibern bloß das Geschlecht sehen, das ist aber im Manne eben so schlecht oder eben so gut, denn beide Worte gehören so wenig dazu, wie die Rührung meines chemischen Professors zu den Alkalien, wenn er von ihrem traurigen Schicksale sprach, mit den Säuren Neutralsalze zu bilden. Wenn ein Mensch in seinem Leben je ganz Thier seyn kann, so kann er nie wieder ganz Mensch werden, und das scheidet die beiden ewig streitenden Racen der Menschen, in denen die Liebe nur ein augenblicklicher Waffenstillstand für den ewig wiederkehrenden Zank ist. — So glauben Sie wohl gar, fragte er, daß die Nationen nur als Repräsentanten der verschiednen beiden Geschlechter nationel gegen einander kämpfen, z. B. Engländer und Franzosen. — Warum sollte ich es nicht auch so ausdrücken können, es wird sich am Ende zeigen, wer männlicher gefochten, es sei denn, daß in Europa endlich eine Herrschaft der Weiber alles vereinte, was mir sehr wahrscheinlich wird, wenn ich sehe, wie die Weiber seit der Mistris Wolstonecraft über der Männer Ungerechtigkeit klagen, und sich so schön auswachsen und ausbilden gegen die Männer, die ihr Dasein gar keiner Verschönerung und körperlichen Vollendung mehr kräftig und werth achten. — Nun, nun, sie ziehen die Siebenmeilen-Stiefeln an, ich kann nicht mitkommen, lassen sie uns lieber von unsrer schönen Sängerin reden, die wohl verdiente, die ganze Amazonenrepublick zu regieren, und doch ist sie nichts gegen die berühmte Meduse, die uns wunderbar Sang und Tanz zu vereinigen wuste, als wär es nur eine Kunst, und die wirklich zur Amazone geworden ist. So kam er allmälig auf Ihre Geschichte, die meines Wissens noch in der Welt ein gänzliches Geheimniß ist, und Nelsons Tod sehr gut erklärt. Wir tranken einander manche Gesundheit zu, und wenn ich nachher beim Aufschreiben in den folgenden Reimen einiges davon vergessen, so mögen sie es mir, wie aller Geschichte, damit entschuldigen, daß ich auch wahrscheinlich manches hinzugesetzt habe, was er auch niemals gesagt, oder gewußt hat.

Nelson und Meduse.

Vorrede.

Zogen tiefer die Geschicke,
Wie die Wolken an dem Wald,
Meint' ich schon, es steige bald
Gott vom Himmel und die Blicke
Suchten in den schwarzen Räumen,
Sich ein goldnes Glück zu träumen.

Zogen weiter die Geschicke,
Wie die Wolken hin zu Dir,
Wähnt ich, daß nichts über mir,
Und wie leer sind dann die Blicke;
Ohne Schmerzen, ohne Wunden
Wurd ich krank und wollt gesunden.

Also gehn zum Meerbad viele,
Um im ew'gen Einerlei
Nachzufühlen, was vorbei;
Wie das Meer im Sand auch wühle,
Alle Steine muß es runden,
Es verwischen sich die Stunden.

Wenig Ziegen auf den Dünen,
Jeder Grashalm ist bekannt,
Der im wellenförmgen Sand
Dörrt verschüttet, statt zu grünen,
So des Meeres Langeweilen
Die Verzweifelnden nur heilen.

Daß der Sand was Neues trage,
Macht der Badewagen Spur
Einen Wechsel der Natur
In dem Einerlei der Tage;

Endlich sehnen sich die Kühnen
Wieder nach des Staates Bühnen.
Alles spricht von grossen Dingen,
Dieser schreibt schon einen Brief,
Jener gar nicht ruhig schlief,
Mit den Waffen solls gelingen,
Alle zeichnen Positionen
In den Sand, ganz ohne Schonen.
Viele schießen nach dem Ziele,
Schneidern Uniformen schön
Und der Trommel wild Getön
Schmettert, daß es nicht zum Spiele;
Und bei gutem Wein und Braten
Will die Tapferkeit gerathen.
Heilger Gott, was ist geschehen,
Seht am Strand ein Felsenstück! —
Nein, ein Wallfisch kam voll Tück
Auf das Land, ihr müßt ihn sehen! —
Ist er todt? — Er liegt ja stille,
Aus ist nun sein böser Wille.
Sturm hat ihn ans Land geschmissen
Und nun sitzt ein Schneider drauf,
Sagt, daß er ihn fing zum Kauf,
Manches Stück hat abgerissen;
Doch den wirft ein andrer nieder,
Alle sind gleich schwache Brüder.
Welch Getümmel, welches Lachen,
Jener Knabe ins Gesicht
Schlägt ihn und ganz kühnlich spricht:
Seht ich steig in seinen Rachen!
Seht sie messen, seht sie steigen,
Muß der Mensch so klein sich zeigen.

Plötzlich springt aus seinen Nüstern
Wasser, alles springt zurück!
Letzter Athem, letzte Tück,
Sorgsam nahn sie sich mit Flüstern,
Sehen, daß er nun gestorben,
Jeder hat nun was erworben.

Fischbein sammeln sich die Frauen,
Lampenöhl die Schauspielleut,
Rippen sind der Helden Beut,
Sich ein Denkmal draus zu bauen,
Von dem Kopfe bis zum Schwanze
Ist vertheilet nun das Ganze.

Nun er also ist zerstücket,
Fassen ihn die Herrn der Kunst,
Spielen mit dem Kopf aus Gunst
Und ein Maskenspiel da glücket:
Mit dem Kopfe mit dem Schwanze
Spielen sie im Sonnenglanze.

Sie tragiren seine Thaten,
Die Bewundrung sich erhebt,
Hätte er nur noch gelebt,
Wär' er nur nicht ausgebraten;
Heilges Schicksal solch ein Ende
Von gewaltgen Menschen wende.

Sollen sie herunter fallen,
In den Staub zu anderm Staub,
Nicht dem Schwachen seis zum Raub,
Nur dem Stärkern zu Gefallen;
Und was groß auch gräßlich ende,
Daß die Lehre keinen schände.

Nicht wo Tapfre sind gefallen
Stehl' die Schwäche sich ihr Schild,

Nein im Kampf zerschlagt es wild,
Daß die Berge wiederhallen,
Laß die Stärke eines Schlechten
Stärke wecken in dem Rechten.
Denn was halfs, nun scheun die Schwachen
Sich zu baden stark im Meer,
Weil der Wallfisch kam daher
Mit dem ungeheuren Rachen,
Den die Seinen möchten rächen,
Und der Schwachen Glieder brechen.
Wie sie da so zagend stehen,
Kommt ein schwarzer Elephant
Übern Sand daher gerannt,
Schier vor Schrecken sie vergehen,
Keiner denkt ihn zu bezwingen,
In das Meer die meisten springen.
Wie er näher kommt gegangen,
Sehen sie darauf ein Kind,
Das ihn führte so gelind,
Scham, die folget nun dem Bangen,
Doch wo alle Leute fehlen,
Braucht sich einer nicht zu quälen.
Mit des Rüssels grauer Schlange
Hob er nieder dieses Kind,
Knieet dann so leicht geschwind,
Ihr zu Füssen scheu und bange,
Und das Kind ein schönes Singen
Ließ vor allen nun erklingen.

Erste Romanze.

„Seht ihr wohl das Kriegsschiff ferne,
„Das aus Abend zu uns eilt,

„Wie's die Sonne hat getheilt,
„Seht nun stehts im Sonnenkerne;
„Seht wie es so glorreich brennet,
„Sieg wird es von uns genennet.
„Nelson führts, und hats geführet
„Fühlt mein Herz, wie sich das labt,
„Daß er drauf steht hochbegabt,
„Und daß ers im Wind regieret,
„Und daß ichs bis hieher fühle,
„In dem Winde heiß und kühle.
„Nelson ja, nun kannst du rasten,
„Takle ab dein schwimmend Haus,
„Denn der lange Krieg ist aus,
„Friedlich zieht ein Wald von Masten,
„Feinde werden Seegenossen,
„Die im Hafen er verschlossen.
„Wie das Meer die Welt umfließet,
„So beschloß das feste Land
„Seiner Schiffe Unbestand;
„Nelsons Hand die Kette schließet,
„Bis die Thürme an den Küsten
„Sich mit weißen Fahnen rüsten.
„Lange Jahre, harte Lehre
„In des Schreckens Einerlei,
„Jugend ging ihm so vorbei;
„Doch für alles lohnt die Ehre,
„Und ein Herz, das frisch gezeuget
„Und ein Muth, der nie gebeuget."

Zweite Romanze.

Nelson ist zur Hauptstadt kommen
Aus dem lustgen Ehrenport,

Wo in jedes Liedes Wort
Hell sein Ruhm ist angeglommen;
Keiner kannt ihn in dem Wagen,
Der ihn Morgens hergetragen.
　Ihn, der jahrlang rumgeschwommen,
Kennt man nur vom Kupferstich,
Doch er selbst erkennt nicht sich
Als er in sein Zimmer kommen
Und sich sieht mit goldnem Ramen
Schön verziert mit seinem Namen.
　Und sein Kriegskleid legt er nieder
Geht ins nächste Kaffehaus,
Hört, da machen sich so kraus
Junge Herren hin und wieder,
Sprechen selig im Entzücken
Von der Säng'rin schönen Blicken.
　Bei Medusen schwören alle
Wie bei ihm der ganze Port,
Und er meint, sie wäre dort,
Was er war beim Schlachtenschalle
Und sie muß das Land regieren,
Wie er muß die Schiffe führen.
　Abends zu dem Bürgermeister
Ladet ihn die Hauptstadt ein
Und er trit bei Lampenschein
Zu der Menge schöner Geister;
Er weiß wenig nur zu sprechen,
Und die Leut den Stab ihm brechen.
　Die stets beim Kamine sitzen,
Ihre Zeitung trocknen schnell
Bei des Landes Ungefäll,
Richten ihn mit klugen Witzen:

Glück das hob den schönen Knaben,
Nimmermehr des Geistes Gaben.
Er ist herrlich! Sagen Frauen;
Doch kein hoher eigner Geist,
Der sich durch das Unglück eist,
Sprechen, die durch Brillen schauen,
Jener Haufen alter Jungen,
Die noch keinen Feind bezwungen.
Anspruchlos, sein selbst vergessen,
Quält ihn, daß so wenig Lust
Wo ein jeder trinken muß
Zu dem grausam vielen Essen,
Daß da keiner wollte schreien,
Konnt er keinem mehr verzeihen.
Als das Mahl so still geendet,
Steigt auf einen Thron von Gold
Eine Frau so götterhold,
Daß er gleich den Blick gewendet,
Um nicht in dem Strahlenmeere
Zu versinken ohne Ehre.
Doch sie singet seine Ehre
In der Muse Silberkleid,
Bei der goldnen Lyra Freud,
Daß er alles wieder höre,
Was im Sturme, was in Schlachten
Seiner Heldenseele Trachten.
„Deine Ruh ist in den Schlachten,
„Jovis Adler schläft erst ein,
„Sieht er deines Blitzes Schein
„In den Nachten, den durchwachten,
„Denn er weiß, daß alles Rechte
„Schon dein sichrer Geist verfechte.

„Denn sein Bliz, das ist dein Winken
„Und er gab dir Jovis Bliz,
„Schläft nun auf des Scepters Spiz,
„Läst die müden Flügel sinken,
„Möcht nicht mehr da oben wohnen,
„Wollt ihn diese Ruh nicht lohnen."

Daß Meduse ihn besungen,
Denket er mit Ernste still,
Daß sie fast verzweifeln will,
Wie kein Beifall laut erklungen,
Doch viel schönre Huldigungen
Hielten ihn schon fest bezwungen.

Und sie nimmt den Kranz der Ehre,
Nimmt das Schwerdt, schön damascirt,
Blau und golden ausgeziert,
Reichts dem Sieger aller Meere,
Und er sinkt auf seine Kniee,
Daß ihn Stolz und Scham durchglühe.

Auf des Südens helle Küsten,
Die sein dunkles Schiff zerstört,
Wirft ein' Hauch ihn kaum gehört,
Der mit seinen Zauberlüsten
Athmet in des Nordens Plage,
Südlich wolkenlose Tage.

Dritte Romanze.

Als Columbus saß am Steuer
Hofnungslos verzweiflungsvoll,
Land! vom höchsten Mast erscholl
In der Sonne leztem Feuer,
Eh er noch hinaufgeklommen,
Ist die Sonne ganz verglommen.

Land ersah der Schifferknabe,
Erstes Land der neuen Welt,
In das Meer, vom Mastkorb fällt:
Und die Sonne sank zum Grabe,
Seine Ungedult zu kürzen,
Muste er hinunter stürzen.

Doch Columbus muß noch warten,
Daß er nicht zu glücklich sei,
Ob nicht Täuschung dies Geschrei
Von des Paradieses Garten,
Den er wieder aufzufinden
Fromm gestritten mit den Winden.

Jede Stunde ein Jahrhundert,
Ruhig fällt der Sand der Uhr,
In dem Geiste treibt es nur
Bis die Sonne steigt verwundert
Über Menschenglück und Wehe,
Zu der ruhig würdgen Höhe.

Nelson auf dem rauhen Meere
Seit der zarten Knabenzeit,
Sah die Schönheit nur von weit
Als ein fernes Ziel der Ehre,
Wie des Südens schöne Küsten,
Sich mit Kraft davor zu rüsten.

Und nun hat er sie gefunden,
Ist mit ihr in keinem Krieg,
Die gebracht den Kranz vom Sieg;
O wie langsam sind die Stunden,
Doch im Bilde vielgestaltig
Sieht er sie, stets allgewaltig.

Schlafen mocht' er nicht, verwachte
Er doch manche Nacht um nichts,

Nimmer harrte er des Lichts
Doch wie heute, wenn er dachte,
Bei Aurorens Schwingenfeuchten
Soll es ihn zur Schönen leuchten.

Morgens schwerer als zu Schlachten
Ging er zu der Sängrin Thür,
Daß er dankte nach Gebühr,
Für den Ruhm, den gestern brachten
Ihre kühlen weißen Hände,
Ihrer Lippen Feuerbrände.

Fest verschlossen ist die Thüre,
Alles schläft noch in dem Haus,
Schimpfend sieht ein Mädchen raus,
Daß er schon die Glocke rühre,
Muß fünf Stunden sich noch fassen,
Eh er da wird eingelassen.

Als er in das Haus gebeten,
Sieht es ihm nicht festlich aus,
Wie, wenn aus Versehn vom Schmaus
Gäste in die Küche treten,
Also liegt es da viel bunter,
Alles singt und schreiet munter.

Affen hüpfen da an Ketten,
Papageyn im Gitterhaus,
Schreien, daß es ist ein Graus,
Hunde springen von den Betten,
Ein Herr Bruder auf der Flöten
Quält sich durch mit allen Nöthen.

Klopfend treibts in seinem Herzen,
Langsam trit er zu ihr ein,
Und sie sitzet ganz allein,
Und empfangt ihn leicht mit Scherzen,

Spielet eben mit Juwelen,
Zeigt ihm Steine, die noch fehlen.

In dem weißen Morgenkleide
Scheinet sie ihm heut so blaß,
Doch sie ist so voller Spas,
Als ob sie so gar nichts leide,
Rührend ist ihm ihre Blässe
In der Schönheit froher Größe.

Ob die Steine blendend glänzen,
Haucht sie doch so sorglich drauf:
Ach wär ich ein Stein zum Kauf!
Denkt er, herrlich würd ich kränzen,
So von ihrem Hauch erzogen,
Ihrer Stirne hellen Bogen.

Alle Steine muß er sehen,
Hören, wo sie die erhielt,
Was sie mühsam hat erspielt;
Sie versucht, wie ihm würd stehen
Ihre schönste Demantkrone,
Trüg er einst ein Reich zum Lohne.

Und da steht er vor Medusen,
Als sie ihn umschlinget fast,
Eine freie Lust ihn faßt;
Und er küßt sie auf den Busen,
Der so nah vor seinem Munde
Woget in dem schönen Runde.

Doch er hofft bestraft zu werden
Für die kühne Freventhat,
Als Meduse freundlich bat,
Heute hätt sie viel Beschwerden,
Vor der neuen Oper Bangen,
Heute möcht er nichts verlangen.

Nelson schwört bei Ritterehre,
Daß er nicht gekommen ist,
Um mit einer bösen List
Ihrer Unschuld Lust zu stören,
Das sei frei Matrosenwesen,
Daß er also kühn gewesen.

Wahrlich sie wär roth geworden,
Raubte nicht die Schminke scharf
Holder Schämigkeit Bedarf,
Diesen hellen Strahlenorden;
Die Verwirrung zwischen beiden
Kommt der Musiker zu scheiden.

Seht der kommt hineingefallen,
Wie ein alter Eichenbaum
Auf zwei Liebende im Traum,
Schreiend: „Es wird nicht gefallen
„Die Musik zum erstenmale,
„Stündlich wächset die Kabale.

„Alles schwört im Kaffeehause,
„Sie sind eine Zauberin,
„Und es wäre kein Gewinn
„So zu schwelgen in dem Grause;
„Der Signora tiefe Stimme
„Feure an zum Liebesgrimme.“

Bittre Thränen, er da weinet,
Und sie küsset ihm die Hand,
Nelson ist von Zorn entbrannt,
Und voll Blut die Wange scheinet,
Daß nicht alle sind durchdrungen
Von den höchsten Huldigungen.

Nelson schwört, nie woll' er schiffen
Auf des Meeres stolzer Pracht,

Wenn in dieser Opernnacht
Sie vom Volke ausgepfiffen,
Und den ersten, den er höre,
Opfre er der Künstlerehre.

Vierte Romanze.

Knaben, Knaben, laßt euch warnen,
Ihr verseht euch, seht ihr hin
Auf den Fuß der Tänzerin,
Künstlich kann sie euch umgarnen,
Denn die Füße Netze stricken,
Wo die bunten Lampen blicken.

Zauberei müßt ihr nicht hören,
Sinkt nicht in die Töne ein,
In den weichen süßen Wein,
Auch die Nachbarn müßt ihr stören,
Denn nur Drängen, Witz und Lachen
Striche durch die Rechnung machen.

Laßt euch doch zurücke drängen
Zu dem stillen Sternensaal
Aus der lauten Opernqual;
Aus des Stimmens magischen Klängen,
Drängt euch nicht gewaltsam kühne
In die Loge auf der Bühne.

Stellt euch lieber in die Wogen
In das flutende Parter,
Seht das Ganze scheint hieher,
Dort hätts einzeln euch gezogen,
Sehet doch nur nicht Medusen
In den Zauberkreis vom Busen.

Seht doch lieber nach der Decke,
Jenes heidnische Gewühl,

Und wie zieht es hier so kühl,
Blindes Gold an jeder Ecke,
Und die Teppiche, die hangen,
Flimmern all aus innerm Bangen.

Seht die vielen Kronen schimmern,
Die Kristalle wunderbar,
Diese Farben sind so klar,
Und wie gehn sie leicht zu Trümmern;
So zerbrechlich ist was scheinet,
So wird Schönheit bald beweinet.

Häuft doch nicht die Sinnlichkeiten,
Trinket nicht den Feuertrank,
Den der Mann verkauft im Gang,
Esset nicht die Süßigkeiten,
Denn ihr findet Zaubersprüche
Süß betäubende Gerüche.

Ließ sich je ein Volk noch warnen,
Lernt es je durch andrer Noth,
Ach ihr schönen Knaben roth,
Ach wie wird sie euch umgarnen,
Doch ich will im Netze reissen
Und durch alle Töne pfeifen.

Seht den rüstgen, jungen Degen,
Nelson unsern Schiffskaptän,
Seht der Haare wilde Mähn!
Seht dem Auge nicht entgegen,
Seht den Rock, wie angegossen,
Alles rings scheint unentschlossen.

Doch er siehet nicht die Menge,
Keiner, denkt er, seh auf ihn,
Muth hat gar bescheidnen Sinn
Und das Stimmen böse Klänge,

Liessen sie nur diese Stimmung,
Blieb er sicher bei Besinnung.
Aber diese streitgen Töne
Reißen ihn ins Schlachtgewühl,
Und sein Scheitel wird ihm kühl,
Als wenn ihn der Lorbeer kröne;
Und er stützt sich recht im Nacken,
Sollten ihn die Kugeln packen.
Und nun ordnen seine Blicke
Alle Händ auf dem Verdeck,
Doch der Wind liegt im Versteck,
Langsam geht die Zeit zum Glücke
Und er denkt, wie lang er diente,
Eh der Feind zur Schlacht erkühnte.
„Ach wie lange werd ich dienen,
„Lieben, fürchten allzugleich
„Ihrer Augen dunkles Reich,
„Süsses Ringeln ihrer Mienen,
„Ahnd' ich fern ihr Stimmlein schallen,
„Mir wie Nektar Tropfen fallen."
Hell wie Sterne stehn die Lichter
Rings am ersten Logenkreis,
Wie die Sternenbilder leis,
Treten vor die Angesichter
Holder Göttinnen des Himmels,
Froh des ewgen Lustgetümmels.
Arme Knaben, kein Erbarmen,
Alle Damen stehn schon auf,
Wäre dieser Kreis zu Kauf
Möchte jeder dran verarmen;
Doch des Königs Stern ist kommen,
Alle sehn auf ihn beklommen.

Heil dem König! Heil dem König!
Ruft das Volk, der König dankt,
Schnell der rothe Marschall wankt,
Winkt mit goldnem Stab ein wenig,
Gleich die Weihrauchbecken schwingen
Und ich hör die Pfeife klingen.
„Alle muß ich jetzt belauschen,
„Denket Nelson, obs gefällt,
„Trotzig bin ich hingestellt,
„Ihre Feinde listig rauschen;
„Mit der Hand am guten Degen
„Will ich all zu Boden legen."

Fünfte Romanze.

Ceres wandelt auf der Bühne
Und ihr Trit so einsam schallt:
Kommt Proserpina nicht bald?
Seufzet laut vor sich der Kühne,
Denn Meduse spielt die Rolle,
Ceres hört er recht mit Grolle.
„Hör sie soll'ne Schlange tragen,
Spricht ein Mann dort, Tag und Nacht
Die den kräftgen Zauber macht,
Mit dem Teufel soll sie's wagen,
Ganz versteckt in ihrer Kammer
Steht ein heilig Bild voll Jammer."
„Ja ich hab es selbst gesehen,
Spricht der andre, dieses Bild,
Das da lobet, das da schilt,
Wenns Medusen angesehen,
Doch sie hat es oft vergessen,
Und voll Staub hat es gesessen."

Nelson spricht: „Ihr lüget alle,
„Daß sie eine Zauberin,
„Weil sie nicht nach eurem Sinn
„Eurem Laster zu Gefallen,
„Euren Beifall zu erschleichen,
„Weder Hand, noch Mund mag reichen.“

Beide schweigen ganz verlegen,
Thun, als wenn sie nichts gesagt,
Doch es sei hier Gott geklagt,
Nein es ist kein frommer Segen,
Der zu ihr die Jugend wendet,
Die sie mit Verderben schändet.

Ach wie klagt Musik in Tönen,
Wendet Ihr das Herz jetzt um,
Ach warum ist doch so stumm
Jenes Bild und läst sich höhnen,
Aber hier aus allen Geigen
Scheint es jammervoll zu steigen.

Nein, noch kann Sie nicht verstoßen
Dich die Mutter gnadenklar,
Hinterm Vorhang stehst du zwar,
Doch du leuchtest durch verschlossen,
Demant leuchtet fern vom Lichte,
Nächtlich scheint des Bilds Gesichte.

Weint Meduse bei dem Scheine,
Beißt die Schlange an ihr Herz
Und in diesem scharfen Schmerz
Bleibet sie nicht gern alleine;
Opfert diesem scharfen Zahne
Andre in dem Sündenwahne.

Gierig frißt der Zeiten Schlange

Manchen Knaben jung und kühn,
Und Meduse muß sie ziehn
Durch den Tanz und im Gesange,
Und so kann sie sich bewahren
Jugendlich in ältern Jahren,

Saugt dies Jugendblut die Schlange
Wälzt sie sich im Becken hin,
Nüchtern Wasser war darin,
Doch nun zischt es grünlich bange
Dieses Schönheitwasser bringet,
Daß sie wunderbarlich singet.

Welch ein Leben, Angst in Sorgen
Führt bei ihr die schöne Kunst,
Daß sie noch der Schönheit Gunst
Länger soll als Jugend bergen,
Welche Vorsicht, welch Bedenken,
Was die Schönheit könnte kränken.

Ihre Amme sie regieret,
Die nur suchet den Gewinn,
Schuldlos ist die Sünderin,
Jene ihr die Knaben führet
Und mit Thränen, Worten, Schlägen
Weiß Medusen zu bewegen.

Nelson glaubt nichts von dem allen,
Denn er kennt nicht solche Kunst,
Sie erscheint im heilgen Dunst
Von dem seligsten Gefallen,
Doch sie kann nur Schrecken gatten,
Wie des Giftbaums dunkler Schatten.

Keinen will Meduse schonen,
Nelson hat sie tief gerührt,

Wüßt er, daß er so verführt,
Würd er sich wohl höher lohnen,
Als daß sie als Proserpine
Seine Blumen zeigt der Bühne.

Weh, was will Musik nun wieder,
Was erwartet sie denn jetzt,
Wo im Thau sich alles netzt,
Lange stralt die Sonne nieder,
Ahndend kann er es schon fühlen,
Kommt Meduse mit Gespielen.

O wie ist sein Blick durchdrungen,
Als er seine Blume sieht,
Die an ihrem Busen glüht,
Sie auf ihn kommt zugesprungen,
Und von Nimphen weich umschlungen,
Hat sie zu ihm hingesungen:

„Ohne Ruhe laßt mich schweifen
„Immer näher hin zum Grün,
„Das am Berge jung und kühn
„Alle Augen will ergreifen,
„Mir zum Kranze will ichs binden,
„Daß ihr alle müst verschwinden."

Fast beschämt von diesem Zeichen
Trit er in sich selbst zurück,
Meint ein jeder sey das Glück,
Das ihm lieber heimlich eigen,
Doch so mancher meint, ihn labe
Gleich wie ihn des Blickes Gabe.

O ihr bangen Frühlingslüfte,
Ahndet ihr dies Schrecken auch,
Wie der Todespforte Hauch

Rasend aufschlägt durch die Lüfte,
Glühe Räder, schwarzer Wagen
Jenen Gott der Schatten tragen.
Strom der wallend goldnen Ähren
Trocknet dich der Sommer aus,
Kühle Winde ruhn im Haus,
Ach du wirst nicht lange währen;
Eh wir deine Lust begraben,
Nimm o Jungfrau sie als Gaben.
Weißt du nicht die Blumen stammen
Alle aus der Unterwelt,
Welche noch die Wurzel hält,
In den Farben Höllenflammen
Seht den Todesgott, erscheinen,
Seht sie bei den Blumen weinen.
Pluto ist denn kein Erbarmen?
Doch ihr Sang vermehrt die Lust,
Die in seiner tiefen Brust;
Und dies Jammern von der Armen,
Dieses Ringen, dieses Singen,
Muß mit Liebreiz ihn umschlingen.
Edler Drang der Künstlerehre,
Kühn Vergessen aller Welt,
Ja der ist ein wahrer Held,
Der die vollen Lebenschöre
Kann erwecken und erhalten,
Während er muß selbst erkalten.
Also siegend überwunden
Scheinet Proserpinens Kampf
Aller Elemente Krampf,
Alle gegen sie verbunden:

Wie die bunten Schleier fallen,
Tausend wilde Bravo's schallen.

Athemlos sind von Entzücken
Ihre Feinde umgewandt,
Von dem Klatschen brennt die Hand,
Zieht Magnet in ihren Blicken?
Und sie ringt und singet wieder,
Bis sie kraftlos sinkt darnieder.

Ihre Blumen fallen nieder,
Und der Todesgott sie faßt,
Und der Wagen rollt mit Hast,
Schleifet fort die hellen Glieder
In die rasselnd dunkle Pforte! —
Schrecken, du hast keine Worte.

Nun vom Todesgott umschlungen,
Wahrheit wird ihr Blick und Glück,
Nichts hält Nelson mehr zurück,
Auf die Bühne ist er sprungen,
Nur ein Sprung, da steht er oben,
Darf mit allen Göttern toben.

Ihrem Liebling in die Arme
Stürzt sie hintern Vorhang kalt:
„Aus ist meine Allgewalt,
„Habe nur mit mir Erbarmen,
„Hab zum letztenmal gesungen,
„Und mein Herz ist mir zersprungen.“

Nichts von allen Beifallszeichen,
Wie sie vorgerufen wird,
Hin zu ihrem Ohre schwirrt:
Letztes Mahl und voll Erreichen!

In dem Mantel eingeschlagen,
Will er sie nach Hause tragen.

Sechste Romanze.

Fort aus staubger, duftger Hölle,
Aus dem Magen aller Kunst,
Aus dem Schein, der ohne Brunst,
In der Nähe ohne Helle!
Fort vom Musen Lumpenneste,
Durch die Leinewandpalläste!
Von der Bühne schnell hernieder
Er im blauen Mantel trägt
Sie, die alle hat bewegt,
Still und starr sind ihre Glieder,
Durch die Reih galanter Leute
Trägt er seine schönste Beute.
Wagt nicht leis hinein zu schauen,
Ob sie lebe, ob sie todt;
Durch der Kutscher Drang und Noth,
Die auf ihre Pferde hauen,
Pferd auf Pferd mit Deichseln jagen
Hat er sie nach Haus getragen.
Nur ein schwacher kleiner Knabe
Wagt es, ihm zu leuchten vor,
Flügel hat der kleine Thor
Und verlanget keine Gabe,
Thörigt nennt die Stadt den Kleinen,
Er will stets wie Amor scheinen.
Keiner denkt noch an Signora,
Alle Diener sind noch aus,

Als er trit mit ihr ins Haus:
Sancta Maria pro nobis ora!
Nimm dies Gold, gieb die Laterne!
Und der Knabe giebt sie gerne.
Nelson legt sie auf das Bette
Wagt es, sie zu kleiden aus,
Findet eine Schlang mit Graus
Angelegt an eine Kette
Ihr am wolkenweißen Busen,
Himmelshügel aller Musen.
Er zerhaut mit seinem Degen
Diese Kette unbewust,
Und zu seiner grösten Lust
Fühlet er des Athems Regen,
Das versteckte Bildchen scheinet
Und Meduse heftig weinet.
Wenn sich Frühling, Winter streiten
Sich von einem hohen Fels
Dieses wunderbaren Hells
Heilig lichte Arme breiten,
Also von dem heilgen Bilde
Kommen Blicke, tröstend milde.
Wie verzückt von ihrem Bette
Springt zum Bild die Sünderin,
Nackt und bloß und ohne Sinn,
Und sie singet eine Mette,
Schlägt den Busen, ringt die Hände,
Doch da ist der Andacht Ende.
Die Gewohnheit sie bezwinget,
Des verworfnen Lebens Macht
Ihr im Herzen sehnlich lacht,

Sie den frommen Held umschlinget
Und es will sie recht ergötzen,
Wie die Lust in dem Entsetzen.

Aus des Todes dürren Armen,
Aus des Krampfes hartem Streit,
Will sie in der Lüsternheit
Schnell an seiner Brust erwarmen,
Und sie zieht ihn auf das Bette
Und es klinget ihre Kette.

Tag der Tage, Nacht der Nächte,
Wenn sich Licht und Dunkel mischt,
Und der Blitzstrahl niederzischt,
Und den Tag doch nimmer brächte;
Schmerz und Freuden ganz ergeben
Mag Er nimmer halbes Leben.

Ihre Hände suchen Freude,
Ihre Lippen drängen ihn,
Nelson sonst so keck und kühn,
Wünscht es stürze das Gebäude,
Sie so männlich, er so weiblich
Scheint ihm in dem Streit unleidlich.

Traurig winkt das Bild der Gnade
Und er springt vom Lager auf,
Doch sie hält ihn in dem Lauf;
Ach es wär um ihn doch schade!
Fürchtet nichts, der Unschuld Kräfte
Siegen über Zaubersäfte.

„Wahr ist wahr, ist dies der Teufel,
„Der mich will bezwingen hier
„Ich steh fest und trotze dir,
„War ich lieb, sei ohne Zweifel

„Rein aus Gottes Schooß geboren,
„In der Schande unverloren."
„Widerstand sei in dem Feinde,
„Scham in holder Frauen Gunst,
„Und in ihrer höchsten Brunst
„Noch versteckt, was uns vereinte,
„Ihr Verlangen sei die Schwäche,
„Und der Mann den Willen breche.
„In den Balken knistert Feuer,
„Schlangen ringeln durch die Luft,
„Fort aus dieser Mördergruft
„Zu der Sterne reiner Feier;
„Heilig Bild dich will ich retten
„Von der schnöden Schlange Ketten.
Mit dem Bilde vor den Augen
Springet er aus aller Schand';
Seinen Mantel in der Hand
Sitzt sie starr und möchte taugen
Zu dem Bilde, das versteinet
Jeden, ders zu sehen meinet.
Liebe in Medusens Herzen
Wird zur Rache an der Lust,
Sie bewaffnet ihre Brust
Und sie trotzet allen Schmerzen,
Und sie bricht des Weibes Schranken
Mit entsetzlichen Gedanken.

Siebente Romanze.

Aus dem Land' ist sie gereiset
Und das Opernhaus steht leer,

Als wenn keiner übrig wär,
Gleich als wär Apoll verwaiset,
Und als wären alle Musen
Fortgezogen mit Medusen.

Tief verwundet ohne Wunde
Nelson liegt von Gram schwer krank,
Immer tönt ihm ihr Gesang,
Sehnsucht wächst mit jeder Stunde;
In dem hellen Marmorbade
Suchet er des Himmels Gnade.

Heiß und kalte Röhren laufen,
Wie gebeut sein Eigensinn,
Doch er schwindet sichtbar hin,
Will sich nun im Meere taufen,
Das er sonst mit kühnem Geiste
Nur beherrschte und bereiste.

Denn des Meerbads Wunderthaten
Lösen manche alte Schuld,
Unermeßlich ist die Huld
Und das Baden anzurathen
In dem Urquell aller Welten,
Den die Geister Gottes schwellten.

Achte Romanze.

Doch Meduse sich verkleidet
Ganz als Mann am festen Land,
Sie zerreißt das Friedensband
Und die Völker wieder scheidet,
Durch die Nachricht, daß erkranket
Nelson hin zum Grabe wanket.

Und sie eilen sich zu rächen,
Wählen Sie zum Führer gleich,
Es steht auf das ganze Reich,
Thörigt sie den Frieden brechen,
Denn noch lebt der alte Leue,
Noth belebet ihn aufs neue.

Da erwacht sein Geist in Kräften
Und durchlebt den Körper schnell,
Wieder steigt er auf die Well,
Kann des Muthes Blicke heften,
Und gestärket sind die Zagen,
Und vereinet, die was wagen.

Ihn mit Waffen zu bestehen,
Scheint Medusen allzukühn,
Nein sie will im Sturme ziehn
Auf das Land ganz ungesehen;
Wachsam stets, im Sturm zu schlagen,
Müßte Nelson endlich wagen.

Sturm im Sturm, o Schlacht der Schlachten,
Wo der Blitz Kanonen löst,
Und der Sturm zusammenstößt
Freund und Feinde ohn' Beachten,
Wenig Waffen sind zu brauchen,
Doch die Menschen zornig hauchen.

Und die von den Schiffen fallen,
Fallen sich noch in die Haar,
Eh im Abgrund liegt die Schaar,
Ihre Augen sich auskrallen,
Und sie fahren blind zur Hölle
Mit der nächsten Sturmeswelle.

Nelson nimmt drey Schiff der Feinde,

Doch die überlegne Macht
Ihn mit neuer Wuth umkracht,
Sturmes Schrecken sie vereinte.
Ihre Macht ist überlegen,
Doch ihm bleibt sein tapfrer Degen.

Als sein Schiff im schnellen Sinken
Entert er mit kluger List,
Springt mit seinem Bild als Christ
Auf's Verdeck, wo Feinde blinken
Was Meduse hat gezieret
Und mit blinder Rache führet.

Ist das Schiff uns eingefroren?
Ruft sie aus und kann nicht los,
Meiner Freunde ganzer Troß
Springt hinein wie lustge Thoren,
So hat er das Schiff genommen
Und die Flagge überkommen.

Tag der Tage nach dem Siege,
Schwer verwundet liegt der Held,
Überwunden liegt die Welt;
Daß sie seine Fesseln trüge,
Ihm Meduse liegt zu Füßen,
Wagt es nicht ihn zu begrüßen.

„Tag der Tage, sieh mich wieder,
„Sieh Meduse war dein Feind,
„Dich zur Lieb zu zwingen Freund
„Waffnet' ich die zarten Glieder;
„In dem Dunkel dich zu morden,
„Ist vom Schicksal mir geworden.

„Bin gefangen und verdammet,
„Herr vergieb und sieh mich an,

„Sieh mich recht, ich bin kein Mann,
„Alles Unheil von mir stamme,
„Lieb und Rach hat mich genecket,
„Alle Feind hab ich erwecket.“

Reich in Perlen steigt Meduse
Aus der Waffen Muschelschal
Und der Schlange alte Qual
Sinkt zum Grund vom Meeresbusen;
Schamroth sind die holden Wangen,
Nun ist Wonn' ihm aufgegangen.

Fest mit seinen letzten Kräften,
Mit der Freude Allgewalt,
Drückt er nun die Lustgestalt,
Will er an sein Herz sie heften;
Ihr Verlangen ist nur Schwäche,
Und ihr Wunsch sind Thränenbäche.

Also beide sich begegnen,
Sie voll Liebreitz, er voll Blut,
Hohe Schönheit, hoher Muth
Möchtet ihr so alle segnen,
Daß bei ihren Liebeszeichen
Ganzer Völker. Kämpfe weichen.

Auf das Land wird er getragen,
Auf den Wagen lorbeergrün,
Er nimmt mit das Mädchen kühn,
Seinen Arm um sie geschlagen,
Also ziehen diese beide
In die Hauptstadt voller Freude.

Seht der Sieger giebt die Flagge,
Die er kühnlich nahm im Kampf,
Schwarz vom lichten Pulverdampf

Daß Meduse sie nun trage,
Also ziehn sie durch die Straßen,
Die voll schöner Frauen saßen.

Gar mit herrlichen Tapeten
War behangen jedes Haus
Und aus jedem fiel ein Strauß,
Auf den Dächern klangen Flöten;
Also sie zur Kirche ziehen,
Um zu lohnen ihre Mühen.

Einen Ring von jener Kette,
Die der Liebling kühn zerbrach,
Schenkt sie ihm am Hochzeittag;
Schöne Schuld, welch Ehrenbette,
Selbst daß nun der Feind vernichtet,
Hat die Liebe ausgerichtet.

Knaben, Knaben bringet Mirthen,
Zündet Weihrauch vor dem Haus,
Schönheit endet' Winter - Graus,
Löst in Frühling die Verwirrten,
Gnade ist sie, schönes Wetter,
Und ihr Liebling eurer Retter.

Knaben, Knaben laßt uns toben
Diese Nacht ums frohe Haus,
Bringt ein Lebehoch hier aus,
Daß sie in der Stille droben
Für uns ruhen, für uns wirken
In den blaulichen Bezirken.

Denn so wie die Feier über,
Sie umfaßt der blutge Held,
Es vergeht ihm rings die Welt,
Und er schwebet gleich hinüber,

Wo erstorbner Helden Tugend
Neu entsprießt in ewger Jugend.
Keiner wagt sein Weib zu trennen,
Starr und todt umschließt er sie,
Und sie singt, so sang sie nie,
Bis sie kann den Tag erkennen,
Singt die Seele liebemüde
Aus in einem sel'gen Liede.

Aber sagen sie mir, fragte die Kranke, ist die Geschichte wirklich so ganz wahr? — Wir lachten. — Hats mir nicht geträumt, so ist es wirklich wahr. — Träumen? Mein werther Geschichtschreiber, da fällt mir eben ein, worauf ich mich so lange besonnen, haben wir sie nicht vor einigen Tagen Nachts beim Thore angetroffen, wo sie mit einem Gedichte über die Träume ihren verträumten Mantel auslösten. — Das bemerken sie erst jetzt? — Sind sie es wirklich? fragten einige. — Sie finden mich verändert, seit jener Nacht hat sich auch meine Lebensweise ganz verwandelt; einige Ahndungen überzeugen mich, daß in Europa nach ein Paar Jahren dieser wunderbare Zustand ohne Gegenwart dauern wird, der uns jetzt ängstigt, ein Freund verspricht mir Gelegenheit um die Welt zu segeln. Komm ich wieder, so habe ich meine Zeit nach bester Kraft genutzt und trete schuldlos in die neue Zeit von Europa. — Lassen sie uns wenigstens ihren Namen zurück, daß wir sie wieder erkennen, wenn der fremde Himmel sie gebeizt hat. — Ariel ist mein Name! —

Sechster Winterabend.

Geheime Geschichte.

Der Gesandte. Sie mögen in Massenbachs neuesten Werken viel berichtigen, noch mehr hinzufügen können, die eine Gerechtigkeit müssen sie ihm doch widerfahren lassen, daß er unter deutschen Generalen neuerer Zeit ...

Der Invalide. Verzeihen Sie, er war nur Oberst.

Der Gesandte. Also unter den Obersten, die wirklich mehr wissen konnten als die andern, hat er zuerst Lust gezeigt, Memoiren oder Erinnerungen während eines thätigen Lebens zu sammeln und darzustellen, sein Beispiel wird eine Kunst fördern, ohne welche die schönste That, nur zum Einfall eines Einzelnen und nimmer zur Entwickelung eines Volks wird, die noch Jahrhunderte fortlebt, eine Kunst, die bei uns eben so selten, als unter den Franzosen häufig ist. Es ist eine seltene Kraft etwas Erlebtes darstellen, weil in der Geschichte das Beste meist nicht wahr ist.

Der Invalide. Ey, kennen Sie nicht Berlichingens, Schärtlins, Zinzendorffs, Platers, Jungs,

Moritzens und Naturdichter Hillers Selbstbiographien.

Der Gesandte. Ey wohl, aber selbst unter diesen mühsam zusammengesuchten, sind doch eigentlich nur die drey ersten in einem großen öffentlichen Leben entstanden, die übrigen sind nur merkwürdig wegen der Eigenthümlichkeit und haben mit der Geschichte sehr wenig Berührung. Nun zählen Sie einmal die Memoiren der Franzosen von Ludwig dem Heiligen an?

Der Invalide. Und Friedrichs Memoiren dazu.

Der Gesandte. Die würde ich wie manche andre ausnehmen, es sind schätzbare geschichtliche Übersichten, in einer Zeit, die durch ihre Zeitungen hinlängliche Nachricht von den Ereignissen zu haben glaubt, es fehlt aber beinahe alles darin, was der König allein wissen konnte. Wie wenig und wie falsch aber die Zeitungen sind, das weiß jeder, der nur einer großen Begebenheit selbst nahe zugesehen und nichts erscheint dann lächerlicher, als die kritischen Auszüge der Professoren aus den Weltgeschichten, denn da will ich einen Eid ablegen von allen denen Zahlen und Ansichten die sie ausziehen, ist keine einzige wahr; unter den Einzelnheiten, die sie wie ausgedrückte Citronenhäute wegwerfen, bleibt hingegen das meiste unbezweifelbar und einzig der Mühe werth, sich um die Vorzeit zu bekümmern. Memoiren im weitesten Sinne sind das Wesen, das Höchste der Geschichte.

Der Invalide. Nun, ich meine, sie kommen auch einige Jahre zu spät mit ihren Warnungen gegen die Zeitungen, glaubt doch kein Mensch daran, sie sind ja nur vorhanden, daß jeder dem Übereinkommen gemäß seine eigenen Erwartungen und Wünsche damit erregen lassen kann, wie einen die Kinder bitten, wenn man sich ihnen einmal gut versteckt hat, noch einmal an denselben Fleck zu treten, damit sie das Vergnügen des Findens doppelt haben. Ich meine, es wird eine Geschichte unsrer Zeit künftig ganz unmöglich seyn, sie wird so da stehen wie die Völkerwanderung, ein Glück, wenn am Ende ein episches Gedicht den Geist, der sich aus dieser Gährung entwickelt, dem erhöhten menschlichen Geschlechte versinnlichen kann.

Der Gesandte. Sie sprachen da, als wenn Sie schon todt wären; warum lassen Sie untergehen was Sie allein berichtigen können? Doch kann ich Ihnen versichern, das viele öffentliche Geschreibe über die letzte Zeit, das Sie so gründlich hassen, ist mir ein guter Beweis, daß außer diesen noch eine Menge zur geheimen Geschichte unsrer Zeit sammeln.

Der Invalide. Es haben wenige genug Ausdauer und Achtung gegen ihre Zeit dazu.

Der Gesandte. Ich will nicht behaupten, was sich nicht beweisen läßt, aber ich will Ihnen heute, damit Sie es selbst thun, ein Geschichtsbild nach dem berühmten Freissart aufstellen, der die

Geschichte ganz als Memoiren behandelte wie Herodot, und mir als Vorbild einer geheimen Geschichte unsrer Zeit vorschwebt, die noch geschrieben werden muß. Alles suchte er, wie Herodot, an Ort und Stelle auszufragen, anzusehen; Reisebekanntschaften, Hofversammlungen, nichts ließ er unbenutzt um seine Chronik der merkwürdigen Zeit, die er durchlebte und die sicher nicht viel reizender für den unthätigen Beobachter als die unsre war, nach aller Eigenthümlichkeit den Nachkommen zu überliefern.

Der Invalide. Glauben Sie mir nur, die wichtigen Leute sind jetzt vorsichtiger und unwahrer gegen solche anerkannte Geschichtschreiber ihrer Zeit, Sie würden wenig herausbringen.

Der Gesandte. Nicht alle und nicht immer.

Die Frau vom Hause. Doch wissen Sie, daß Geschichte im strengsten Sinne von uns ausgeschlossen.

Der Gesandte. Das wollte ich erinnern; ich bin deswegen dem guten Freissart nicht so treu geblieben, wie er es sich gegen seine Erzähler beflissen; ich habe zusammengebracht, was mir taugte, mir war es mehr zu thun um das Bild der Zeit, einiger Männer und einer ihrer wunderbarsten Abentheuer, als um geschichtliche Vollständigkeit.

Olivier Clisson, Kronfeldherr von Frankreich und der Herzog von Bretagne.

Nach Freissarts Chronik.

Der Einzug unsrer Königin Isabel in Paris war endlich auf den Sonntag, den 21. Juny 1389, angeordnet. Da war solch ein Gedränge des Volks in und um Paris, daß es wunderbar anzusehen. Nach der Frühmette war die Versammlung der Edelfrauen und Herren, welche das Tragebett der Königin und ihrer Frauen begleiten sollten. Sie gingen vors Thor unter der Bedeckung von zwölfhundert Pariser Bürgern zu Pferde, die an beiden Seiten der Straße aufgestellt waren, alle in Leibfarbe mit Grün gekleidet. In einem bedeckten Tragbette zog zuerst gegen zehn Uhr die Königin Johanna ein mit ihrer Tochter, der Herzogin von Orleans, wohlbegleitet von Herren, durch die große Straße St. Denis und so kamen sie zum Schlosse, da erwartete sie der König. Darauf setzte sich der Zug der jungen Königin Isabel in Bewegung; alle Sergeanten und Offiziere des Königs hatten ihre Arbeit das Gedränge der Leute zu durchbrechen, es schien, als wenn die ganze Welt dahin beschieden sei. Das prächtige offene Tragbette der Königin wurde vorauf geführt von den Herzögen von Touraine und Bourbon, in der Mitte von den Herzögen von Berry und Burgund, zum Schlusse von

Messire Peter von Navarra und dem Grafen Astrenant. Darauf kam auf einem reich geschmückten Zelter die Herzogin von Touraine, eine Princessin von Mailand, die auch zum erstenmal in Paris eingeführt wurde, von den Grafen Lamarche und Nevers im feierlichen Schritte begleitet. Auf den unendlichen Zug der übrigen konnte niemand mehr Achtung geben, es war der Adel der halben Welt, doch sahen viele auf Olivier Clisson, Kronfeldherrn von Frankreich, die Stütze des königlichen Hauses. Gleich an dem ersten Thore von St. Denis war ein gestirnter Himmel ausgespannt, darin junge Kinder gehängt, gekleidet nach Art der Engel. Diese Kinder sangen gar sanft und melodisch und dabei war ein Bild unsrer gnadenreichen Frau, die ihr kleines Jesuskind trug, welches künstlich mit einer kleinen Windmühle spielte, aus einer großen Nuß gemacht. Dieser Himmel war aber sehr hoch und reich verziert mit dem Wappen von Frankreich und Bayern (woher die Königin abstammte) und einer glänzenden Sonne. Die Königin und ihre Damen, indem sie hindurch zogen, sahen das besonders gern, so auch alle andern, die nachfolgten. Nachdem sie das gesehn, kam die Königin in kleinem Schritt zu dem Springbrunnen in der Straße St. Denis, welcher mit himmelblauem Tuche belegt war, worauf goldne Lilien gestickt, die Seulen aber umher mit den Wappen mehrerer edlen Familien geziert; der Springbrunnen sprützte Wein in großen

Strahlen, welchen schöne reich gekleidete Mädchen mit goldnen Hüthen bei gar sanftem Gesange in goldnen Pokalen jedem darboten, der zu trinken Lust hatte. Die Königin hielt da stille, sah sehr gerne dahin, freute sich der guten Anordnung und so thaten alle Damen, die ihr nachfolgten. Bei dem Münster der Dreieinigkeit war weiterhin ein Gerüste erbaut, und darauf ein Schloß, worin die Sarazenen mit ihrem Sultan Saladin vom König Richard angegriffen wurden, nachdem dieser sich von einem, der den König von Frankreich in der Mitte seiner zwölf Pärs vorstellte, die Erlaubniß dazu erbeten. Da wurde wacker gefochten, und es dauerte eine gute Zeit; aber alle sahen es sehr gern. Darauf kam die Königin an das zweite Thor St. Denis, wo wieder ein reicher Himmel angebracht war, Gott Vater, Sohn und heilger Geist saßen darin, kleine Kinder sangen sehr süß und sanft, zweie kamen herab und setzten der Königin eine Krone von Gold, reich mit Steinen, aufs Haupt, indem sie diese Verse sangen:

Schönste Lilje unter Liljen,
Königin des Paradieses,
Sieh wir bringen dir die Krone,
Gieb uns einen Blick zum Lohne.

Die Königin sah sie mit vielem Vergnügen recht lange an, und als sie sich satt gesehen, ging der Zug weiter nach der St. Jakobskapelle, wo viel edle Frauen und Herren auf einem Gerüste standen, das nach Art eines Zimmers mit Hautelissen umzogen war, worauf viele Geschichten abgebildet, inwendig spielten viele Orgeln sehr angenehm; ich verwunderte mich aber über den Reichthum an Tapeten, es war als wenn man sie für nichts bekäme, oder als wenn man in Alexandrien wäre. Bei dem Schlosse von Paris war ein kleines Schlößchen erbaut von Holz, darauf standen bewaffnete Männer und in der Mitte saß auf einem Stuhle, welcher der Gerichtsstuhl hieß, die heilige Anne, da flogen Vögel und liefen Hasen in aller Sicherheit; darauf kam ein weisser Hirsch vor den Gerichtsstuhl und ihm nach sehr stolz ein Löwe und ein Adler, zwei junge Mädchen stellten sich mit gezognen Degen vor den Hirsch, ihn zu vertheidigen und das sah die Königin sehr gern. Die Brücke war auch mit einem Himmel grün und leibfarben gedeckt. Es war schon finster, ehe die Königin nach der Kirche unsrer lieben Frauen kam, vorher aber war ihr noch ein wunderbares Schauspiel bereitet. Ich will erzählen, wie es eigentlich damit zuging: Ein Genueser Künstler hatte ein Strick an dem Hauptthurm von Notre Dame befestigt, der über viele Häuser nach der Brücke St. Michel hingeführt war, mit zwei Lichtern in der Hand hing er sich an dieses Strick und kletterte es singend hinunter; da es aber zu dunkel war, um das Strick zu sehen, so konnte es kein Mensch begreifen. Die Königin ging darauf in die Kirche, die schön erleuchtet war; sie betete knieend vor dem Altare, schenkte darauf vier Goldstoffe und die am Thore erhaltene Krone in den Kirchenschatz und erhielt dafür vom Erzbischof eine prächtige Krone aufgesetzt. Darauf zog sie bei dem Scheine von fünfhundert Fackeln nach dem Schlosse, wo sie vom Könige, von der Königin Johanna und der Herzogin von Orleans, ihrer Tochter, empfangen wurde, die andern Frauen wurden darauf jede von ihren Herren zu Hause gebracht. Darauf erschienen die Bürger von Paris, vierzig der besten, alle in gleichem Tuch gekleidet, vor dem König; zwey starke Männer, als Magier angezogen, brachten auf einer Trage allerlei Geschenke. Die Bürger sagten: Sehr edler Herr und König, die Bürger von Paris übergeben euch alle Kostbarkeiten auf dieser Trage. Der König sagte: Großen Dank, ihr guten Leute, sie sind schön und reich. Da empfahlen sich die Bürger und der König sagte zu Messire Wilhelm Lordes: Laßt uns einmal die Geschenke näher betrachten. Da fanden sie sechzehn Gefäße von Gold, die 150 Mark Goldes wogen. — Nachher gingen die Bürger zur Königin mit einer andern Trage, die von zweyen Leuten, der eine als Bär, der andre als Einhorn gekleidet, hineingebracht wurde, sie war wohl 300 Mark Goldes und Silbers werth. Eine dritte, von zweyen nachgemachten Mohren getragen, brachte eben solche Geschenke von 200 Mark an die Herzogin von Touraine, die gar sehr darüber erfreut war und sehr groß und weise darauf antwortete.

Bei diesem festlichen Einzuge hatte der Herzog von Touraine die Bekanntschaft eines edlen Fräuleins durch einen glücklichen Zufall gemacht, sie fiel ihm von einem kleinen Gerüste, das eingebrochen, in die Arme. Er nahm sich ihrer an und kam in der Folge oft in ihr Haus, verliebte sich aber so schnell, als es ihm noch nie begegnet war, ungeachtet er immer schöne Mädchen gern gesehen hatte. Er hatte nur einen Vertrauten, Peter Craon, ein angesehener Edelmann, der zwar wegen einer Veruntreuung an den König von Sicilien in übler Nachrede stand, aber bei dem königlichen Hause, besonders bei den Herzögen von Burgund, Touraine und Bretagne sehr vertraulich einging. Einmal hatte ihm der Herzog von Touraine erzählt, daß er dem Fräulein 1000 Goldkronen für ihre Gunst geboten. Sie hätte sich aber erzürnt und ihm erwidert, daß sie weder für Gold noch Silber ihre Ehre verkaufe, sondern für gute Liebe. — Einige Tage darauf ließ die Herzogin, die sehr eifersüchtig war, dies junge Fräulein zu sich kommen; sie war allein; die Herzogin sprach zornig: Wie, ihr wollt mir meinen Herrn abspenstig machen? Das junge Fräulein erschrak und antwortete weinend: Ach nein, gnädige Frau, Gott behüte! Ich wage nicht dran zu denken. — Da ergrif die Herzogin wieder ihre Rede: Es ist doch so, ich weiß, daß mein Herr euch liebt, und ihr ihn, und die Angelegenheit ist schon so weit, daß er euch vor vier Tagen im Garten tausend Goldkronen versprach, damit ihr seinen Willen thätet. Ihr habt es ausgeschlagen und daran thatet ihr sehr recht und tugendsam und darum vergeb' ich euch diesmal; aber so lieb euch euer Leben, sprecht nie mehr mit ihm, doch gebt ihm den Abschied selbst mündlich. Das Fräulein, die sich mit Wahrheit angeklagt, in Gefahr des Lebens sah, antwortete: Gnädige Frau, ich will mich frei machen und alles so einrichten, daß ihr nie ärgerliche Zeitung von mir hört. — Hierauf entließ sie die Herzogin und sie kehrte nach Hause tiefgekränkt und schamroth zurück. Der Herzog von Touraine, der von dem allen nichts ahndete und das Fräulein zum Verbrennen liebte, kam gleich darauf zu ihr. So wie sie ihn erblickte, floh sie davon, ohne alle Zeichen der Liebe, die sie sonst gegeben. Als der Herzog dies Betragen sah, folgte er ihr nachdenkend und wollte durchaus die Ursach wissen. Endlich brach das Fräulein in Thränen aus und klagte: Gnädiger Herr, entweder habt ihr unsre Geheimnisse der Herzogin verrathen, oder ein andrer für euch. Ich war in großer Gefahr bei ihr, denkt nach, wem ihr vertraut, ich habe ihr schwören müssen, euch nur einmal wieder zu sprechen, um von euch auf immer Abschied zu nehmen: das sey jetzt. — Den Herzog kränkte diese harte Rede gar tief, er sprach: Schönes Fräulein, eh ich euch verrathen, hätte ich lieber hundert tausend Franken ins Wasser geworfen; habt ihr geschworen, so müßt ihr freilich euer Wort halten, doch, was es mir koste, die Wahrheit will ich herausbringen, wer unser Geheimniß verrathen. — Der Ärger machte den Herzog ganz kalt und hart, so ließ er das junge Fräulein für jetzt in Frieden. — Den Abend ging er zur Herzogin, er speiste mit ihr allein und zeigte ihr mehr Schein von Liebe, als er ihr sonst wirkliche gewährt hatte; er war so entgegenkommend in schönen Reden, daß die Herzogin es ihm bald verrieth, daß sie es von Peter Craon erfahren, als sie ihm Vorwürfe gemacht, wie er ihn zu allen heimlichen Vergnügen begleite; er hätte sich dadurch bei ihr einen bessern Namen und Freundschaft sichern wollen. Die Nacht ging recht schön vorüber, der Herzog dachte im Dunkeln an sein Fräulein. Morgens um neun saß der Herzog schon zu Pferde und kam zum Louvre, als der König eben Messe hören wollte. Der König empfing ihn freundlich, denn er liebte ihn sehr; gleich sah er an des Herzogs Bewegungen, daß er heftig erzürnt sey. Ey Bruder, was fehlt euch? — Gnädger Herr, antwortete der Herzog, wenn ich es nicht euretwegen unterließe, so möchte ich einen umbringen, und darauf erzählte er alles ausführlich. — Ihr sollt ihn nicht umbringen Peter Craon, sagte der König, aber ich lasse ihm gleich sagen, daß er mein Schloß räumt, er ist seiner Dienste entlassen, so thut desgleichen. — Das wurde gleich durch die Marschälle an Peter Craon berichtet, der wünschte eine Unterredung mit dem

Herzoge, um die Ursache zu erfahren, es wurde ihm abgeschlagen. So eilte er denn nach Bretagne, wo er den Herzog in Vennes fand, ihm sein sonderbares Schicksal vorzutragen. Der Herzog, den unaufhörlich der alte Haß gegen Olivier Clisson wegen der Befreiung des jungen Johann von Bretagne nagte, meinte: Beruhigt euch, lieber Vetter, das kommt alles von Olivier Clisson und wir wollen uns schon an ihm rächen.

Peter Craon dachte dort einen wunderlichen Plan aus, sich an dem Kronfeldherrn zu rächen, wobei er zu seinem Schutze theils die Trennung in dem königlichen Hause, theils die Engländer benutzen wollte, die Olivier entsetzlich haßten wegen des vielen Schadens, den er ihnen schon zugefügt hatte. Craon hatte ein schönes Ritterhaus in Paris, nahe dem Kirchhofe des H. Johann. Das ward von einem Schließer bewacht, dem er befahl, Fleisch, Wein und andre Bedürfnisse, auch Rüstung und Waffen für vierzig Männer einzukaufen, aber alles heimlich. Der Schließer that das, wie er es schuldig zu thun, ohne Argwohn wozu. Indessen schickte Craon je zwey und drey seiner Cameraden zu Pferde nach seinem Hause, ohne ihnen seine Absicht zu verrathen, er sagte nur, daß sie alle Bequemlichkeit in seinem Hause finden würden und daß er sie brauchte, er wolle sie gut bezahlen.

Zu Pfingsten waren vierzig der kühnsten Männer dort beisammen, da kam er selbst heimlich an, befahl dem Thürsteher, weder Mann noch Frau hinauszulassen, oder er würde ihm die Augen aus dem Kopf stechen, sonst wäre seine Ankunft sicher durch die Frauen oder Kinder auf der Straße erzählt worden. So blieb es bis zum Tage der Einsetzung des Abendmahls, wo der König in seinem Schlosse großen Hof annahm; da war die Königin und die Herzogin von Touraine in großer Pracht, nachher wurde ein großes Gestech gehalten, worin Wilhelm von Flandern den Preis erhielt, worauf jeder zu Abend, wer von den Rittern wollte, beim Könige essen konnte. Nach dem Essen dauerte der Tanz bis ein Uhr, Olivier Clisson und der Herzog von Touraine waren die letzten im Schlosse. Clisson fragte, ob der Herzog mit ihm reiten würde. Der Herzog antwortete: Kronfeldherr, ich weiß es noch nicht, ob ich nicht hier bleibe, laßt euch nicht aufhalten, es ist wohl Zeit aufzubrechen. Gute Nacht. — Der Herzog fand seine Pferde und Leute, es waren ihrer acht, mit zwey Feuerbränden auf dem Schloßplatze, er stieg auf, die Feuerbrände wurden ihm vorgetragen. Peter Craon, der alles wohl ausspionirt hatte, wartete am Kreuzwege bei St. Katharinen mit seinen vierzig schwer bewaffneten Reisigen, von denen nur ein Paar um die ganze Sache wußten. — Clisson sprach gerade mit seinem Stallmeister: Ich habe morgen den Herzog von Touraine, Coucy und andre bei mir zu Mittag, es soll nichts gespart werden, sorgt daß alles treflich sey. —

In dem Augenblicke ritt Craon mit seinen Leuten, ohne ein Wort zu sagen, durch die Leute Clissons bis zu dem Fackelträger und warf die Fackeln zu Boden. Clisson meinte, es wäre der Herzog von Touraine; er wendete sich zu ihm und sprach: Gnädiger Herr, ihr thut nicht wohl daran, doch ich verzeih euch, ihr seyd jung und bei euch ist alles noch Spiel. — Bei diesen Worten zog Craon seinen Degen und rief: Ein Spiel auf Tod und Leben; zum Tod, zum Tod, Clisson, hier mußt du sterben. — Wer bist du denn, fragte Clisson, der du solche Reden führst? — Ich bin Peter Craon, dein Feind, du hast mich oft erzürnt, daß ichs dir hier eintränken muß. Vor, vor, rief er seinen Leuten, ich hab ihn hier, nach dem mir verlangte. — Bei diesen Worten hieb und stieß er nach ihm; der Kronfeldherr hatte nichts als ein langes Messer, etwa zwey Fuß in der Länge, zu seiner Vertheidigung, das zog er und vertheidigte sich damit; seine Leute waren unbewaffnet und wurden bald zerstreut. Craons Leute fragten: Sollen alle sterben? — Die sich widersetzen, antwortete Craon. Nun war aber von einigen der Kronfeldherr erkannt worden, sie erschraken so sehr, daß ihre Hiebe kein Gewicht hatten: in einem Verrathe ist keiner dreist, doch konnte ihn nur Gott schützen; ein Hieb auf den Kopf stürzte ihn vor einem Beckerladen nieder. Der Becker war auf, um sein Brodt zu besorgen, er hatte das Rappeln der Pferde, auch einzelne Worte gehört, machte seinen Laden etwas auf, Clisson schlüpfte hinein; die zu Pferde konnten nicht folgen, weil sie nicht wagten abzusteigen, auch achteten sie den Hieb über den Kopf tödtlich. Craon rief: Fort mit uns, ihn hat ein guter Arm getroffen! — Sie ritten durch das Thor St. Anton fort, immer zu nach der Burg Craons. Merkwürdig ist es, daß es Clisson war, der nach seinem Siege von Rosenbeck die Pariser entwafnete, die bloß ihrem jungen Könige ihre Pracht und Mächtigkeit zeigen wollten, weil er solche noch nicht gesehen, auch die Bürger sehr hart abgeschätzt hatte, auch die Thore und Gitter ausheben ließ, um zu jeder Zeit Reisige einführen zu können, wodurch allein diese Unthat möglich wurde.

Die Leute Oliviers sammelten sich bald vor dem Hause des Bäckers, sie waren wenig beschädigt, da sie unbewaffnet und alles gegen den Herrn gerichtet war; sie fanden sein Gesicht ganz mit Blut bedeckt, da ward Schreien und Wehklagen, daß es bald zu den Ohren des Königs kam, der eben ins Bette steigen wollte. Ha, Sire, riefen seine Diener, wir können euch die große Unthat nicht verbergen, die eben in Paris geschehen! — Welche Unthat? — Der Kronfeldherr ist ermordet! — Ermordet? Von wem? — Sire, keiner weiß es; er liegt aber ganz nahe in einem Bäckerladen. — Fackeln her, rief der König, ich will ihn sehen! warf einen Mantel über, Diener und Wache sprangen mit Fackeln voraus, die schon schliefen, ihnen nach, an Kammerherren waren nur zwey, Gautier Martel und Johann Lignac dabei. So kam der König in das Zimmer des Bäckers; er fand Clisson so, wie ihm gesagt, aber noch nicht todt, er war von seinen Leuten ausgezogen, um seine Wunden besser zu besorgen. Des Königs erstes Wort war: Kronfeldherr, wie fühlt ihr euch? — Mein theurer König, antwortete er, sehr schwach! — Und wer hat euch also gethan? — Sire, Peter Craon, verrätherisch. — Kronfeldherr, ich schwöre euch, nie soll eine Unthat so bestraft worden seyn! — Da kamen die Ärzte und Chirurgen, der König beschwor sie, ihm gleich den Zustand des Verwundeten anzuzeigen. Sie versicherten darauf aus einem Munde, keine der Wunden sey tödtlich, in vierzehn Tagen könne der Feldherr wieder sein Pferd besteigen. Da ging erst der König zu Hause, befahl auch gleich den Verräthern nachzusetzen, die aber in aller Sicherheit in Bretagne ankamen. Der Herzog von Bretagne hatte bei Craons Ankunft schon die Nachricht, daß Clisson noch lebe, und empfing ihn mit den Worten: Ihr seyd ein Jammerhahn, daß ihr nicht einmal zu vierzig einen Menschen todt machen könnt. — Alle höllische Teufel müssen ihn beschützt haben, rief Craon, er hat wenigstens sechzig Lanzenstiche bekommen und wäre er nicht in den Bäckerladen gefallen, so hätten ihn die Pferde zertreten. — Für jetzt ist es nicht zu ändern, sagte der Herzog, ich werde Krieg mit dem Könige bekommen, aber ich halte mein

Wort, euch zu beschützen. — Clisson, der an seinem Aufkommen zweifelte, machte indessen sein Testament, da fand sich, daß er ein ungeheures Vermögen über 170,000 Franken unabhängig von seinen Lehen hatte. Das machte großes Aufsehen bei den Herzogen von Berry und Burgund, die zu seiner Gegenparten gehörten: Wo Teufel, sagten sie, kann der Kronfeldherr alles das Geld zusammengebracht haben, das geht nicht mit rechten Dingen zu! — Das ging vorüber; aber als der Herzog von Bretagne die Auslieferung Craons verweigerte, der König aber ernsthafte Anstalten zum Kriege machte, da erklärten sie laut, es sey ein unsinniger Krieg, der sich nicht gut enden könne. Zu dieser Zeit nahm der Herzog von Touraine den Titel Herzog von Orleans an. Er war ein treuer Freund Clissons geworden. Craons Ritterhaus wurde auf Befehl des Königs geschleift und zum Kirchhof St. Johann eingeschlossen. Sobald Olivier Clisson hergestellt war, ordnete der König seinen Kriegszug an, ungeachtet er zu der Zeit etwas unwohl war. Die Herzöge von Berry und Burgund suchten indessen alle Anstalten zu verspäten, es war in allem ein unerträgliches Zögern, was die Leute eben so gut, als der König wahrnahmen. In Mans kamen seine beiden Oheime zu ihm und baten ihn dort zu verweilen, seine Gesundheit hätte sehr gelitten. Der König antwortete: Ich befinde mich auf dem Zuge besser, als wenn ich liegen bliebe, wer mir dagegen redet, liebt mich nicht. — Die Oheime sprachen unter sich, es könne nicht so bleiben, daß der König gar keinen Rath von ihnen annehme! — Sicher wäre der Herzog von Bretagne verloren gewesen, er hatte sich zu oft der Krone widersetzt und Engländer ins Land gerufen, wenn nicht ein sonderbares Abentheuer den ganzen Kriegszug unterbrochen hätte. Der Tag, wo der König von Mans ausritt, war sehr heiß, und so mußte es wohl seyn, da in der Mitte des Heumonats die Sonne in senkrechter Wirkung und die Natur in alleräussersten Kraft ist. Der König war in Mans von steten Rathen und Gegenrathen sehr erschöpft, der Unfall gegen seinen Kronfeldherrn hatte ihn schon früherhin tiefsinnig gemacht und sein Nachdenken abgemartert, auch hatte ihn schon längere Zeit ein unbestimmtes Übelbefinden angegriffen. An dem Walde bei Mans erhielt er nun ein sehr großes Zeichen, worüber er wohl seinen Kriegsrath hätte berufen sollen. Er war etwas voraus geritten, da warf sich ein Mann in bloßem Haupte und Beinen, einzig mit einem schönen weissen Kleide bedeckt, durch zwei Bäume in die Zügel seines Pferdes und sagte ihm: König, reite nicht weiter, kehr zurück, du bist verrathen! — Das erschütterte den König, er schauderte und das Blut lief unter einander. — Seine Reisigen sprangen zwar gleich zu und klopften den fremdartigen Mann stark auf die Hände, der das Pferd angefalten, doch achteten sie seiner, als eines Narren, nicht weiter, hätten aber wohl den Mann festnehmen, und ihn erforschen sollen, woher ihm diese Reden gekommen. Gewiß ists, daß man nie von dem Manne weiter gehört hat. Clisson war noch schwach von seinen Wunden und deswegen nicht so weit voran. Die Sonne stieg immer glänzender in Strahlen auf, der König und sein Gefolge ritten gegen Mittag aus dem Walde hervor auf eine weite sandige Ebene. Die Pferde tropften von Schweiß, auch die Gewohntesten des Waffentragens waren von der Hitze gedrückt, die ohne kühlen Wind träge auf ihnen ruhete; die Herren ritten in dem Sande verschiedene Wege in einiger Entfernung vom Könige, um ihm keinen Staub zu machen; die Herzöge von Berry und Burgund zur linken Seite sprachen mit einander in einer Entfernung von zwey Äckern, die andern Herren, der Graf von der Mark, Jakob Bourbon, Karl Labreth, Philipp Artois, Heinrich und Philipp Bar, Peter von Navarra zur rechten Seite einzeln, keiner dachte daran oder gab Achtung, was hier mit dem höchsten Haupte, ihrem Könige, sich begab. Gottes Einwirkung, seine Zuchtruthen, sind furchtbar allen Wesen. So sehn wir im alten Testamente am Nabuchodonosor, König der Assyrer, über den lange Zeit niemand in der Welt ging, daß Gott der Herrscher Himmels und der Erde ihm Verstand und Reich nahm. In diesem Zustande blieb er sieben Jahre und lebte von Eicheln und Holzäpfeln nach Art der Schweine. Und als er diese Buße gethan, gab ihm Gott Gedächtniß und gesunden Verstand zurück; da sagte er Daniel dem Propheten: Über den Gott Israels gehe nichts. Um alles zu sagen, Gott Vater, Sohn und heiliger Geist, alle in Einheit des Namens und des Wesens bleiben ewig in gleicher Macht, wie sie je waren, und so muß man sich über nichts verwundern, was nun geschehn wird. — Ich komme auf den König zurück, dem die Ärzte, die ihn am besten kannten, das Reiten in solcher Hitze widerrathen hatten, und der es doch damals in der größten Sonnenhitze gethan, bekleidet mit einem schwarz sammtnen warmen Rocke, ein brennend rothes Barret mit Perlen auf seinem Haupte, das ihm die Königin zum Abschiede verehrt. Hinter ihm ritt ein Page in einem Stahlhelme, an dem die Sonne glänzte, hinter diesem ein anderer Page, der eine Lanze mit vielfarbiger Seide umflochten für den König trug. Diese Lanze war von feinem Stahl und breit; Herr von Riviere hatte ein Dutzend der Art dem Könige aus Toulouse zum Geschenke mitgebracht, der sich mit seinen Brüdern darin theilte. So wie nun Kinder und Pagen sind, so vergaß sich der, welcher die Lanze trug, und schlief in der drückenden Hitze auf dem Pferde ein, die Lanze fiel auf den Stahlhelm des vorderen und die beiden Waffen erklangen hell an einander. Der König, der so nahe ritt, daß die Pferde einander fast auf die Hacken traten, fuhr auf, sein Geist drängte sich zurück, er dachte an den

Kronfeldherrn, wie der angefallen, an die Warnung des wunderbaren Mannes Morgens, so glaubte er sich von Feinden umgeben, die ihn tödten wollten. Er zog seinen Degen, drehte sein Pferd und spornte es gegen seinen Pagen und rief: An, an auf die Verräther! Die Pagen sahen den König sehr erzürnt und hüteten sich, weil sie durch ihre Nachlässigkeit Ursach gegeben, sie sprengten ab nach allen Seiten. Auf den Herzog von Orleans, der nicht weit davon ritt, jagte er darauf mit gezognem Schwerdte los, es war Wahnsinn und Herzensschwäche, er wußte nicht mehr, wer sein Bruder oder sein Onkel. Der Herzog wich ihm schnell aus, der von Burgund bemerkte jetzt, daß der König seinen Bruder mit bloßem Degen verfolgte, und rief ganz geschreckt: Herr! welch Mißgeschick, der König ist ganz verwildert. Herr Gott, haltet ihn fest. Flieht, schöner Vetter von Orleans, der König will euch umbringen! — Der Herzog von Orleans floh, was sein Pferd laufen konnte, Ritter und Stallmeister hinterher schrieen, die weiter zur Rechten oder Linken meinten, daß man einen Wolf oder Hasen jagte, sie wollten auch dabei seyn, bis sie hörten, daß der König übergeschnappt. Der Herzog rettete sich durch schnelles Wenden seines Pferdes, auch halfen ihm die andern, die den König umringten, bis er matt seyn würde, und auf den er hieb, der hielt es ruhig aus oder ab, und wurde zwar keiner tödtlich verwundet, doch mancher heruntergehauen.

Zum Schluß, als er sehr müde und abgearbeitet war, sein Pferd auch erschöpft und in Schweiß gebadet, da umarmte ein Normännischer Kammerherr, Wilhelm Martel, den König von hinten, den Degen in der Hand, und hielt ihn fest. Die andern Ritter näherten sich und nahmen ihm den Degen, es näherten sich seine drey Oheims und sein Bruder, er kannte sie aber nicht mehr, die Augen drehten sich ihm im Kopfe, er sprach mit niemand. Man zog ihn aus und brachte ihn in einem Tragebette nach Mans. Strafen konnte man ihn nicht, es war nicht seine Schuld, Gott wollte es also. Der ganze Kriegszug wurde gleich aufgegeben und abbestellt. In Mans kamen die Ärzte zusammen, da wurde gesprochen, der König sey vergiftet und behext um das Reich zu zerstören; die Ärzte aber sagten, er hätte schon lange eine Anlage zu diesem Übel gehabt. Der Herzog von Burgund rief: Möchte doch Clisson lieber gestorben seyn, ehe dem König dies Unglück angestoßen, wir werden nun die Schuld tragen. Dann fragte er: Wie hat der König heute gegessen und getrunken? Waret ihr gegenwärtig? — Bei Gott ja, antworteten die Ärzte, er aß und trank wenig und dachte nur an seine Angelegenheiten. — Und wer gab ihm zuletzt zu trinken? fragte der Herzog. — Wir waren gleich vom Tische aufgestanden, das müssen die Schenken und Kammerherren wissen. — Robert Lignac gab ihm zu trinken, sagte Robert Tulles; der wurde gerufen. — Man fragte ihn, woher er den Wein gehabt, den er dem Könige gereicht, ehe er zu Pferde gestiegen. — Er antwortete, von Robert Tulles. — Es ist wahr, sagte dieser, und wir wollen gleich mit dem Weine an uns einen Versuch machen, daß er nicht vergiftet gewesen, es ist noch davon übrig. Der Herzog von Berry sprach darauf: Wir reden um nichts und wieder nichts, der König war mit schlechtem Rath vergiftet und behext, jetzt ist davon nicht Zeit zu sprechen.

Durch den Entschluß der drey Stände wurde den Herzogen von Berry und Burgund die Regierung während der Krankheit des Königs übertragen. Ein sehr erfahrner Arzt, Wilhelm von Harsely, sagte, als ihm der Fall vorgetragen, es kommt von der Schuld der Mutter! Er wurde sein Oberarzt. Dem Herzog von Bretagne und Peter Craon fiel ein Stein vom Herzen bey dieser traurigen Nachricht. Der Pabst sagte, daß die Krankheit von unmäßiger Anstrengung entstanden und daß die sollten bestraft werden, die ihn in der Jugend nicht besser gewöhnt. Dem Grabe des heiligen Aquoire wurde in Arras ein Wachsbild von der Gestalt des Königs, auch eine große Wachsfackel geschickt, worauf sich die Krankheit in ihrer Wuth milderte. — Die Herzöge von Berry und Burgund suchten nun alle ehemaligen Rathgeber und Lieblinge des Königs zu entfernen; sie konnten Clisson es nicht verzeihen, daß jener Betisach hingerichtet worden, der das Land für den Herzog von Berry aussog. Clisson ahndete nichts davon, er ging zum Herzoge von Burgund, sobald dieser seine Stelle angetreten, bloß von einem Stallmeister begleitet. Er fand im Vorzimmer zwey Ritter, die ihn anmeldeten. Der Herzog sprach eben ganz müßig mit einem Herold über ein Fest, das in Deutschland gefeiert worden. Nun bey Gott sagte der Herzog, laßt ihn herein kommen, wir haben gerade Zeit anzuhören, was er uns Gutes sagen wird. — Als der Herzog den Kronfeldherrn hereintreten sah, veränderte er seine Farbe, es reute ihm, daß er ihn vor sich kommen lassen. Clisson nahm seinen Huth ab, verbeugte sich und sprach: Ich bin zu euch gekommen, um von euch den Zustand des Landes zu erfahren, wegen meines Amts bin ich immer darum befragt. Wollet mir dies beantworten, da ihr und der Herzog von Berry in der Stelle des Königs regiert. Der Herzog antwortete ihm hart. Clisson, Clisson ihr habt euch nicht weiter um den Zustand des Reichs zu bekümmern, ohne euch wird es viel besser regiert. Zur bösen Stunde habt ihr euch drein gemischt. Wo Teufel habt ihr so viel Geld zusammen geschleppt, als euer Testament angezeigt hat. Weder ich, noch mein Bruder, der Herzog von Berry haben zusammen je so viel besessen. Fort aus meiner Gegenwart, daß ich euch nie wiedersehe, wär's nicht wegen meiner Ehre, ich ließ euch die Augen ausstechen. — Bei diesen Worten ging der Herzog aus dem Zimmer und ließ Clisson stehen, der endlich auch mit gesenktem Haupte hinausging, keiner begleitete ihn; er fraß den Ärger in sich, ging auf den Hof, stieg zu Pferde und ritt nach Hause ohne ein Wort zu sprechen. Abends ging er durch eine Hinterthür seines Ritterhauses mit zweyen sichern Leuten durch das Thor St. Anton nach Montleheri, sieben Stunden von Paris; des andern Tages kam der Befehl ihn festzunehmen; als sie seine Entfernung erfuhren, schickten sie vier Kapitäns mit drey hundert Lanzen auf verschiednen Wegen ihn zu tödten oder zu fangen. Er wurde aber durch gute Freunde zeitig gewarnt und kam glücklich nach seinem festen Schlosse Josselin in Bretagne; die Bewaffneten durchsuchten Montleheri mit großer Vorsicht und brachten den Herzögen die Nachricht, daß sie nichts gefunden. Darauf wurde er durch Beauftragte des Parlaments eingeladen, in Paris bey Verlust der Ehre und Verbannung sich zu stellen. Sie kamen in die Dörfer und Städte Clissons und fragten, wo der Kronfeldherr wäre, sie wären vonseiten des Königs und seines Raths geschickt. Seine Leute, die wohl unterrichtet waren, sagten ihnen Willkommen und sie wollten sie gern hinführen, wo er jetzt wahrscheinlich sich aufhalte. So wurden sie von Ort zu Ort vergebens herumgeführt, bis sie es überdrüßig wurden und zurückkehrten, ihren Bericht abzustatten. So ward er vom Parlament als ein wiederspänstiger Verräther aus dem Reiche verbannt, zu hundert tausend Mark Strafe verdammt und für immer der Kronfeldherrnstelle untüchtig erklärt. Der Herzog von Orleans wollte nicht bey diesem Gerichte gegenwärtig seyn, er hätte aber auch sicher nicht hindern können, daß dieser berühmte Ritter, wenn er erschienen wäre, für seine großen Dienste, die Frankreichs Ehre erhalten, hingerichtet worden wäre. So war es denn Recht, daß Clisson dem Herzog von Bretagne und Peter Craon diese Freude nicht machte. Zwey andre Räthe des Königs, La Mercie und La Riviere waren in großer Gefahr hingerichtet zu werden, wenn nicht des Königs Herstellung sie errettet hätte. Der König blieb auch nachher schwach und ein Theil der Regierung in den Händen der Herzöge; sein Arzt rieth ihm möglichst alle Sorge abzunehmen, so blieb Clisson verbannt. Aber das Vergnügen wollte dem Könige noch weniger gedeihen, denn bei einer Hochzeit verkleidete er sich mit fünf andern den Damen zu gefallen als Wilder, in Kleidern, die mit Flachs vollgeklebt waren. Der Bastard von Foix warnte wegen der Fackeln und sie wurden auf Befehl alle vorher entfernt. Doch der Herzog von Orleans trat unerwartet mit Fackeln herein, er wollte die Verlarvten erkennen und näherte eine Fackel zu sehr. Das Feuer ergriff die Kleider, der Bastard schrie, indem er verbrannte, rettet den König, der nur durch diesen Ruf und durch die Herzogin von Berry errettet wurde, die ihn vorher festgehalten um seinen Namen zu wissen. Der Graf Nanthoillet löschte seine Kleider, indem er sich in eine Wanne warf, wo Gläser gespült wurden; viere verbrannten mit entsetzlichem Geschrei; wegen des vielen fließenden Pechs, worauf das Flachs befestigt, verbrannten sich alle die Finger, die jenen helfen wollten. Das Volk sah dies als ein drittes großes Zeichen an, daß sich der König alles jugendlichen Übermuths enthalten sollte.

Bald darauf erhielt Clisson die Nachricht, daß Coucy die ihm angetragene Stelle als Kronfeldher aus Achtung gegen ihn ausgeschlagen, daß aber nun der Graf von Eu damit bekleidet. Er selbst war jetzt mit der Fehde gegen seinen Feind, den Herzog von Bretagne, beschäftigt; er sprach nicht dagegen, doch gab er den Hammer nicht ab. Dieser Krieg wurde grausam geführt, da war keine Gnade von keiner Seite, der Herzog kannte die furchtbare Größe seines Gegners und wagte nicht ihm im freien Felde zu begegnen, er schloß sich mit der Herzogin in Rennes ein, Clisson schwärmte umher und plünderte. Die ersten Häuser, die ihre Lehen vom Herzoge trugen, wagten es nicht gegen Clisson sich zu waffnen, sie entschuldigten sich bei den Aufforderungen des Herzogs, daß der Krieg sie nichts anginge, doch erboten sich alle, den Krieg, wenn es möglich, beizulegen. Als der Herzog sah, daß er nichts auf sie gegen Clisson vermöchte, gab er zu, daß sie ihn zu einer Unterredung einladeten. Die Herren von Rohan, Digne und Lyon kamen zu

Olivier Clisson nach mancher Mühe, und sagten ihm die Absicht des Herzogs, und wie sie zum Unterpfande im Schlosse Josselin bleiben wollten, während er eine Unterredung mit dem Herzoge hätte. Darauf antwortete Clisson: Lieben Herren, was gewönnet ihr durch meinen Tod, der Herzog ist zu grausam! Will er mir seinen Erben zum Unterpfand schicken, so will ich vor ihm erscheinen, anders nicht. — Das berichteten sie dem Herzoge nach Vennes, der aber das nimmermehr zugeben wollte. So blieb die Sache, und der grausame Krieg wüthete wie vorher; keiner wagte über Land zu reiten, aller Handel war ausgestorben in Bretagne, selbst die Bauern feierten; die Herzogin von Burgund unterstützte heimlich den Herzog mit Reisigen, der Herzog von Orleans unterstützte Clisson; die Bretagner mochten ihrem Herzoge nicht dienen und sahen mit heimlicher Freude Clissons Unternehmungen. Clisson ritt sehr oft auf Abentheuer. So überfiel er einmal zwey Stallmeister des Herzogs Yvonnet und Bernard, die er von seiner Gefangennehmung im Schlosse L'Hermine her kannte. Sie waren beyde ganz verstört. Zu Yvonnet sagte der Herzog: Weißt du noch, wie du mich auf dem Schlosse unritterlich einsperrtest, und du, Bernard, wie du Mitleiden mit mir hattest und mir dein Kleid gabst, daß ich nicht auf dem kalten Pflaster liegen sollte. Dafür will ich dir das Leben schenken, aber dieser verrätherische Bube Yvonnet muß sterben. Bei disen Worten durchbohrte er ihn mit dem Dolche.

Wie damals der Herzog von Bretagne, lange vor diesem Kriege ihn gefangen, das erzählte mir Messire Wilhelm Ancenis, den ich auf einem Ritt durch Bretagne nicht weit von Angers begegnete; er selbst war mit dem Herrn von Ancenis seinem Vetter selbst bey dem Parlement von Vennes gewesen. Bey Previlly kamen wir auf eine Wiese, da hielt er still und sagte, Gott segne den guten Clisson. Hier hat er einen schönen Tag gegen die Räuber erfochten. — Darauf erzählte er mir, wie der Kronfeldherr, als er die große Seerüstung gegen England vorbereitet, von dem Herzoge, seinem Lehnsherrn, zum Parlement nach Vennes geladen worden sey, wie der Herzog so freundlich gegen ihn sich gestellt, da er doch einen geheimen Haß gegen Clisson in sich getragen, weil er den armen Johann von Bretagne, der drey und dreißig Jahre seiner Jugend in englischer Gefangenschaft geschmachtet, losgelöst und ihm seine Tochter gegeben hatte. Diesen fürchtete er wegen seiner nähern Ansprüche auf das Herzogthum. Der Herzog stellte sich aber freundlich gegen Clisson und nöthigte ihn in sein Schloß L'hermine, das er eben gebauet hatte. Er führte ihn nebst den Herren Beaumanoir und Laval selbst durch alle Zimmer. Sie kamen an einen hohen Thurm. Olivier, sagte der Herzog, kein Mensch versteht sich wie ihr auf Bausachen, steigt einmal hinauf und sagt mir eure Meinung über diesen Thurm, ich will indessen mit diesen Herren schwatzen. — Clisson ging ohne Argwohn hinauf, die Thüren schlossen sich hinter ihm, er wurde von Bewaffneten niedergeworfen. Als die beiden Freunde unten die Thüre verschlossen fanden und den Herzog grün wie ein Blatt, da merkten sie den Verrath, und das Blut stieg ihnen zu Kopf. Um Gottes Willen, was thut ihr, sagte Laval. — Laval, sagte der Herzog, steigt zu Pferde, ich weiß was ich zu thun habe. — Beaumanoir forderte den Krohfeldherrn von Frankreich aus des Herzogs Haft. Der Herzog, der ihn haßte, zog seinen Dolch und rief: Willst du an der Stelle deines Herren sein? — Ja Herr, sagte der. Wohlan, weil du es so willst, rief der Herzog, und fuhr mit dem Dolche vor seine Augen, muß ich dir die Augen ausstechen. — Dreymal wurde der Kronfeldherr zu Boden geworfen und man wollte ihn martern und umbringen; die aber so es ausführen sollten, entschuldigten sich gegen ihn, als selber gezwungen. Laval befreite ihn endlich durch unablässiges Flehen beim Herzoge, durch Vorstellung aller Unehre und Gefahr, die der Herzog auf sich zöge durch diesen Mord, durch Auslieferung einer Geldsumme von 100,000 Franken und dreier Schlösser. Das erzählte mir der Ritter, und wäre er länger mit mir geritten, ich hätte sicher noch vieles erfahren, denn er war artig und gesprächig. Das hatte also Clisson vom Herzoge schon erlitten, als er nun einmal vierzig Reisige des Herzog beim

Furagieren überfiel, so sagte er ernst: Wie könnt ihr erndten, wo ihr nicht gesäet und verderben, was noch nicht reif ist, ihr macht zu frühen Aust, doch nehmt eure Sicheln, steigt zu Pferde, sagt dem Herzog, der ganz nahe in Auroy ist, daß er möchte heraus kommen, oder seine Leute, mich zu fangen, ich werde bis Sonnenuntergang auf ihn warten. Die vierzig brachten dem Herzog diesen Gruß; keiner aber wagte es heraus zu kommen gegen Olivier Clisson.

Solche einzelne Augenblicke von Großmuth ausgenommen, wurde der Krieg auf Tod und Leben und ohne Gnade fortgesetzt; doch blieben Clisson und die Seinen wohl in zwey Drittheilen der Gefechte Meister. Der Adel und die Städte von Bretagne mochten sich immer noch nicht mit den Waffen in diesen Streit mischen, der Herzog war ihr Lehnsherr und doch hingen sie von Herzen an Clisson. Die drey Herren, Rohan, Leon und Dignan brachten den Herzog dahin, daß er alles nachzugeben versprach, sobald nur Clisson zu ihm kommen wollte. Nach diesem Versprechen kamen diese drey Herren eines Tages nach der Feste Josselin zu Clisson, berichteten ihm, wie weit sie den Herzog gebracht, auch wie er ihm sicher Geleit hin und zurück versprechen lassen. — Behüte mich Gott und St Ives, rief Clisson, auf sein Versprechen möchte ich nicht aus dem Hause gehen, aber sagt ihm, wenn ihr mir gefällig sein wollt, daß er seinen ältsten Sohn mir als

Geissel zu schicken und lassen sollte, so lange die Unterredung dauern möchte, so würde ich gern mit dem Herzoge reden, wo es sey; und wie er mir dann thäte, so sollte seinem Sohne geschehen, käme ich zurück, so käme er auch zurück. — Als die drey Herren sahen, daß sie nichts weiter von ihm erhalten konnten, nahmen sie sehr zärtlichen Abschied von ihm, kehrten zurück zum Herzoge, brachten ihm diese Antwort; aber dieser mußte noch mehr Bedrängniß erfahren, ehe er zu solchem Entschlusse kam. So wurden ihm bei manchem andern Verluste auf einem Schlosse alle goldnen und silbernen Geräthe und Edelsteine genommen. Er fühlte endlich, so mächtig er sei, er käme doch nicht mit der Kraft dieses einen Mannes zu Ende, dessen Befreundung und Bewunderung sich in Bretagne täglich mehrte, der auch heimlich von dem Herzoge von Orleans unterstützt wurde. Er sah sich am Schlusse eines mühvollen, thätigen, geschäftreichen Lebens wenig geliebt von seinen Landsleuten, die sich alle mehr dem Johan von Bretagne, zuneigten, den Clisson einst aus englischer Haft loskaufte und mit seiner Tochter vermählt hatte, worüber sein Haß gegen den Kronfeldherrn ausgebrochen war. Er selbst fühlte sich altern, seine Kinder waren noch zu jung; und außer dem Herzoge von Burgund und dessen Frau, hatte er keine Freunde in Frankreich. Von England konnte er sobald keinen Beistand erwarten, der Friede mit Frankreich schien sich zu befestigen. Das alles bildete er sich heimlich vor, und als er es lange betrachtet, so beschloß er seinen Sinn zu brechen, der ihn gegen Clisson geführt hatte, und ohne Falsch einen sichern Frieden mit ihm einzugehen, und ihm zu vergüten, was Haß und Verfolgung ihm während des Krieges geschadet, in so fern Clisson ihn und seine Kinder als Herzöge von Bretagne anerkennen wollte. Dem Herzoge Johann wollte er einen größeren Gütertheil zuwenden, seine Linie sollte folgen, wenn die seine ausgestorben. Als der Herzog das alles bei sich überlegt hatte, ohne einen seiner Räthe zu fragen, so ließ er einen Schreiber in sein Zimmer kommen, schloß sich mit ihm ein, nahm einen großen Bogen Papier und sprach: Schreib mir, was ich dir vorsagen werde! — Der Schreiber schickte sich an zum Schreiben, und der Herzog sagte ihm von Wort zu Wort alles vor, was oben von den Bedingungen erzählt worden, und bat Clisson sehr artig um eine geheime Unterredung, so würde alles noch gut werden. Als der Brief fertig war, siegelte er ihn mit seinem Insiegel, ohne irgend eines andern Gegenwart als des Schreibers, gab ihn seinem verschwiegensten Diener, mit dem Auftrage: Geh zum Schlosse Josselin und sage dreist, daß ich dich schicke, um mit Olivier Clisson zu reden. Man wird dich zu ihm führen, grüß ihn und gieb ihm diesen Brief; doch so lieb dir dein Leben, sage niemand, wohin du gehst, noch wer dich schickt. — Als der Diener vor Josselin anritt, da verwunderten sich die

Schloßwachen gar sehr, als sie hörten, daß er vom Herzoge von Bretagne komme. Clisson ließ den Diener vor sich kommen, empfing dann den Brief aus seinen Händen, und sah gleich, daß er mit des Herzogs geheimem Insiegel zugemacht war, das er wohl kannte. Er las ihn zwei bis drei mal, und verwunderte sich immer mehr über die guten Worte, die ihm der Herzog gab, befahl auch gleich, den Diener in ein gutes Zimmer zu bringen, worüber sich die Wachen verwunderten, da sonst kein Herzoglicher aufs Schloß gebracht worden, der nicht zum Tode, oder ins Verließ verurtheilt war. Als Clisson in seinem Zimmer, dachte er ernstlich über die Neuigkeit nach, er überwand sein Mißtrauen und sagte, daß er ihn einmal auf die Probe stellen wollte. So schrieb Clisson einen artigen, handlichen Brief an den Herzog, doch war der Schluß, daß er sich zu einer geheimen Unterredung nur unter der Bedingung verstehen könne, wenn er ihm seinen Sohn als Geissel schickte, eingedenk seiner Gefangennehmung auf dem Schlosse Lhermine. Dieser Brief wurde gleich gesiegelt und mit demselben Diener zurückgeschickt, der ihn heimlich seinem Herrn überreichte. Der Herzog nahm ihn, öffnete ihn und las ihn, dachte einige Augenblicke nach, dann sagte er: Ich will es thun! handle ich mit ihm freundlich, so muß auch jeder Beweis dabei seyn. — Er schrieb an die Herren von Rohan, Montboursier und Tegre. Sie kamen; er erklärte ihnen seinen ganzen Willen und übergab ihnen seinen Sohn, daß sie ihn als Geissel zu Olivier Clisson brächten. Sie kamen zu Clisson, der sie sehr ehrenvoll aufnahm. Als er das Kind und die gute Gesinnung des Herzogs wahrnahm, so beugte er sich. Die Herren sagten ihm: Herr, nun seht ihr doch den guten Willen des Herzogs! — Ich sehe ihn, antwortete Clisson, und da ich diesen sehe, will ich mich in seinen Willen geben. Kann ich den Prinzen als Geissel behalten, wie ich ihm geschrieben? — Alle riefen mit einer Stimme, daß sie ihn darum brächten, und daß er ihnen als seinen Blutsverwandten wohl trauen könnte. Hierauf zeigte er ihnen des Herzogs Brief, und sie versicherten ihm, daß er alles das auch gegen sie geäußert. — Nun, um so besser, rief Clisson, machte sich fertig zum Ritt, nahm das Kind mit und ritt mit ihnen von der Burg Josselin gen Vennes, wo er auf Anordnung des Herzogs bei der Kirche vor der Stadt abstieg, er wollte dahin zu einer Unterredung kommen. Er kam gleich hinaus, und als er seinen Sohn erblickte, so rechnete er diese Artigkeit sehr hoch an, und es erheiterte ihre ersten Begrüßungen; sie erinnerten sich, wie sie in dem Alter des Knaben zusammen bei der großen tapfern Mutter des Herzogs auferzogen worden, die ihrem Sohne, nach dem unglücklichen Tode des Vaters, das Erbe durch die Worte gerettet, die sie den zweifelnden Anhängern mitten in ihrer Trauer zurief: Ha ihr Herren, erschrecket nicht über seiner

Gnaden Verlust, es war doch nur ein Mensch, seht hier seinen kleinen Sohn, der soll ihn einmal ersetzen und euch viel Gutes thun. — Nach diesen ersten Begrüßungen und Erinnerungen, wo sie sich beide im Sorgen gealtert wiederfanden, gingen sie allein zusammen durch den Garten an das Ufer einer Meeresbucht, stiegen in ein Boot, und darauf in ein größeres Schiff, das vor Anker lag, und als sie da von allen Menschen entfernt waren, sprachen sie wohl zwey Stunden mit einander, schworen einander Treue und Glauben ohne Verstellung. Nachher riefen sie den Bootsmann, der sie nach dem Schiffe gefahren, der brachte sie zurück zu dem Garten. Der Herzog führte dann Olivier Clisson feierlich an seiner rechten Hand in Vennes ein. Über diesen Frieden war große Freude in Bretagne, es öffneten sich die geschlossenen Städte, lang getrennte Verwandte begrüßten sich wieder, die Handelsleute führten wieder alle Bedürfnisse in Sicherheit, woran es bisher so drückend gemangelt hatte, die Landleute säeten wieder für sich und für die Ihren, auch wurde ihre Erndte genossen und nicht zertreten; das hätte lange so seyn können. Johann von Bretagne ward bei diesem Frieden wohl bedacht: er gewann 20,000 Goldkronen an Einkünften; sein ältester Sohn verheirathete sich mit der Tochter des Herzogs. — Craon, der inzwischen bei der Schwäche des Königs nach Paris ungehindert zurückgekehrt war, vernahm leider zu spät, wie er Clisson und den andern Räthen wegen seiner Verbannung unrecht gethan hatte, er wurde von der Königin von Neapel wegen einer Geldsumme vor dem Parlamente angeklagt, und lebte heimlich bei der Herzogin von Burgund versteckt.

Siebenter Winterabend.

Winter-Launen.

Freilich heißt launig beinahe so viel wie lustig unterhaltend; doch Launen bezeichnen immer böse Launen, und ich verdenke es den Schweizern nicht, daß sie in ihrer Mundart jene furchtbaren Schneestürze von den Bergen, Schneelaunen nennen, sie haben die treffendste Ähnlichkeit mit den Gedanken-Launen, die sich mit dem scheidenden Winter oft so trübsinnig über die heitersten Gemüther hinstürzen; mag sie dann ein Schnupfen, oder die schlimme Zeit, oder Sehnsucht nach der Ankunft geliebter eingeborner Herrscher, oder irgend so ein räthselhaftes und ärgerliches Wort der Geschichte, worauf uns nicht gleich eine Antwort einfiel, erklären sollen, wie lautes Sprechen oder Vögelflug die Schneelaunen, sie bleiben immer wunderlich, außerordentlich und genial wie die Witterung. Die Geniale steckte uns heute alle an mit diesem Schnupfen, sie war wie behext, beim Reden gähnte sie durch die Naslöcher, Vorlesen konnte sie durchaus nicht leiden, bei den kleinen Spielen machte sie über jedes unbedeutende Wort so ärgerliche Bemerkungen; es wurden Endreime gemacht, sie meinte, daß nichts thörigter, als wenn sich Leute den Kopf zerbrächen, um in Versen viel dümmer zu erscheinen, als sie von Natur wären. Da erwachte in dem Invaliden die alte Ehre, er nannte sie eine Chriemhilde, die ihre Freunde mitten in der unbedachten Freude umbrächte, eine Eva, die ihnen den Apfel des Erkenntnisses aufzwingen wollte, sie würde den Schöpfer selbst in Verlegenheit gesetzt haben während des Schaffens, wenn er sie nicht klüglich zuletzt gemacht, auch ihren Mann würde sie einmal in Verlegenheit setzen. — Nun hört, was der sprechen kann, rief die Geniale, sprecht doch immer so eifrig, so wirds mich nie langeweilen. — Weißt du nicht, wie dich der Franzose niedergeschwatzt hat, so dumm er war, bloß weil er alle Rücksichten der Geselligkeit aus den Augen setzte, meinte die Gesunde ganz trocken. — Zeig dich erst als eine Göttin unter Göttern, sagte die Kranke, dann wollen wir dir dienen, dann magst du unsern Scherz schlecht finden und unsern Ernst belächeln. — Willst du strafen, willst du lohnen, mußt du Menschen menschlich sehn, sagte die gelehrte Schauspielerin, die sonst wenig sagte. — Du magst außerordentlich seyn, aber das Gesetz ist mehr als die Ausnahme, versicherte die schlanke Schwester. — Die Geniale schien wirklich einen Augenblick verlegen, dann sprach sie ganz gleichgültig: Ich weiß nicht, welche Verschwörung gegen mich ausbricht, habe ich zu viel über euch nachgedacht und habt ihr keine Räthsel in eurem Gemüthe, so war es wenigstens falsch von euch, mir eure Gesinnung so lange zu verbergen; ich fühle, es ist mit euch allen doch nichts, habt ihr mich aus Falschheit so lange in meiner Art erduldet, so müßt ihr es zur Strafe nun immer thun. — Recht, sagte der Gesandte, niemanden kann Ihr geniales Wesen so aufregen, wie mich, ich schwelge ordentlich darin. — Schweigen sie von Genialität, rief die Geniale, der Ausdruck ist ganz leer, denn er paßt nicht mehr in die Zeit. Dabei setzte sie sich zum Flügel und sang mit heller Stimme:

Es geht die Welt in Sprüngen,
Und wer den Takt nicht hält,
Auf seine Nase fällt,
Mag er curios sich stellen,
Was hilfts in solchen Fällen,
Zum Zusehn fehlt die Zeit,
Die Welt ist gar zu weit,
Es geht die Welt in Sprüngen!

Seit Gott nun genialisch,
Ist es die Welt nicht mehr,
Der Herr ists gar zu sehr;
O aller Welt Spektakel,
Was macht er für Mirakel!
Was wir Geniales thun,
Lief längst von seinen Schuhn,
Seit Gott nun genialisch.

Die Welt wird gar zu müde,
Sie steht auf einmal still;
Was das bedeuten will?

Nachdem sie viel geschoren,
So klings ihr in den Ohren:
Lebst du noch alter Gott,
So zeig dich ohne Spott,
Die Welt des Spotts wird müde.

Sie sprang lustig auf vom Clavier und sagte: Da fällt mir eine lustige Geschichte ein, die ich einmal von einem Böhmischen Inkolatsherren gehört habe, die soll allen Streit und alle böse Laune ableiten, nur thut es mir leid, daß ich aus Anständigkeit manchen Spaß und Ausdruck weglassen muß, der gerade die Blume dieser Erzählung; entschuldigt dies wie mich selbst, wo ich eure Ansprüche nicht ganz befriedige:

Die drey Erznarren.

Deutschland hatte nunmehr den dreyßigjährigen Krieg beigelegt, der angenehme Friede streute bereits seine Früchte aus, als ein großer Herr, dem das Leben in den verschlossenen Festungen bisher gar verdrießlich, sich wieder auf seine Herrschaft begab, sein zerstörtes Schloß in neuer und schöner Art aufzubauen. Das Werk ging wohl von statten, die Mauern erhoben sich kunstreich auf dem alten Grunde, die Dächer fügten sich zierlich zusammen, die Wohnungen hatten ihre bequeme Abtheilungen, ein jeder freute sich schon, den Pallast in wirklicher Vollkommenheit anzuschauen. Die Hoffnung streckt sich allezeit weiter, als die That, also fanden sich die Leute in ihrer Freude, wenn auch nicht betrogen, doch aufgehalten. Der große Herr fiel in eine plötzliche Krankheit, ward auch von dem hereinbrechenden Tode übereilet, daß er kaum Zeit hatte, seinen letzten Willen zu erklären, und in Ermangelung eigner Leibeserben die nächsten Verwandten im Testamente ordentlich zu bedenken. Was geschah? Die Leiche wurde prächtig beigesetzt, und weinten die am trotzigsten, die sich der Erbschaft wegen am meisten freuten, wovon aber nichts auf der Trauerfahne gestanden. Endlich bei Eröffnung des Testaments fand sichs, daß demjenigen, der des Hauses Besitzer seyn würde, die Beschwerung, doch ohne seinen Schaden, auferlegt war, den angefangenen Bau nicht allein zu vollenden, sondern auch in allen Stücken dem aufgesetzten Plane zu folgen. Nun war dieser Plan so genau, daß nicht ein Balken vergessen war, wo er sollte eingeschoben, wie er sollte bekleidet oder gemalet, behobelt und beschnitzelt werden. Was sollte der Erbe, er hieß Florens, thun? Wollte er die Erbschaft haben, mußte er die beigefügten Bedingungen eingehen. Und also ließ er in dem Bau gar sorgfältig fortfahren, vergaß auch nichts, was in Obacht zu nehmen, wie es vorgeschrieben war. Nach langer Mühe kam er auf die Gemächer, die er mit allerhand Schildereien aufputzen sollte, wie denn alle Erfindungen dazu schon vorgeschrieben waren. — Und da war ein Saal, bei dem die Verordnung geschehen, es sollten in den drei großen Feldern der Thüre gegenüber, die drey ärgsten Narren auf der Welt abgemalet werden. — Da erhoben sich nun große Scrupel, niemand konnte gewiß sagen, welche eben in der großen Narrenschule der Welt die drey vornehmsten Narren gewesen: die andern könnten über den eingeräumten Vortritt einen Injurienproceß anfangen, das Testament wäre nicht erfüllt, die Erbschaft verfallen. Nach mancherlei Berathschlagungen fing ein alter Grillenfänger zu Florens, dem jetzigen Besitzer, nachdem er lange geschwiegen, also an: Ihr Herren, auf dieser Stube lassen sich nicht die größten Narren der Welt aufsuchen, ihr müßt einen Blick in die Welt thun und ich halte, der selige Herr habe einen klugen Besitzer seines Hauses dadurch bestätigen wollen, indem solcher, Kraft der Bedingung, sich in der Welt zuvor versuchen, und also in Betrachtung vielfältiger Narren desto verständiger werden müßte. Diese Rede wollte dem jungen Fäntchen nicht zu Sinne, daß er sich so viel Meilen hinter dem Backofen verlaufen sollte, besonders zuwider war es, ihm, daß er seine Liebste so lange verlassen müßte, mit welcher er sich, nach der Gewohnheit aller reichen Erben, verplempert hatte. Aber es half nicht, wollte er nicht, so war schon ein andrer da, der es um dies Geld thun wollte. Deswegen bat sich Florens den alten Herren zum Reisegesellschafter aus; die Reise wurde unverzüglich angeordnet, es freuten sich alle, wenn diese auf dem langen Wege um-

kämen

kämen, in seinen Gütern zu bleiben. Von seiner Liebsten, die unfern auf einem alten Schlosse der Heirath sehnlich wartete, nahm er betrübten Abschied, so begab er sich auf dem Weg und fuhr, ohne eben sonderliche Bemerkungen über die Gegenden zu machen, bis in die Reichsstadt Hamburg, allwo sie durch Unwissenheit in dem allerschlechtesten Gasthause abstiegen. Der alte Herr, der gar vorsichtig war in allen Unternehmungen, untersuchte Abends den Hof gar fleißig, ob ihr Wagen daselbst in Sicherheit stehe, ob er gut beschlossen und gut bewacht sey. Er fand alles in Ordnung, der Hund bellte in seinem Häuschen sehr wachsam, er ging heran, ihm etwas Brod zu geben, wie war er aber verwundert, einen sehr zerlumpten Menschen mit einem langen Degen an der Seite zu finden, der die Stimme des Hundes bloß nachgeahmt hatte. Bald meinte er, es wäre ein Dieb, der Wirth kam mit einer Laterne und versicherte ihm, daß es ein ehrlicher, aber armer Narr sey, der nun schon seit Jahren dies Geschäft übernommen. Als er von einem Narren hörte, bat er angelegentlich, ihn auf ihr Zimmer zu schicken, welches auch der Narr, der sich Schelmuffsky nannte, gerne annahm, mit der Versicherung, daß sie bald sehen würden, daß er mit einer der bravsten Kerle wäre, und daß noch was rechts aus ihm werden könnte. Er führte ihn herauf zu Florens, der sich schon in seinen Schlafrock geworfen, es wurde dem Gaste einiger Brantwein vorgesetzt, er fragte ihn, wie er hierher gekommen und was er hier mache? Er war geneigt, ihnen seine gefährliche Reise zu Wasser und zu Lande vorzuerzählen, und wie er endlich in diese schlimme Lage gekommen, und begann nach kurzer Einleitung mit einer Fertigkeit zu reden, als ob er jeden Tag seine Lebensgeschichte zu erzählen Gelegenheit gehabt hätte.

Deutschland ist mein Vaterland, in Schelmerode bin ich geboren, in Hamburg ists mir schlecht gegangen, beim großen Mogul bin ich auch gewesen. — Ey, sagte der alte Herr, das ist zu viel auf einmal. — Damit ich nun diese meine sehr gefährliche Reisebeschreibung fein ordentlich einrichte, so muß ich wohl von meiner wunderlichen Geburt den Anfang machen. Als die große Ratte, welche meiner Frau Mutter ein ganz neu seidenes Kleid zerfressen, mit dem Besen nicht hat können todt geschlagen werden, sondern unversehens in ein Loch läuft, fällt die ehrliche Frau deswegen aus Ärger in eine solche Krankheit und Ohnmacht, daß sie ganzer 24 Tage da liegt, und kann sich der Tebel hol mer weder regen noch wenden. Ich, der ich dazumal die Welt noch niemals geschauet, war auch auf die sappermentsche Ratte so thörigt, und kam spornstreichs auf allen Vieren in die Welt gekrochen. Wie ich nun auf der Welt war, lag ich 8 ganze Tage unten zu meiner Frau Mutter Füßen im Bettstroh, eh ich mich einmal recht besinnen konnte, wo ich war. Den neunten Tag erblickte ich mit großer Verwunderung die Welt, o Sapperment! wie kam mir alles so wüste da vor, sehr malade war ich, nichts hatte ich auf dem Leibe, meine Frau Mutter hatte alle Viere von sich gestreckt und lag da, als wenn sie vor den Kopf geschlagen wäre, schreien wollte ich auch nicht, weil ich wie ein jung Ferkelchen da lag, und wollte mich vor niemand sehen lassen, weil ich nackend war, daß ich also nicht wußte, was ich anfangen sollte. Ich hatte auch willens, wie die Ratte, in das Verborgene wieder zu wandern, so konnte ich aber den Weg nicht finden. Endlich dachte ich, du mußt doch sehen, wie du deine Frau Mutter ermunterst, da nahm ich einen Strohhalm, und kitzelte sie im linken Nasenloche, wovon sie auffuhr und schrie: Eine Ratte, eine Ratte! Da ich nun von ihr das Wort Ratte hörte, war es der Tebel hol mer nicht anders, als wenn jemand ein Scheermesser nahm und führe mir damit unter der Zunge weg, daß ich neugierig an meiner Mutter herauf kroch, bei ihr oben zum Deckbette heraus kuckte und sagte: Frau Mutter, sie fürchte sich nur nicht, ich bin keine Ratte, sondern ihr lieber Sohn, daß ich aber so frühzeitig bin auf die Welt gekommen, hat eine Ratte verursachet. Als dieses meine Frau Mutter hörte, ey Sapperment, wie war sie froh, daß ich so unvermuthet war auf die Welt gekommen, daß sie ganz nichts davon gewußt hatte; sie zog mir ein weiß Hemde an, rief alle Miethsleute im ganzen Hause zusammen, welche mich alle mit einander höchst verwundert ansahen, und wußten nicht, was sie aus mir machen sollten, weil ich schon so artig schwatzen konnte. Den zehnten Tag nach meiner wunderlichen Geburt lernte ich allmälig, wiewohl etwas langsam, an den Bänken gehen, denn ich war ganz malade, weil ich auf der Welt gar noch nichts gefressen oder gesoffen, mir war alles zu ekel. Was trug sich zu? Meine Frau Mutter, die hatte gleich selben Tag ein groß Faß voll Ziegenmolken auf der Ofenbank stehen, über dasselbe gerathe ich so ohngefähr, und tütschte mit den Fingern hinein und kostete es; weil mir das Zeug nun sehr wohl schmeckte, kriegte ich das ganze Faß beim Leibe, und soffs der Tebel hol mer halb aus, wovon ich hernach ganz lebend wurde und zu Kräften kam. Ich kann wohl sagen, daß ich in meinem zwölften Jahr, der Tebel hol mer, ellendickes Speck auf meinem Rücken hatte, bei Anfange des dreyzehnten Jahres lernte ich auch sachte die gebratene Kramtsvögelchen und die jungen gespickten Hünerchen abknaupeln, welche mir endlich auch sehr wohl bekamen. Meine größte Lust hatte ich an dem Blaserohr, welches mir meine Frau Mutter zum Jahrmarkte von der Eselswiese mitgebracht hatte; ich schmiß die Bücherchen unter die Bank, nahm mein Blaserohr, lief damit auf den obersten Boden, und schoß damit entweder den Leuten auf der Gasse auf die Köpfe, oder nach den Spatzianern (Spatzen), oder knapste den Leuten die schönen Spiegelscheiben entzwei. Das trieb ich einen Tag und alle Tage; ich hatte auch so gewiß mit meinem Blaserohr schießen gelernt, daß ich einem Sperling, wenn er gleich 3000 Schritt von mir saß, das Lebenslicht ausblasen konnte; das Rabenzeug machte ich aber so schüchtern, wenn sie meinen Namen nur nennen hörten, so wußten sie schon, wie viel es geschlagen. Als ich in mein 24stes Jahr getreten, sagte meine Mutter: Lieber Sohn Schelmuffsky, du kommst nun alle sachte zu besserm Verstande, und wirst fein groß dabei, sage mir, was ich mit dir anfangen soll, da du gar nichts anders thust, als daß du mir die Leute in der Nachbarschaft mit deinem Blaserohre zum Feinde machst? — Ich antwortete aber meiner Frau Mutter hierauf sehr artig: Frau Mutter, weiß sie was, ich will her seyn und fremde Länder besehen, vielleicht werde ich durch meine Reisen ein berühmter Kerl, daß hernach jedweder den Huth vor mir abnehmen muß? Hierauf war ich her, suchte zusammen, was ich mitnehmen wollte, wickelte alles zusammen in ein zwilchen Schnupftuch, steckte es in die Ficke und machte mich reisefertig, mein Blaserohr versteckte ich auf dem obersten Boden hinter der Feuermauer, weil ich besorgte, es könnte mir unterweges gestohlen werden. Der Kuckuck fing denselben Tag das erstemal im Jahre an zu rufen, als ich meine Mutter auf jeder Backe dreymal herzte, und hernach immer zum Thore hinaus wanderte. Wie ich nun vor das Thor kam, o Sapperment, wie kam mir alles so weitläuftig in der Welt vor, ich war zehnmal in willens, zu meiner Frau Mutter wieder umzukehren, welches ich auch wohl noch gethan hätte, wenn nicht ein Graf auf einem Schellenschlitten querfeldein nach mir zugefahren gekommen und mich gefraget, wie ich da so in Gedanken stünde? — Worauf ich dem Grafen zur Antwort gab: Ich wäre willens die Welt zu besehen, und es käme mir alles so weitläuftig vor, und wüßte nicht, wo ich zu gehen sollte? — Der Graf fing hierauf zu mir an und sagte: Musje, es siehet ihm was rechts aus den Augen, und weil er willens ist, die Welt zu besehen, so setze er sich zu mir auf meinen Schellenschlitten. So bald der Herr Graf dieses gesagt, sprang ich mit gleichen Beinen in seinen Schellen-Schlitten hinein, und steckte die rechte Hand vorn in die Weste, und die linke Hand in den rechten Schubsack, daß mir nicht frieren sollte, denn es hatte ellendickes Eis gefroren; doch war es noch gut, daß der Wind uns hinten nach ging, so konnte er mich nicht so treffen, denn der Herr Graf hielt ihn auf, der saß hinten auf der Pritsche und kutschte. Unterweges erzählten wir einander unser Herkommens. Der Herr Graf machte nun den Anfang und erzählte seinen gräflichen Stand, und daß er aus einem uralten Geschlechte herstamme, welches 32 Ahnen hätte, und sagte mir auch, in welchem Dorfe seine Mutter begraben, ich habe es wieder vergessen; hernach so schwatzte er mir auch, wie daß er, als er noch ein kleiner Junge von 26 Jahren, seine Lust und Freude am Vogelstellen immer gehabt hätte, und einstmals auf einmal zugleich 31 Pumpelmeisen in einem Sprenkel gefangen, welche er sich in Butter braten lassen und ihm so vortrefflich wohl bekommen wären. — Nach diesem seinen Lebenslauf fing ich von meiner wunderlichen Geburt, von der Ratte u. s. w. an. O Sapperment, wie sperrte der Herr Graf Maul und Nase auf und meinte, daß noch was rechts auf der Welt aus mir werden würde. Nach solcher Erzählung kamen wir an ein Wirthshaus, da ließ sich der Herr Graf ein groß Glas geben, in welches wohl hier zu Lande auf 20 Maaß gingen, und brachte es mir auf Du und Du zu, und soff es, der Tebel hole mer, ohne Absetzen und Bartwischen reine aus, daß sich auch der Wirth grausam darüber verwunderte. Hernach so ließ ers wieder eben so voll schenken und sagte: Ein Hund, der's mir nicht Bescheid thut, allons Herr Bruder Schelmuffsky. Sapperment, das Ding verdroß mich, daß der Graf mit solchen Worten flugs um sich schmiß, und fing gleich an: Topp Herr Bruder! Als ich ihm dieses zur Antwort gab, fing der Wirth höhnisch zu dem Grafen an zu lächeln, da der Herr Graf ein dicker corpulenter Herr, und ich gegen ihn nur ein Aufschüßling war, und in meinem Magen das Glas voll Brantwein schwerlich gehen würde. Ich war aber her, und setzte mit dem Glase voll Brantwein an, und soff es, der Tebel hol mer, flugs auf einen Schluck aus. O Sapperment, was sperrte der Wirth für ein Paar Augen auf und sagte heimlich zum Grafen, daß was rechts hinter mir stecken müßte; der Graf aber demüthigte sich gegen mich und bat mirs auf seinen gebogenen Knieen ab, und sagte: Ich sehe nun wohl, was du für ein brav Kerl, und daß deines Gleichen von Konduite wohl schwerlich wird in der Welt gefunden. Hierauf bezahlte er den Wirth, wir setzten uns auf unsern Schellenschlitten und gelangten, als es fast dunkel war, in der berühmten Stadt Hamburg an, wo wir am Speersort in einem großen Hause einkehrten, wo alle vornehme Standespersonen und Damen logirten. So bald wir da abgestiegen, kamen zwey italiänische Nobels die Treppe herunter ....

Alle waren im besten Lachen, da unterbrach die Kranke das Erzählen ganz unerwartet und sagte, wenn es hier wieder ans Trinken ginge, so möchte sie es doch nicht Saufen nennen, der Ausdruck wäre aus guter Gesellschaft ganz verbannt, das brachte das Lachen zum Ersticken. Nachher fuhr Jene fort: .... kamen zwey italiänische Nobels die Treppe herunter, der eine hatte einen messingenen Leuchter in der Hand, worauf ein brennendes Wachslicht brannte, und der andre eine große töpferne brennende Lampe, welche geschwüppt voll Bomolie gegossen war, die hießen uns da willkommen und erfreueten sich meiner, wie auch des Herrn Bruder Grafen seiner guten Gesundheit. Nachdem sie nun solche Komplimente gegen uns abgelegt hatten, nahm mich der eine Nobel mit dem brennenden Wachslichte bei der Hand, und der andre mit der brennenden Bomolienlampe faßte den Herrn Grafen beim Ärmel, und führeten uns da die Treppe hinauf, daß wir nicht fallen sollten, denn es waren 6 Stufen oben ausgebrochen. Wie wir nun die Treppe oben hinauf kamen, so präsentirte sich ein vortrefflich schöner Saal, welcher um und um mit den schönsten Tapezereien und Edelgesteinen ausgezieret war, und von Gold und Silber flimmerte und flammerte. Auf demselben Saale nun standen zwey vornehme Staatens aus Holland, zwey portugiesische Abgesandte, die kamen mir und meinem Herrn Bruder Grafen entgegen gegangen und hießen uns willkommen. Als ich mein Gegenkompliment, wenn sie noch frisch auf den Beinen wären, so sollte es mir und dem Herrn Grafen lieb seyn, auch wieder abgelegt, so kam der Wirth in einem grünen Sammetpelze auch dazu, der hatte ein groß Bund Schlüssel in der Hand, und führete uns in eine große Stube, wo ein langer Tisch mit herrlichen Traktamenten gedeckt stand, die Nobels, die uns bewillkommt hatten, brachten darauf jeder eine vornehme Dame an der Hand hinein geschleppt. O Sapperment, als sie mich und meinen Herrn Bruder Grasen da stehen sahen, was machten sie alle mit einander für Reverenze gegen mich, und absonderlich die Menscher ....

Die Menscher, schrieen alle, das ist prächtig. Ein unschuldiger Ausdruck, sagte die Kranke, aber in guter Gesellschaft so verhaßt, wie Meerrettig. .... hilft alles nicht, die Menscher die sahen uns der Tebel hol mer mit rechter Verwunderung an. Sie nöthigten mich und den Herrn Bruder Grafen, daß wir die Oberstelle an der Tafel einnehmen mußten, welches wir auch ohne Bedenken thaten, denn ich setzte mich nun ganz zu oberst an, neben mir zur Linken saß der Herr Bruder Graf, neben mir zur Rechten saß die vornehmste Dame, und weiter hinunter hatte jeder seinen gehörigen Platz eingenommen. Während der Mahlzeit nun wurde von allerhand Staatssachen discurrirt, ich und der Herr Bruder Graf aber schwiegen dazu stockstille und sahen, was in der Schüssel passirte, denn wir hatten in drey Tagen keiner keinen Bissen Brodt gesehen; wie wir uns aber hernach brav dicke gefressen hatten, so fing ich auch an von meiner wunderbaren Geburt zu erzählen, und wie es mit der Ratte wäre zugegangen. O Sapperment, wie sperreten sie alle Mäuler und Nasen auf, da ich solche Dinge erzählete, und sahen mich mit höchster Verwunderung an, fingen an, meine Gesundheit zu trinken: Es lebe die vornehme Standesperson, die sich unter dem Namen Schelmuffsky verbirgt! Die vornehmste Dame neben mir hatte sich ganz in mich verliebet, und drückte mir meine Fäuste braun und blau. Nachdem ich nun mit meinen Erzählungen fertig war, so fing mein Herr Bruder auch gleich an von seinem Herkommen zu schwatzen, und wo seine 32 Ahnen alle hergekommen, wie er 31 Pumpelmeisen gefangen und wie sie ihm so vortrefflich wohl geschmeckt, und was des Zeugs mehr war; allein er brachte alles so wunderlich durch einander vor, und mengete bald das Hundertste in das Tausendste hinein, und hatte auch kein gutes Mundwerk, denn er stammerte gar zu sehr, daß er auch, wie er sahe, daß ihn niemand nicht einmal zuhörete, mitten in seiner Erzählung stille schwieg, und ganz böse auf den Käse sah, sich auch ein großes Stück davon abschnitte. Wenn ich aber zu discurriren anfing, ey Sapperment, wie horchten sie alle wie die Mäuschen, denn ich hatte nun so eine anmuthige Sprache und konnte alles mit so einer artigen Miene vorbringen, auch lachte damals flugs alles an mir, daß sie mir nur, der Tebel hol mer, mit Lust zuhöreten. Als nun die Schüsseln ziemlich ausgeputzt waren, machte ich der Gesellschaft ein artig Compliment und sagte, wie daß ich nehmlich ein brav Kerl wäre, der etwas müde in den Knochen geworden, und daß ich wacker schlafen würde. Nach diesem sehr artigen Complimente wünschte uns die Gesellschaft eine angenehme Ruhe, und begleitete uns über den schönen Saal weg. Der Wirth in einem grünen Sammtpelze führte uns die Treppe hinauf, schloß eine vortrefflich schöne Stube auf, worin ein über alle Maßen galantes Bette stand, und war die Stube mit frischem Sand gestreut. Er sagte uns, wenn wir etwas brauchten, sollten wir nur zum Fenster hinaus pfeifen, so würde der Hausknecht also bald zu unsern Diensten stehen, und nahm hierauf von uns wieder Abschied. Sobald der Wirth nun den Rücken gewendet hatte, war ich her und zog gleich meine Schuh und Strümpfe aus, und pfiff dem Hausknecht, daß er uns zudecken mußte. Da er gekommen, wälzten wir uns beide, ich und der Herr Bruder Graf, in das galante Bette. Der Herr Bruder Graf fing aber bald so an zu schnarchen, daß ich vor ihm kein Auge zu dem andern bringen konnte. Indem ich nun so eine Weile lag, da pochte es an der Thüre, ich sprang flugs mit gleichen Beinen aus dem Bette und öffnete die Stubenthüre. Da stand eine Servante draußen mit einem Briefchen und fragte mich, ob ich der fremde vornehme Herr wäre, der Abends bei Tische die Geschichte von der Ratte erzählt hätte. Da sie nun hörte, daß ichs selbst war, fing sie weiter an: Hier ist ein Brief an sie, ich soll ein Paar Zeilen Antwort bringen. Gleich pfiff ich dem Hausknechte, daß er mir Licht anbrennen sollte; er kam auch gleich mit einer großen Laterne, die zwey dicke Dochte hatte, aber wenig Bomolie mehr darin war. Damit so erbrach ich den Brief und las:

Anmuthiger Jüngling! Wofern es euch beliebt, diese Nacht mit mir auf einen Ball zu gehen, wozu mich eben der kleine bucklichte Tanzmeister eingeladen, so lasset es mir durch die Servante wissen. Lebt wohl mein Herz, eure Nachbarin bei Tische, die euch oftmals die Hand gedrückt, la Charmante. — Sobald ich diesen Brief gelesen, pfiff ich den Hausknecht wieder, daß er mir Feder, Tinte und Papier bringen mußte, und schrieb einen sehr artigen Brief auch wieder an die Dame Charmante. — Wohlehrbare Dame Charmante. Ich will nur erstlich meine Schuhe und Strümpfe, wie auch meinen Rock wieder anziehen, denn Hemde und Hosen habe ich mir gleich wieder angezogen, als ich die Servante anklopfen hörte, alsdann will ich wohl mit euch gehen; doch müsset ihr selbst kommen, oder die Servante, um mir die Wege zu weisen, und bringet eine Laterne mit, da in meiner alle Bomolie fast ausgebrannt ist. Warum? es ist spät, und ich könnte leicht bei der ausgebrochnen Treppe aufs Maul fallen, und was wäre euch damit gedient, wenn ich mir die Schnautze zerstoßen, wornach ihr euch zu achten. Haltets nun wie ihr wollt, holt ihr mich ab, wohl gut, laßt ihrs aber bleiben, wie bald ziehe ich meinen Rock aus und lege mich wieder zu meinem Bruder Grafen ins Bette. Meiner wohlehrbaren Dame Charmante, reisefertigster Schelmuffsky. — Diesen Brief schickte ich nun sehr artlich der vornehmen Dame Charmante zur Antwort, und suchte meine Schuhe und Strümpfe unter der Bank flugs hervor. Ich hatte kaum den einen Strumpf an das linke Bein gezogen, so stand die Dame Charmante schon mit dem kleinen bucklichten Tanzmeister in der Thüre, der eine papierne Laterne, worin eine töpferne Lampe mit zwey Dochten brannte, in der Hand trug. Das kleine Kerlchen sprang vor Freuden herum, als er sah, wen sie mitnehmen wollte, und leuchtete uns stattlich die Treppe herunter nach dem Tanzboden, wo sich schon viele Damen und Cavaliere eingefunden. Es war da ein Gelispele heimlich in die Ohren, bald sagte ein Frauenzimmer, wer muß doch nur der vornehme Herr seyn, welchen die Dame Charmante mitgebracht hat? Bald sagte eine andre, ist das nicht ein wunderschöner Kerl, sieht er nicht aus wie Milch und Blut, solche Reden gingen wohl eine halbe Stunde auf dem Tanzboden herum. Der Tanzmeister präsentirte mir einen rothen Sammetstuhl, worauf ich mich niedersetzen mußte, die andern aber, wie auch meine Charmante, mußten alle stehen. Damit so ging nun die Musik an, o Sapperment, wie konnten die Kerls streichen, sie machten mit einem Kirchenhauer den Anfang, wornach der kleine bucklichte Tanzmeister ein Ballet tanzte. Sapperment, wie konnte das Kerlchen springen. Meine Charmante die mußte in den Kreis hineintreten und darin allein tanzen, o Sapperment, wie konnte sich das Mensch schlangenweis im Kreise herumdrehen, daß ich, der Tebel hol mer, alle Augenblick dachte, jetzt fällt sie über den Haufen. Nachdem der Kreistanz schlangenweis aus war, kamen allerlei gemeine Tänze, Gavotte, Kikebusch, Quadrille und Koch Thee Lowischen. Solch Zeug sollte ich nun auch mit tanzen, es kamen unterschiedene Damen zu mir an den Sammtstuhl, ich sagte aber: Wie daß ich nehmlich ein brav Kerl wäre, dem zwar was rechts aus den Augen herausfunkelte, aber tanzen hätte ich noch nicht recht gelernt. Es half aber der Tebel hol mer kein Entschuldigen, die Damen trugen mich mit sammt dem Sammtstuhle in den Tanzkreis hinein und küppten mich mit dem Stuhle um, daß ich der Tebel hol mer die Länge lang hinfiel. Ich stand aber mit einer sehr artigen Miene wiederum auf, daß sich auch die ganze Kompagnie auf dem Tanzboden über mich verwunderte, und ein Cavalier immer zum andern sagte, daß ich wohl einer von den bravsten Kerlen auf der Welt mit seyn müßte. Hierauf fing ich nun an zu tanzen und nahm drey Frauenzimmer, die eine mußte mich bei der linken Hand anfassen, die andere bei der rechten, und die dritte mußte sich an mein linkes Bein halten, damit hieß ich den Musikanten den Altenburger Bauerntanz aufstreichen. Da hätte man nun schön Tanzen gesehen, wie ich auf dem rechten Beine solche artige Sprünge thun konnte, ich sprang auf einem Beine der Tebel hol mer klafternhoch in die Höhe, daß auch die eine Dame, welche sich an mein linkes

Bein gefaßt hatte, fast mit keinem Fuße auf die Erde kam, sondern stets in der Luft mit herumhüpfte. O Sapperment, wie sahen die Menscher alle, als ich solche Sprünge that, der kleine bucklichte Tanzmeister schwur hoch und theuer, daß er dergleichen Sprünge zeitlebens nicht gesehen hätte, sie wollten auch alle mein Geschlecht und Herkommen wissen. Da trat ein Junge zu mir und fragte: ob ich der von Schelmuffsky wäre. Da ich nun dem Jungen zur Antwort gab, daß ichs selber wäre, sagte er weiter: Sein Herr, der Herr Bruder Graf, halte mich für keinen braven Kerl, sondern für einen Erzbärenhäuter, weil ich mit seinen schwarzen Sammthosen heimlich auf den Ball gegangen, wenn ich nicht gleich am Morgen mit einem guten Degen auf der großen Wiese vor dem Altonaischen Thore erschiene. O Sapperment, wie verdroß mich das Ding vom Herrn Bruder Grafen, daß er es mir durch seinen Jungen sagen lassen, und vor allen Leuten. Ich fertigte den Jungen aber gleich ab: Frage deinen Herrn, warum er nicht selbst gekommen, ich wollte ihm zu Gefallen einen guten Degen, der ein Rückenstreicher wäre, mitbringen. Hierauf ging der Junge fort, und muckste nicht ein Wort weiter, ausgenommen, wie er an die Treppe kam, so schielte er mich von der Seite mit einer höhnischen Miene hinterrücks recht sauer an, und lief geschwinde die Treppe hinunter. Die Menscher wollten mich alle halten, und gransten der Tebel hol mer wie die Dachtraufen, aber ich marschirte immer stillschweigend zum Altonaischen Thore. Weil aber das Thor noch zugesperrt war, so unterhielt ich mich mit dem Stadtkapitän über die Ringmauer der Stadt Hamburg, welche denn an etlichen Orten nicht allerdings fest genug zu seyn schien; ich sagte ihm, wie sie auf eine ganz andre Art perspectivisch könnte reparirt werden. Er schriebs zwar auf, ob sie es nun werden gethan haben, kann ich bei meinen vielen Wachten nicht wissen. Draußen fand ich bald meinen Herrn Bruder Grafen, der gleich von Leder zog. Da ich nun sahe, daß er der Haare war, o Sapperment, wie zog ich meinen Rückenstreicher auch vom Leder und legte mich in Positur, ich hatte ihm kaum einen Stoß ausparirt, so that ich nach ihm einen Saustoß, und stach ihm der Tebel holmer mit meinem Rückenstreicher die falsche Quinte zum linken Ellenbogen hinein, daß das Blut armsdicke herausschoß. Als ich das sah, wie solch ein Unglück angerichtet, o Sapperment, da lief ich, was ich konnte, daß ich nicht in die Hausvogtey gesperrt würde und der sterbende Mensch immer hinter mir drein, bis er über eine alte Wurzel fiel und ich mit gleichen Beinen auf ein Seeschiff sprang, das eben nach Indien abfahren wollte. Nun hatte ich vermeint, die Schiffe wären in Schelmerode groß, worauf sie bei der Mühle fahren, aber auf der See giebt es noch tausendmal größere; auf so eins setzte ich mich nun und schiffte davon. Ich war kaum eine halbe Stunde auf dem Wasser, so rührten sich all die Ziegenmolken, die ich bis in mein zwölftes Jahr genossen und die sich im Leibe verfangen, da hieß mir der Schiffer ein gut Glas Bomolie aussaufen, und sobald ich das Zeug in den Leib kriegte, wurde mir von Stund an besser. Den dreyzehnten Tag wurde es stockfinster, und mußte der Schiffer eine große Lampe vor das Schiff heraus hängen, damit er wußte, wo er zufuhr, denn seinen einen Compaß hatte er in Hamburg unter der Bank stehen lassen, und der andre stockte immer nach einer Seite, wohin wir ihn auch drehen mochten. Nach diesem Sturm wurde das Wasser so klar, daß wir Hechte im Meere sahen, wie die großen Polnischen Ochsen, die hatten der Tebel holmer die Zungen zu den Schnautzen heraushängen. Nach vier Wochen kamen wir an einen Ort, wo schrecklich viel Wallfische im Meere gingen, dieselben lockte ich mit einem Stückchen Brodte ganz nah an unser Schiff. Der eine Bootsknecht hatte eine Angel gemacht aus einer großen Stecknadel, die mußte er mir geben, ich versuchte es, ob ich einen konnte ins Schiff häkeln, es wär auch der Tebel holmer angegangen, wenn die Angel nicht wäre in Stücken zerrissen, denn als der Wallfisch anbiß, und ich im besten Rucken war, so riß der Dreck entzwey, daß also der Angelhaken ... Erlaube mir, sagte die Kranke, Du hast da wieder ein ganz unbekanntes Wort gebraucht ... daß also der Angelhaken dem Wallfische im Rachen stecken blieb, an welchem er unfehlbar wird gestorben seyn. Wie solches die andern Wallfische gewahr wurden und den Schatten nur von der Angelschnur erblickten, marschirten sie alle auch fort, und ließ sich der Tebel holmer nicht ein einziger wieder an unserm Schiffe blicken. Wir schifften von da weiter fort und bekamen nach etlichen Tagen das gelübberte Meer zu sehen, allwo wir ganz nahe vorbeifahren musten. Sapperment, was standen dort für Schiffe in dem gelübberten Meere, es war der Tebel holmer nichts anders, als wenn man in einen großen dürren Wald sähe, da die Bäume verdorret stünden, und war keine Seele auf den Schiffen zu sehen. Ich fragte den Schiffmann, wie denn das zuginge, daß so viel Schiffe da ständen; der gab mir zur Antwort, daß dieselben Schiffe bei großem Ungestüm des Windes dahingejagt wären, wenn die Schiffsleute nach Indien den Weg verfehlten, und daß das Meer da so dick wie Klebebier sey, und die Schiffe bekleben blieben, und die Leute darin jämmerlich umkommen müsten. Wie wir nun vor dem gelübberten Meere vorbei waren, gingen wir unter der Linie durch, wir musten uns alle der Tebel holmer platt auf den Boden legen, daß uns die sappermentsche Linie, weil das Wasser damals hoch war, nicht vom Schiffe herunternahm; sie mochte wohl armsdick seyn, und war sehr fest gedreht auch, die Sonne brannte uns alle kohlrabenschwarz. Drey Wochen nachher gelangten wir bei gutem Winde in Indien an, allwo wir an einer schönen Pfingstwiese ausstiegen, dem Schiffmann das Fährgeld richtig machten und einer hier hinaus, der andere dort hinaus seinen Weg zunahm. Auf der Wiese kam mir ein Scheerschlip entgegengefahren, denselben fragte ich nun: Ob er mir keine Nachricht ertheilen könnte, wo der Mogol wohnen müsse? Der Scheerschlip gab mir hierauf gleich Bescheid und sagte, daß zwei Mogols in Indien mogelten, einen hießen sie nur den großen Mogol, den andern aber nur den kleinen. Wie er nun hörte, daß ich zu dem großen wollte, so sagte er mir gleich, daß ich etwa noch eine Stunde hin an seine Residenz hätte, ich sollte nur auf der Pfingstwiese fortgehen, ich könnte nicht irren, wenn dieselbe zu Ende, würde ich an eine große Ringmauer kommen, doch sollte ich nur hinterweg gehen, dieselbe würde mich bis an das Schloßthor führen, worin der große Mogol residirte. Des Scheerschlips seine Nachricht traf der Tebel hol mer auch auf ein Härchen ein, denn sobald als die Pfingstwiese ausging, kam ich an eine große Ringmauer, hinter welcher ich weg marschirte und sobald dieselbe zu Ende, kam ich an einen erschrecklich großen Thorweg, vor welchem wohl 200 Trabanten, mit bloßen Schwerdtern, standen, die hatte alle grüne Pumphosen und ein Kollet mit Schweinebraten-Ermeln an. Da roch ich nun gleich Lunte, daß darinnen der große Mogol residiren würde. Ich war her und fragte die Trabanten, ob ihre Herrschaft zu Hause wär, worauf die Kerl alle zugleich Ja schrien, und was mein Verlangen wäre. Da erzählete ich den Trabanten nun gleich, wie, daß ich nämlich ein brav Kerl wäre, der sich was rechts in der Welt versucht hätte, sie sollten mich doch bei dem großen Mogol anmelden, der und der wäre ich, und wollte ihm auf ein Paar Worte zusprechen. Sapperment, wie liefen hierauf flugs ihrer zwölfe nach des großen Mogols Zimmer zu, und meldeten mich bei ihm an. Sie kamen aber bald wieder gelaufen und sagten, ich sollte hinein spazieren, es würde ihrer Herrschaft sehr angenehm seyn, daß einer aus fremden Landen sie eines Zuspruchs würdigte. Ich war kaum sechs Schritte gegangen, so schrie der große Mogol zu seinem Fenster heraus, sie sollten das Gewehr vor mir präsentiren. O wie sprangen die Kerl ins Gewehr und nahmen alle ihre Hüte unter den Arm und sahen mich mit höchster Verwunderung an, denn ich konnte nun recht artig durch die Wache passiren, daß es der Tebel hol mer groß Aufsehens bei dem großen Mogol machte. Wie ich nun an eine große marmorsteinerne Treppe kam, allwo ich hinaufgehen muste, so kam mir der Tebel holmer, der große Mogol wohl auf die halbe Treppe herunter entgegen, und führte mich beim Arme vollends herauf; Sapperment was präsentirte sich da für ein schöner Saal, er flimmerte und flammerte, der Tebel holmer von lauter Golde und Edelgesteinen. Auf demselben Saale hieß er mich willkommen und freute sich meiner guten Gesundheit und sagte, daß er in langer Zeit nicht hätte das Glück gehabt, daß ein Deutscher ihm zugesprochen hätte, und fragte nach meinem Stande und Herkommen, und wer ich wäre? Ich erzählte ihm hierauf nun sehr artig flugs meine Geburt und Begebenheit von der Ratte, und wie, daß ich einer mit von den bravsten Kerlen der Welt wäre, der so viel gesehen und ausgestanden schon hätte. Sapperment, wie horchte der große Mogol, als er solche Dinge erzählen hörte; er führte mich nach dieser Erzählung gleich zu seiner Gemahlin in ein vortreflich aufgeputztes Zimmer, wo ihr großes buntes Zeichentuch unter Glas und Ramen aufgehängt war. Da hieß mich nun seine Gemahlin, auch alle Damen und Cavaliers willkommen, und sahen mich mit großer Verwunderung an. Ich muste auf Bitten des großen Mogols die Begebenheit von der Ratte noch einmal erzählen, denn seine Gemahlin wollte dieselbe Historie so gerne hören. Ey Sapperment, wie hat das Mensche darüber gelacht und sagte: Ich müste wohl was rechts in Deutschtand seyn, weil ich von solchen Dingen erzählen könnte. Nun war es gleich Zeit, daß der große Mogol zur Tafel blasen ließ. Ei Sapperment, was hörte man da für ein Geschmittere und Geschmattere von den

Trompeten und Heerpauken; in seinem Schloßhofe auf einem breiten Steine standen 200 Trompeter und 99 Heerpaucker, die musten sich mir zu Ehren hören lassen, die Kerls bliesen der Tebel holmer unvergleichlich auch. Wie sie nun ausgeblasen hatten, führte ich die große Mogoln bei der Hand zur Tafel; es ließ der Tebel holmer recht artig, wie ich so neben ihr herging. Sobald wir nun in das Tafelgemach kommen, so nöthigte mich der große Mogol, daß ich die Oberstelle an der Tafel einnehmen sollte: Ich hätte solches auch ohne Bedenken gethan, wenn ich nicht Lust gehabt, mich neben seine Gemahlin zu setzen, denn es war so ein wunderschön Mensche. Also muste sich erst der große Mogol setzen, neben ihn setzte ich mich, und neben mich zur linken Hand setzte sich nun seine Liebste; ich saß da recht artig mitten inne. Über Tische wurde nun vortreflich schön discurriret. Die große Mogoln fragte mich: Ob denn auch in Deutschland gut Bier gebraut würde, und welch Bier man denn für das beste halte. Ich antwortete ihr hierauf sehr artig wieder, wie daß nämlich in Deutschland überaus gut Bier gebraut würde, und besonders an dem Orte, wo ich zu Hause wäre, da brauceten die Leute Bier, welches sie nur Klebebier nannten, und zwar aus der Ursache, weil es einem ganz zwischen den Fingern klebete und schmeckte auch wie lauter Zucker so süße, daß, wer von dem Biere nur ein Nößel getrunken, gleich predigen könne. Sapperment, wie verwunderten sie sich alle, daß es solch gut Bier in Deutschland gebe, welches solche Kraft in sich hätte; indem ich nun eben mit meiner Historie vom Blaserohre loslegen wollte, so kam des großen Mogols seine Leibsängerin in das Tafelgemach hineingegangen, welche eine indianische Leyer an der Seite hängen hatte. Sapperment, wie konnte das Mensche schöne singen, und mit der Leyer den Generalbaß so künstlich dazu spielen. Sie konnte der Tebel holmer bis in das neunzehnte gestrichene C hinaufsingen, und schlug einen Triller aus der Quinte bis in die Oktave in einem Athem auf 200 Takte weg, und wurde ihr nicht einmel sauer. Nachdem nun die Abendmahlzeit zu Ende war, nahm mich die große Mogoln wieder bei der Hand, und führte mich in mein Schlafzimmer, zeigte mir, wenn ich ja Durst haben sollte, wo sie mir vom besten großen Indianischen Biere hingestellt hätte, und dann wünschte sie mir eine gute Nacht. Der große Mogol blieb aber noch bei mir druchsen, als wenn er noch was zu sagen hätte, endlich langte er ein großes Buch aus seinem Schubsacke heraus, das in Schweinsleder gebunden, dasselbe zeigte er mir und sagte: daß er in dasselbe täglich sein Einkommen schreibe, und wenn das Jahr um wäre, und er die Summa zusammenrechnete, wollte es keinmal eintreffen und fehlte immer der dritte Theil seiner Einkünfte; ob ich wohl rechnen könnte? Worauf ich ihm zur

Antwort gab, wie daß ich ein brav Kerl sei, und wollte schon zusehen. Wie ich nun das Buch so durchblätterte, o Sapperment, was standen da für Lehen und Zinsen. Ich war her, setzte mich hin, nahm Feder und Dinte und fing an: Eins, zehen, hunderttausend zu zählen und wie ich nun sahe, daß der große Mogol im Einmaleins gefehlet hatte, und solches nicht richtig im Kopfe gehabt, so hatte es freilich nicht anders sein können. Denn an statt, da er hätte subtrahiren sollen eins von 100 bleibt 99, so hatte er subtrahiret: Eins von 100 kann ich nicht, ein's von 10 bleibt 9, und 9 von 9 geht auf. Das geht ja der Tebel hol mer unmöglich an, daß es eintreffen kann. Als ich nun solche Fehler fand, zeigte ich ihm gleich, wo der Hund begraben lag, und fragte ihn, ob er das Einmal Eins nicht gelernt, er aber wuste nichts als das Zweimal zwey. Ich war her, und rechnete ihm alles in die richtige Summe, daß er noch halb so viel mehr übrig behielt, als er eingenommen. Ei Sapperment, als ich ihm von dem Überschusse schwatzte, sprang er vor Freuden hoch in die Höhe, klopfte mir auf meine Achseln und brachte mir einen Kober zum Geschenke, worin er sein Bildniß an einer grausam schweren Kette, auch ein Spiegelglas, das vortreflich schön und einige Dutzend frische Heringe eingepackt hatte, weil ich ihm bei Tische geklagt hatte, daß man in Hamburg nichts als Forellen fresse, und nur bisweilen um Lichtmessen ein Paar

Dutzend Heringe zu Markt kämen; wozu erkleckte das aber unter so einer Menge Volks? Hierauf nahm er Abschied, und sagte den Pagen, wenn sie mich nicht ordentlich bedienten, so würden sie in die Küche geführt werden. Als er nun weg war, o Sapperment, wie bedienten mich die Bursche, sie nannten mich zwar nur Junker, aber wenn ich das Licht mit den Fingern geputzt hatte, so liefen gleich der Tebel holmer alle zugleich, daß sie die Licht-Schnuppe austreten wollten, und wer es am ersten austrat, das schätzte sich derselbe zu einer großen Ehre. Darauf holte mir der eine ein Paar güldene Pantoffeln, der andere eine gestickte Schlafhaube, der dritte einen schönen Schlafpelz, somit entließ ich sie, fraß noch die Heringe aus dem Kober und stellte mir das große Indianische Bier vors Bette. **Einen artigen Traum hatte ich nun selbe Nacht, wo Scherz und Ernst beisammen war.** Es kam mir im Traume nicht anders vor, als wenn mir nach den Heringen sehr durstete, da kam meine Frau Mutter flugs mit einem Fäßchen Klebebier her, das setzte ich sehr artlich an den Mund und trank es rein aus. Aber wie ich des Morgens früh aufwachte, ei Sapperment, was hatte ich im Traume für Händel gemacht, ich hatte den großen Pokal mit großen Indianischen Bier, den ich vor mein Bette gestellt hatte, und worin wohl 60 Maaß gingen, in mein Bette geschüttet. Da wuste ich nun keinen andern Rath, wie ich den Fehler bemänteln sollte, als daß ich im Bette brav lange liegen blieb, und trocknete es so ganz artig unten ein. Hierauf stand ich auf, und der große Mogel kam zu mir und wollte der Tebel holmer, mich auf dem Fleck zum Reichskanzler machen; ich aber entschuldigte mich sehr artig, wie daß ich zwar ein brav Kerl wäre, der sich was rechts versucht, aber in Hamburg hätte ich einen zwilchen Schnupftuch vergessen, worin alle meine Sachen eingewickelt, und da nun der Herr Bruder Graf jetzt wohl schon verfault wäre, so wollte ich mir den erst holen und dann wieder kommen. O Sapperment wie granste er und die große Mogoln, als ich fortging. Auf dem Landwege nach Hause, da ging mirs auch der Tebel hol mer gar übel. Als ich über die Altonaische Wiese zurück kam, stieg der Geist des erstochenen Hrn. Bruder Grafen der Tebel hol mer aus der Erde und verlangte seine schwarzen Samthosen. O Sapperment, wie erschrack ich und konnte mich gar nicht wehren, da nahm mir der Geist selbige Hosen und den Kober und den Rock und zerbläuete mich elendiglich. Als ich in solchem elenden Aufzuge in die Stadt kam, da besann ich mich eine gute Weile, wo ich mein Quartier da aufschlagen wollte, was sollte die Dame Charmante von mir denken, wenn die sonst so artig aussehende Standesperson jetzt so zerlumpt ankäme. Endlich entschloß ich mich doch, und ging in unser Wirthshaus, da kam mir der Wirth im grünen Samtpelze gleich entgegen und wollte mich heraus schmeissen. Ich war flugs her, und erzählte ihm meine Geschichte von der Ratte und wie es mit meiner Geburt zugegangen, er wollte aber nicht daran glauben, daß mir solches passirt wäre, die Dame Charmante kannte mich gar nicht wieder. O Sapperment, wie verdroß mich das von selbigem Mensche. Der Wirth sagte mir endlich, daß sein Hund gestorben, so ich dessen Geschäft versehen könnte, wollte er mir dessen Wohnung und Nahrung anweisen, was ich wohl annehmen muste, bis mir der Herr einen ordentlichen Rock geben, um meine Rückreise zum großen Mogol anzutreten, dem es der Tebel holmer ein großer Strich durch die Rechnung ist, daß ich sein Reichskanzler so lange ausgeblieben. — Nach dieser zierlichen Erzählung sprach der alte Herr zu Florens: Ich meine dieser arme Teufel ist schon närrisch genug, daß er uns so närrische Sachen vorerzählt, ihr aber, daß ihr ihm zuhört statt eurer Liebsten; ich aber am närrischten, daß ich mir Kopfweh und müde Kniee hole, um euch dazu zu bringen; wir wollen zurückkehren und den Narren mitnehmen und uns dazu abmalen lassen, wer uns aber nicht für die ärgsten Narren hält, dem wollen wir es mit guter Klinge beweisen. O Sapperment, rief Schelmufsky, wer uns das abstreiten will, der soll es gewiß auf seinen gebogenen Knieen abbitten, und dazu werde ich diesen Degen, welcher ein guter Rückenstreicher ist, mitnehmen. — Florens erfreute sich herzlich dieses Vorschlags, der eben so schnell gefaßt als ins Werk gerichtet war, die drey Gemälde der drey ärgsten Narren, der alte Herr, Florens und Schelmuffsky, wurden an seinem Hochzeittage beendigt und allen zur Schau ausgestellt; auch fand sich keiner in dem durch öffentliche Blätter angezeigten Termin, der ihnen diese Ehre der Erznarrenschaft und den Besitz der Güter streitig gemacht hätte.

A r i e l.

Ariel seinen Kopf auf die Stuhllehne des Nachbars gestützt, hatte sehr nachdenklich zugehört; die Frau befragte ihn, ob er etwa auch solchen Schelmuffsky seit jenem Abende am Thor gefunden, der ihn auf andere Gedanken gebracht, mit der Ahndung käme er nicht ganz durch. Er lachte und sprach: Es hat freilich mit der Ahndung seine Richtigkeit, aber ich weiß nicht, ob diese Ahndung durch den entsetzlichen Hunger erzeugt worden, den ich erlitten, denn seit ich einen Freund gefunden, der mich gekleidet und gesättigt, fühle ich sie nicht weiter, das weiß ich aber, ich bleibe meinem Gelübde treu. — Wer ist dieser Freund? — Das Einzige, was ich ihnen verschweigen muß, sonst sollen sie meine Geschichte ganz wissen: Ich stamme aus rühmlichem und reichen Geschlechte; meine erste Neigung würde mich zum Soldaten gemacht haben, doch das läppische Wesen, das durch lange Friedenszeit in diesen Stand gekommen, machte ihn mir verächtlich; ich wählte das Buch statt des Schwerdtes.

Was mich ergreift, dem ergeb ich mich ganz, meine ganze Lebensweise entwickelte sich darnach, meinen Büchern, dieser lieben Gesellschaft aus alter Zeit zu leben, alle Wissenschaften und Künste suchte ich mir nach möglicher Kraft anzueignen. Bald genügte es mir nicht, dies allein in mir zu treiben, ich fühlte einen Drang andre damit zu ergreifen und zu durchdringen, ich knüpfte reisend mit Unzähligen an, wir hofften auf eine schöne Zeit für Deutschland, und arbeiteten fleißig, es sollte wie ein wunderbarer allseitiger Spiegel die Welt vereinigen. Schnell über und fort, wie eine wilde Taube im Sturm; der Krieg brach ein, zerschlug den Spiegel; wohl recht sagt Sofokles, er raubt die Guten nur. Ich hätte gern mitgefochten, aber ich konnte das Schwerdt nicht führen; tausend Gewohnheiten hielten mich gefangen, die eben darum sich hielten, weil sie nicht leer, sondern in würdigen Zwecken erworben; doch fühlte ich, wenn ich auch meinen Sinn und meine Bemühung achten muste, daß ich etwas Verkehrtes getrieben, was in der verderblichen Zeit nicht paßte, ich trauerte tief und hoffte dann wieder abwechselnd mit aller Thorheit. Durch die Härte ungerechter Contributionsvertheilung ging für längere Zeit mein Vermögen unter, ob es je wieder empor kommt weiß Gott und die Wucherer. Dienen konnte ich nicht, wo ich nicht sicher war zu nützen, es war in meiner Natur unmöglich; ich bin entschieden, lieber nicht zu leben, als etwas zu treiben, wovon ich voraus überzeugt, daß es vergeblich; es findet sich doch genug, was vergeblich war und sich vortreflich anließ. Wegen meiner Armuth muste ich eine Heirath aufgeben, die der einzige mir ganz eigene Wunsch gewesen. — Ich zehrte allmälig meine geliebten Bücher auf. — Ein neues Edikt nahm mir das letzte Heiligthum, das mich diesem Lande verbunden, eine silberne Studierlampe, die ein Ahnherr in den Kreutzzügen aus dem Orient mitgebracht; ich schenkte sie hin, um mir deutlich zu beweisen, welcher elende unbedeutende Patriotismus es ist, sein Letztes wegzugeben. Von der Zeit an war mein Mantel mein Haus, was ich brauchte, schüttelte ich mir Nachts von den Bäumen, holte es aus den Backöfen der Dörfer, angelte es aus den Flüssen und schöpfte es aus den Quellen. Die Welt war mein. Der Winter trieb mich in die Stadt, es war großes Scheibenschießen: ich gewann den höchsten Preis, ungeachtet ich zum erstenmal schoß. Der war aufgezehrt, als sie mich antrafen, der Hunger trieb mich den andern Abend durch die Stadt; ich sah in die Häuser meiner Bekannten, die saßen fröhlich an großen Tischen, und reichten sich das Brod einander so gleichgültig, als wär es gar nichts; ich war zu stolz um mich zu erkennen zu geben oder zu betteln; der Zufall führte mir einen großen Hund entgegen, der einen Braten aus einer Küche gestohlen, ich biß mich mit ihm herum und erbeutete den Braten nach hartem Kampfe. Nach dem Genusse fühlte ich mich unmenschlich; ein Jammer über die Zukunft und ein Haß der Gegenwart durchschnitt meine Brust, als hätten die Thränenströme ihren Lauf verändert und stürzten sich alle inwendig auf mein Herz; es jammerte mich alles Gute, was ich mühsam in mir gesammelt, daß es so ganz vergebens untergehen sollte; mich jammerte die Stadt, daß ich sie aus Mitleid anzünden sollte, aber ich war voll entsetzlicher Ahndung; ein kleines graues Männlein trat mir entgegen, und zündete an seinen Nägeln, aus denen Feuer spritzte, meine Laterne an und zeigte mir ein Pulvermagazin, das gerade offen stand und flüsterte mir zu, wirf es hinein, so bist du, so sind wir alle des Jammers los. Ich ging nachdenklichen Schritts darauf los, da begegnete mir ein Freund aus früheren goldenen Morgenwolken, erkannte mich diesmal beim ersten Anblick, fiel in meine Arme, endete alle meine Noth, gegen ihn hatte ich keinen Stolz! Wer möchte nun an Gottes Hand nicht glauben, wer möchte zweifeln an einer übersinnlichen Gemeine, die dem Menschen das Maaß seiner Prüfung und Vollendung zumißt, und was man lange nur in Gedanken verehrt, ergreift uns endlich in der Wirklichkeit mit heiligem Schauer der Überzeugung. Ich bin jetzt entschlossen, mit diesem Freunde eine Entdeckungsreise um die Welt zu machen! — So schloß er. Aus einer gewissen Verlegenheit auf dem Gesichte des Invaliden glaubte ich zu schließen, daß er mit dieser Geschichte in irgend einer Berührung stehe.

Achter Winterabend.

Sonntag.

Der Sonntag durchglühte mich mit seinem eigenthümlichen überschwenglichen Wohlseyn, ich mußte mir Luft machen und schritt lustig durch die helle Sonne, die schon zur wärmenden Höhe sich erhoben, wie war ich verwundert, als ich mich vor dem Landhause unsrer Frau antraf; ganz unbewußt und in Gedanken hatte mich die Gewohnheit dahin geführt, ich fand das sehr artig. Bald fielen mir die unzähligen Menschen ein, die gleiche Gewohnheit eben so in die Kirche und zur Andacht heute führte, wie andre ein frommer Antrieb. Es ist etwas sehr Großes in der Gewohnheit der Völker, nur Begeisterung und Noth sollten sie ändern dürfen. — Unsre Frau fand ich bei fünf dicken Oktavbänden: Gut daß sie kommen, rief sie mir entgegen, mir sind Jakob Böhmens Schriften von einigen so erbaulich geschildert, von andern wie eine Modekrankheit, und keiner von allen hatte eigentlich darin gelesen, da habe ich sie selbst vorgenommen, aber ich verstehe nicht alles, mir fehlt manche Kenntniß dazu. — Das Schicksal der meisten, aber wenige waren bescheiden genug wie Sie, sich selbst die Schuld beizumessen, den meisten schien er närrisch, weil sie sich an den dicken Bänden nicht wollten versitzen. Was den Stempel der Modekrankheit angeht, so glauben sie nie daran, wäre eine geistige Modekrankheit möglich, so wäre unser Land noch sehr wohl daran, es könnte dann doch auf eine allgemeine geistige Berührung rechnen, und was nicht drauf ginge, würde endlich schon gesund. Was aber das einzig Entsetzlichste hier, ist das allgemeine Entadeln jedes Aufschwungs durch geistlosen Spott, das mußte auch die Freude einiger geistreichen Männer an Böhmens Schriften erfahren. — Aber auch mein Singemeister, sagte sie, nannte ihn herrlich wahnsinnig, der sonst des Enthusiasmus wohl fähig. — Das ist ein Lob in seiner Sprache, er hält den Wahnsinn für die Matrize des wahren Talents, und bringt ihn in gute Gesellschaft, wahrscheinlich sind wir alle dabei, er sieht uns allen einen Seelenrausch an, sich selbst aber den schönsten. Wo ein Mensch in den Ruf des Wahnsinns gekommen, der von andern heilig geachtet, wäre es wohl am besten, sein Leben in treuer Erzählung zu überschauen, ein falschglänzendes verkehrtes Talent kann sich wohl in Schriften verstekken, aber ein heiliges Licht macht sich an dem reinen Glanze seines Lebens kenntlich. Ich habe mit Fleiß alles gesammelt, was ich darüber auftreiben konnte, sie sollen es in diesen Tagen mit einer ganzen Sammlung frommer Biographien erhalten, auch manche Stelle seiner Schriften, die ihnen zur Erklärung des Ganzen dienen kann, denn es ist das Eigenthümliche aller, die von einzelnen Eindrücken erfinderisch tief gerührt sind, daß sie sich ihnen in mancherlei Gestalt verkünden; wer aber eine gefaßt, erklärt die andern leicht. Ich kam auf ähnlichem Wege wie Sie zu Jakob Böhmen. Einige Anekdoten seines Lebens, die spottend erzählt wurden, machten ihn mir lieb und ehrwürdig, welche wunderliche Gottheit ist der Ruf! Das traf in jene Zeit, wo man die Welt mit aller Herrlichkeit aus sich selbst allein hervorzublühen meint, wo die Geschichte nichts als der veränderliche Luftstrohm ohne Gestalt zu seyn scheint, der an jedem Blatte anders anlispelt, und ohne einen Mund, in dem er tönt, und ohne ein Herz, das ihn einzieht, nichts, gar nichts zu seyn scheint. In göttlicher Selbstvermehrung wurden mir die Anekdoten zu einer langen Geschichte in Versen — ich will Sie Ihnen heute Abend vorlesen — bis mir das Schimpfen auf Jakob Böhme seine Schriften in die Hände gab, wo ich denn mit großer Verwundrung etwas ganz Andres fand und etwas viel Besseres, als ich mir gefabelt hatte, aber meine Ansichten hatten sich freilich auch geändert. Die Jahrtausende, die ich voraus zu übersehen glaubte, schienen mir so leer wie ein ewiger Calender, ich hatte das Einzelne in der Geschichte achten gelernt, und wie ich sonst nur eine einzige Aussicht in der Welt, die vom Chimborasso glaubte, so befriedigte mich jetzt allein der kleine belebte Winkel, den ich ganz erkennen konnte. So sah ich eben ein Kind auf einem Stühlchen bei einem Stangenzaune sitzen und Steine zusammen lesen, die es alle besser kennt und zeichnet als Werner, und doch nicht sagen kann woran, die es hochachtet, ungeachtet es keine Edelsteine sind, und dann eben so leicht vergißt, wie der Vogel über ihm auf der Stange seine Stelle, wo er eben noch seinen Schnabel putzte und sang. — Ich finde jeden glücklich, wer darin eingehen kann, sagte die Frau, ich hatte auch solche Zeit, jetzt aber lassen Sie uns in die Kirche gehen, ich bin von mehreren Entschlüssen innerlich sehr bewegt, ich kann Ihnen noch nichts davon sagen; vergessen Sie heute Abend nicht Ihre Erzählung.

Nachgefühl.

Ich kam früher als alle andere, weil ich fürchtete zu spät zu kommen, ich hörte Gesang und trat leise ein, doch nicht unbemerkt. Unsre Frau versuchte einen neuen Flügel, an dessen Seiten Jupiters Lebensrettung in schöner Bronce auf dunkelrothem Mahagony sich darstellte, da lag er als Kind vor der Höhle, Tauben nährten ihn, und die besorgten Cureten schlugen rings ihre Schilde an einander, um des Kindes Geschrei dem grausamen Vater zu verbergen. Sirenen mit Vogelleibern und schönen Mädchengesichtern trugen den Flügel. Über dem Griffbrette sah ich wieder dasselbe Bild in Uniform, das als Öhlgemälde mit Blumenduft verehrt wurde. Sie nickte mir leise zu, indem ich eintrat und sang ihr Lied aus:

.... Ob Du lieb wie Sonnenschein,
Ob Dein Aug wie Feuer in der Nacht;
Ach das ist es nicht allein,
Ich hab noch viel mehr bey Dir gedacht!

Und das singen Sie mir ins Gesicht? fragte ich. Sie antwortete: Denken Sie sich, diese Verse hat ein alter Mann auf mich gemacht, Sie sehen ihn heute Abend, älter sieht kein Mensch aus und keiner verliebter. Er ist mir entfernt verwandt und durch Einquartirung verarmt; um sein Haus los zu werden, das ihm kein Mensch abkaufen wollte, das ihm aber täglich viel kostete, hat er es angezündet; mit dem Reste seines Geldes machte er sich hieher auf den Weg, bei seinen Kindern sorgenlos zu leben; er glaubt noch diesen Winter zu sterben. Der Alte war seelenvergnügt, Essen und Trinken sein Leben, da fällt ihm plötzlich seine ferne Verwandtschaft mit mir ein; er sieht mich, seit der Zeit hat er keine Ruhe. — Sie zog bei diesen Worten eine Schieblade heraus: Sehen Sie dieses Gemisch bunter Liebesbriefe auf gepreßtem Papier, die unzähligen Amoretten in der Arabeske, wie alles duftet, kosten Sie diese Maraskinobonbons, das kommt alles von ihm. — Der alte Thor kann wahnsinnig werden, gnädige Frau, weisen Sie ihn bald zurecht. — Nichts von Wahnsinn, ist das Glück nur ein Wahnsinn, wer möchte vernünftig seyn; der Mensch ist glücklich, der noch lieben kann, mag es ihn noch so sehr quälen; und ich wäre die erste Frau, die sich bei der Flamme, die sie angezündet, nicht wenigstens einmal wohlgefällig im Spiegel sähe, es ist göttlich, eine Leidenschaft zu erwecken in andern und zu befriedigen; Gott behüte mich, daß ich den Alten stören sollte, dies letzte Jahr seines Lebens soll ihm ein Vorschmack ewiger Seligkeit seyn, und was mir fehlt, das will ich alles in seinem Glücke wie im Spiegel sehen und zurückfühlen. — Was gedenken Sie zu thun? — Sie werden es heute noch erfahren, die Geschichte der Concordia, die Sie uns erzählten, schwebte mir während der ganzen Zeit vor. Wunderlich ists, daß er nie glauben will, wenn ich ihm mein Wohlwollen zu erkennen gebe, daß er sich vor seinen Kindern der Leidenschaft schämt. Lesen Sie diesen Brief von heute: Silbernes Mayglöckchen, Du hast mich jung gemacht, du machst mich auch erfinderisch; meine Tochter hielt mir vor, wie ich mir unterstanden, Dir die Hand zu drücken, da ich doch eben Tabak geschnupft. Gleich fiel mir ein, ihr zu sagen, Du hättest mir einen Dukaten für die Kinder der erfrornen Bettlerin in die Hand gedrückt, den sie ihnen auch gleich brachte, sie merkte gar nichts, und kaum war sie fort, so warf ich meine Dose aus dem Fenster. Der Tabak ist für immer abgeschafft, ein Kuß mehr von Dir ist doch mehr als alle Prisen, die ich diesen Winter noch nehmen kann. Ach Gott, wie bist Du lieb, was Du willst ist gut, alles wird durch Dich gut; schick mir doch nur auf eine Stunde einen Deiner kleinen rothen Schuhe. Was soll noch aus mir altem Manne werden, ich kann kaum diese Stunde ohne Dich leben, ich werde um zwey bei Dir vorbei fahren, sitze ja am Fenster, aber daß es auch die Leute nicht merken, Du liebes Goldfischchen. — Ich wollte unter den Briefen fortblättern, da trat zu meinem Erstaunen derselbe alte Mann ins Zimmer, den ich in die Stadt gefahren und für den Winter gehalten hatte; aber wie war er verändert, die grauen Kleider waren abgelegt, eben so der dünne Musikantenzopf, ein knapper blauer Frack mit Knöpfen, auf denen Britanniens Sonne herüberglänzte, eine Perücke, dunkles abgeschnittenes Haar darstellend, hatten die Oberhälfte seines Körpers verjüngt, das Fußgestell wollte sich nicht mehr richten lassen. — Sie erlauben mir, diese Bilder meiner Wünsche zu überreichen, sagte der Alte sehr zierlich, indem er eine Tüte mit Französischen Küssen überreichte. — Sie dankte und stellte ihn mir als Herrn Winter vor. Als er mich erblickte, wurde er roth. Ey willkommen, sagte ich, was macht der Kobold? — Gleich traten die übrigen ins Zimmer, es that mir leid, der Alte setzte sich zur Ruhe am Ofen, nahm einen Schaal der Frau und zog ihn abwechselnd durch die Finger, der Invalide sah ihn nachdenklich an, ich begann zu lesen:

Der Durchbruch der Weisheit.

Zu Jakob Böhmen kam gezogen
Ein jung Gesell aus Böhmerland,
Hat mit der Kundschaft ihn betrogen,
Jesuiter hatten ihm gesandt.

Er traut ihm, weil er Sela heisset
Er führt ihn in die Werkstadt ein,
Er giebt ihm, weil er frömmelnd gleisset,
Der eignen Kugel Lampenschein.

Er hat Geduld mit dem Gesellen,
Der wenig mitbringt aus der Lehr,
Er denkt bei sich in solchen Fällen,
„Ein frommes Herz kann viel und mehr.“

Der Meister lehrt ihm Pechdrath ziehen,
Nach Sächsisch Art zu nehmen Maaß;
Im tüchtgen Werk ist sein Erziehen,
Die Weisheit er aus Werken las.

Des Meisters Liebe zu gewinnen,
Strebt Sela jeden Augenblick,
Und seine Lebensstrahlen rinnen
Aus Meister Böhmens hellem Blick.

Ganz leise führet ihn der Lehrer
In Stufenfolge hoch hinauf,
Wo ihm, dem englischen Beschwörer,
Die Morgensonne gehet auf.

Einst sagt er: Hör jezt wie die Zinken
Vom Thurm im Windstoß klingen her,
In heller stiller Luft sie blinken,
Der Ton versank im luftgen Meer.

So muß die Lust der Farben scheiden
Wohl in der Früchte innerm Sinn,

Du mußt die Lust des Lebens meiden,
Steigt nüchtern Wasser dir ans Kinn.
Hat dich die Weisheit ganz verschlossen,
Dann wacht im Ohre Melodey;
Der Himmel ist dir aufgeschlossen,
Dein Blut ist Gott, dein Herz wird frei.
Bin eines armen Bauern Knabe,
Und hütete der Zicklein sein,
Um wenig Kost und Weihnachtgabe,
Und wünschte einst mir Flügelein.
Die Zicklein wollte ich ereilen,
Und hatte mich verstiegen fast,
Die Lüfte thät ein Adler theilen,
Und mich bei meinem Röcklein faßt.
Da hat der Adler mich getragen
Hin zu dem Berge Landeskron,
Daß in der Freude viel Verzagen,
Ich wünschte mich recht weit davon.
Da sah ich hoch von rothem Steine
Ein Thor gewölbet rund und spitz;
Da ließ der Vogel mich alleine,
Da ruhten Zicklein in der Hitz.
Da hab ich auch hinein gesehen,
Hab einen großen Schatz erblickt,
Hab drin gespielt und ließ ihn stehen,
Ein alter Mann da freundlich nickt.
Dem war der Bart so wild zerzauset,
Als hätt' er eine böse Frau,
Es hat mir nicht vor ihm gegrauset,
Er zeigte mir den ganzen Bau,
Dann mußt' ich seinen Bart ihm rechten,
Zu dreyen Strahlen eingestrählt,

Ich thäte ihn gar künstlich flechten,
Und hab ihn wohl dabei gequält.

Ich nahm dann Abschied von dem Alten,
Der Abend glänzte an dem Thor,
Ich ließ mich nun nicht länger halten,
Daß ja kein Zicklein sich verlor.

Und als die Vögel krochen unter,
Kam ich bei meinem Bauer an;
Mein Auge lachte mir so munter,
Die Backen klopft der alte Mann.

Und als er alles hat gehöret,
Da stieg er gleich mit mir zurück;
Da war das rothe Thor zerstöret,
Es lag da manches Felsenstück."

Und so erzählt er ihm noch vieles,
Wie er schon früh an sich geglaubt,
Wie er entbehrt des Kinderspieles,
Wie ihm die Fröhligkeit geraubt.

Erzählt ihm, wie in eine Schüssel
Die Sonne schien aufs blanke Zinn,
Und müd und schwach er fand den Schlüssel
Der kräftigen Mysterien drin.

Wie er von diesem Licht durchdrungen,
Vors Thor sich zu zerstreuen ging,
Hat Kraut und Stein im Geist umschlungen,
In ihrer Signatur umfing.

Da dacht er, wie ihm einst gesaget
Als Lehrjung ein ganz fremder Mann,
Er solle fleißig seyn wenns taget,
Da gingen die Mysterien an.

Es könne wohl aus ihm was werden,
Das deute ihm der hohe Kopf.

Wie alles, was geheim auf Erden,
Verschließ der hohe Kirchenknopf.

Wie er geängstigt von dem Streite
Der Menschen über Gottes Wort,
Gefleht, daß Gott die Flügel breite
Und ihm verkünde seinen Ort.

Wie sieben Tag ihn hat umfangen
Ein göttlich Licht und Freudenreich,
Ganz in Beschaulichkeit vergangen
In der Gestirne Liebe reich.

Wie er es eilend hat verkündet
Und sieben Jahre darnach schwieg,
Weil Predger sagten, daß gesündet,
Wer sich mit Offenbarung trüg.

Wie seine Obrigkeit geboten,
Daß er nur blieb bei seinem Leist,
Das Bücherschreiben ihm verboten,
So bleibet still bei ihm der Geist.

Bis ihm ein viertes Licht gezeiget,
Er müsse sagen, was er wüßt,
Wie fromme Leut dem Sinn geneiget,
Geglaubt, es sey kein falsch Gelüst.

Wie er darauf so viel geschrieben,
Und gar nichts ausgestrichen hat,
Aus einem Guß war es getrieben,
Und wie ein Eisgang war die That.

Wie ihn die Predger angetastet,
Der Rath ihn nicht verstanden hat,
Wie es so schwer auf ihm gelastet,
Daß so viel Menschen stumpf und matt.

„Mein Sohn die Kraft ist Wechselringen,
Die Mannigfalt im ewgen Streit,

Mit der Vollkommenheit Durchdringen,
Die Form bald eng und bald zu weit.
Bis sich die Reihen aller Wesen
Nach ihrem eingen Gegensatz.
Zum neuen Menschen sich erlesen,
Das Niedrigste zum höchsten Schatz.
Auf lerne denn mit ewgem Streben
Das Einzelne in der Natur,
So wird der Sinn dich überschweben,
Doch nur auf deiner eignen Spur.
Der Mensch von allem trägt die Zeichen,
Darum versteht er alle Welt,
Die Welt bemüht sich ihm zu gleichen,
So weitet sie der starke Held.
Wer seinen festen Grund gefunden,
Der ist in reiner Demuth stark,
Ihm ist des Schicksals Grimm verschwunden,
Die Larve einen Engel barg.
Jezt fühl ich mich in selgem Leben
Nicht ungestört, nicht ohne Fehl,
Doch gar ein ernstliches Bestreben
Durchwebt zu Eins so Leib und Seel."
Bald kannte Sela alle Kräuter,
Der innern Erde Flimmerreich,
Doch kam er in dem Wort nicht weiter,
Der Schleier reisset nicht sogleich.
Und schon will er nach Hause ziehen,
Er meint: Es ist der alte Mann;
Wie eine Kohle im Verglühen,
Die nur noch Asche zeigen kann.
Und die Jesuiten Väter rufen,
Sie glauben mich sogar verführt,

Da doch von seinen Himmelsstufen
Die kleinste nicht mein Fuß berührt.

Doch hält ihn noch des Greises Güte,
Der in des Jünglings freyem Sinn,
Sieht seiner Jugend fromme Blüte,
Aus Sturm zum Sonnenthal sieht hin.

Und in der Unschuld ewgen Kräften
Sieht er des Jüngers künftge Macht,
Kein Hexensprung in den Geschäften,
Ein klarer Tag folgt klarer Nacht.

Doch wie der Scherz zum Scherz gekommen,
So schmilzt der Schnee, so grünt die Au,
Im Land vom Segen übernommen
Die Händ der Engel, Denker schau.

Die kleiden an die nackten Bäume,
Sie decken auch der Erde Bett,
Und daß der Bach recht fröhlich schäume,
So baden sie in seinem Bett.

Aurora heißt des Meisters Tochter,
Sie lebet gänzlich der Natur,
Viel über ihn, für ihn vermochte,
Denn viel gelingt der Jungfrau nur.

Sie kann den Takt des Weltalls fühlen,
Den Puls, der in der Flamme wallt,
Das Erz muß tief den Fuß schon kühlen,
Manch heilsam Kraut ihr rauscht im Wald.

Sie sieht die ernsten Parzen sitzen,
Ihr sind sie noch wie Grazien schön,
Weiß sie mit Reden zu beschmitzen,
Daß sie nicht auf die Arbeit sehn.

Und spinnen aus zwey Stück das Leben
Des Vaters mit dem ihren fest,

Die Haspel kann es nicht angeben,
Aurora hält den Klöpfel fest.

Der Hände Linien kann sie deuten,
Sie weiß voraus die Witterung,
Die Elfen sagens ihr bei Zeiten,
Zu allem hat sie Zeit genung.

Sie war im Gartenhaus vom Lehrer,
Sie sah den Spinnen helfend zu,
Und daß kein Kleid der Werke Störer,
So war sie nackt bis auf die Schuh.

Die Schuhe blau mit goldnen Sternen,
Sie schien in Himmelslicht getaucht.
Und Eela kann sich nicht entfernen,
Als er an ihrer Thüre lauscht.

Nie ist sie ihm so vorgekommen,
Er sah sie oft, doch nie wie heut,
Wie Kinderschönheit ganz vernommen,
Nur in der ersten Mutterfreud.

Er schreitet staunend in die Thüre,
Und ruhig sieht die Jungfrau ihn,
Sie ahndet nicht, daß sie verführe
Und warum sollte Unschuld fliehn.

Nachdenklich ging er in den Garten,
Den Bäumen sagt er: Lebewohl!
Ein wenig braucht er nur zu warten,
Er lebet selber also wohl.

Bewußtlos aus der Blumenquelle
Hat er mit seiner Hand geschöpft,
Schöpft er der Liebe rothe Welle,
Der Liebe Blume unerschöpft.

Die tausendfach sich mag gestalten,
Mit hundert Blättern wunderbar,

Sie mag mit Streifen sich entfalten,
Die Blätter duften immerdar.
Die Rose sieht er sich in Händen,
Die er bedachtlos vorher brach,
Er muß sie nun zum Lichte wenden,
Und denket nicht dem Sinne nach.
Er ist im Sinn, er ist nicht seine,
Er ist ein Werkzeug der Natur,
Er steht im höchsten Lebensscheine,
In Sonnennähe er jetzt fuhr.
Wer weiß es denn, was er will sagen?
Wer höret denn, was es gewirkt?
Doch was der Liebe kann behagen,
Das ist aus reinem Stoff gewirkt.
Sie nimmt die Rose, nimmt den Spiegel,
Hält ihm ihn vor und hält ihn dann
Vors eigne Herz; ihr Kuß ist Siegel,
Im Herzen spiegle sich der Mann.
Im reinen Herzen so zu stehen,
Ist höher als auf dem Altar;
Das Volk mag falsche Götzen sehen,
In diesem Herzen steht was wahr.
Hier in dem Augenblick erscheinet
Ihm seines Lehrers ganzer Sinn,
Warum er oft betrübt geweinet,
Ist dieses Augenblicks Gewinn.
Wie so der Jungfrau Atmosphäre
Ihn führet zu der Weisen Stein,
Wie er auf selbstgetriebner Fähre
Schifft in das Paradies hinein.
Aurora ist ihm aufgegangen,
Der Schleyer reißt, die Luft quillt frey,

Das Licht ans Auge sich thut hangen,
Daß auch die Ferne seine sey.
Zum Durchbruch ist die Weisheit kommen
Befruchtend überströhmt das Land,
Der Menschen Thorheit fortgeschwommen,
Zerrissen ist der Erde Band.
Als lang der Meister ihn gerufen,
Er höret nicht, er sieht auch nicht,
Der Meister auf der Thüre Stufen
Steht da wie ein vergessen Licht.
Es könnte hier wohl Unglück zünden,
Doch dienet es den Irrenden,
Es will nur leuchtend sich verkünden
Und brennt nicht die Verwirreten.
Der Vater steht vor ihnen beyden
Und lächelt ihnen freundlich zu,
Und thut noch nichts sie da zu scheiden,
Drückt beyder Händ zusamm in Ruh.
Da fällt der Jüngling ihm zu Füßen
Und weint und rufet dann zu ihm:
„Eh ich dich heut als Vater grüsse,
„So wiß', daß ich es nicht verdien.
„Jesuiter hatten mich gesendet,
„Zu stehlen deine tiefe Kunst,
„Für sie hatt' ich das Heft entwendet,
„Doch war die Kunst mir ohne Gunst.
„Nimm dieses Messer zu erstechen
„Den der dein reines Blut verkauft;
„Ja tödte mich, ich kann nicht sprechen,
„Bis ich das Haar mir ausgerauft."
Ernst sagt der Meister an der Pforte;
„Die Kunst ist nur des Guten Lohn,

„Was du gelernt, das sind nur Worte,
„Der Opferrauch nur vor dem Thron.
„Hast du die Lehre wohl vernommen,
„So nimmt sie dir kein Frevler fort.
„So bist du fest von ihr genommen,
„Und du nur bist ihr einzig Wort.
„Aus Sylben wird ein Wort entstehen,
„Buchstaben stellen Sylben dar;
„Doch wirst du drum das Wort verstehen,
„Weil dir der Buchstab worden klar.
„Du hast mit ernstlichem Bemühen,
„Mit frischer Kraft zusamm gelernt,
„Der Tag wird heiß zusammenglühen,
„Was winterlich getrennt entfernt.
„Denn als Aurora dir erschienen,
„Da lief ein Blitz an dir entlang,
„Dem Schiffer scheinen so Delphinen,
„Syrenen grüßen ihn mit Sang.
„Das wilde Meer, das ihn geschrecket,
„Erscheinet ihm in Wiegenlust,
„Der Kindheit Freude ist erwecket,
„Und was getrennt, vereint die Brust.
„Mein Wort, das schien dir wild zerrissen
„Und ohne Sinn mein voller Sinn;
„Doch jezt erwachet dein Gewissen,
„Du reichest zur Gewißheit hin.
„Und wer sie einmal hat gefunden
„Der findet sie auch überall,
„In allem Seyn ist sie gebunden,
„Er löset nun den Geist vom All.
„Geselle ja ich bin gerühret,
„Denn eine Flamme deutet an,

„Die deine Stirne herrlich zieret,
„Was Liebe eilig wirken kann.

„So wie die Flammen nächtlich scheinen,
„Wo einen Schatz die Erde deckt,
„Der Seher sieht die Flammen scheinen,
„Den Schatz hat Liebe auferweckt.“

Sehr wunderlich, riefen einige. — Besonders das Bergthor. — Ariel versicherte, daß er im Salzburgischen einen Bürger gekannt, der täglich um einen Berg gegangen, wo er einmal einen Eingang entdeckt. — Dergleichen Erzählungen sind häufig, am auffallendsten aber eine vom Zobtenberge, die ich aus meiner Biographie Böhmens Ihnen mittheilen wollte.

Johann Beer.

Es lebte in der Stadt Schweidnitz ein Mann, Namens Johann Beer, als dieser seiner Gewohnheit nach im Jahr 1570 an dem gemeldter Stadt nahe gelegenen also genannten Zobtenberge umherspazierte, ward er an einem Orte des Gebürgs einer zuvor niemals bemerkten Öffnung gewahr. Hierüber bedachte er sich was zu thun, und gehet auf gefaßten Schluß in die Höhle des Berges hinein, ihm kommt aber ein gewaltiger Wind, mit etwas gräßlichem Schauer entgegen, welcher Ursach halber er damals wieder zurückgegangen ist. Nach etlichen Wochen entschließt er sich, nochmals in diese

Höhle zu gehen, machet solches auch am Sonntag Quasimodogeniti werkstellig. Als er etwas tief hinein kommt, findet er einen gar engen, doch geraden Gang zwischen zwey Felswänden, empfindet ferner keinen Wind, erblicket aber von weitem einen lichten Schein, dem gehet er nach bis zu einer verschlossenen Thüre, in welcher eine eingeschnittene Glasscheibe, wodurch der Lichtstrahl diesen finstern engen Gang ganz wunderlich beleuchtete. Hierauf klopfet er an die Thür, und zwar zum drittenmal, die wird ihm geöffnet, er siehet eine kleine Höhle, und in derselben an einem runden Tisch drey lange ganz abgemergelte Männer gegen einander sitzen, die hatten alt Deutsche oder Spanische Barete auf den Häuptern, sahen ganz betrübt aus und zitterten. Auf dem Tisch vor ihnen lag ein schwarz Sammet mit Gold beschlagenes Buch. Beer schreitet über die Schwelle in die Höhle hinein, stehet stille und spricht: Friede mit euch! Sie antworteten: Hier ist kein Friede! Er thut einen Schritt gegen den Tisch und spricht nochmals zu ihnen: Friede mit euch im Namen des Herrn! Sie erzitterten, sagen jedoch mit halber Stimme: Hier ist kein Friede! Er schreitet bis vor den Tisch, wiederholete: Friede mit euch im Namen unsres Herrn Jesus Christus!' Sie erstummen mit Erschrecken, Furcht und Zittern, legen hierauf ihm das vorgemeldete Buch vor, dieses öffnet er, besiehet den Titul, der lautet: Buch des Gehorsams. Hierauf fragt

Beer: Wer sie wären? Sie antworteten, sie kenneten sich selber nicht. Er fragt ferner: Was sie an diesem Ort machten? Sie sagten, sie erwarteten mit Schrecken das ernste strenge Gericht Gottes, zu empfahen den Werth ihrer Thaten. Er fähret fort: Was sie denn gewirket bei Leibes Leben? Sie zeigen auf einen Vorhang, darhinter würde er finden die Zeichen und Zeugen ihrer Handlung. Er ziehet hierauf den Vorhang von der Seite, siehet eine große Menge allerhand mörderischer Waffen, wie auch alte, theils halb, theils ganz verwesete Dinge, zusammt etlicher Menschen Gebeine und Hirnschädeln, woraus erschienen, daß ihre Werke ihnen gefolget, und daß sie Räuber und Mörder gewesen, wie auch die Schlesische Chronik unter andern vom Zobtenberge und dem darauf zerstörten Raubschlosse, dessen Trümmer noch vorhanden, ihrer viele gedenket. Beer fragte sie: Ob sie sich dieser Werke bekenneten? Sie sagten: Ja! Er: Ob es gute oder böse Werke? Sie sprachen: Böse. Er: Ob es ihnen leid, daß sie solche böse Werke gethan? Sie antworteten nichts, erzitterten nur. Er fragte ferner: Ob sie bekenneten, daß sie gute Werke hätten thun sollen? sie antworteten: Ja. Er: Ob sie auch noch gute Werke würken und gut seyn wollten? Sie sagten, sie wüßten es nicht. Beer sagte: Gott das höchste Gut hat alle Dinge, sonderlich aber die Menschen gut und zu guten Werken erschaffen; weil ihr denn bekennet, daß diese eure Werke böse sind, ihr aber hättet gute Werke thun sollen, so müßt ihr auch bekennen, daß euch Gott anfänglich gut, und zum Guten erschaffen, und ihr also gute Werke thun sollet und könnet, wenn ihr nur selber wollet. Sie sagten, sie wüßten von keinem Wollen, könnten in sich nichts finden noch empfinden, Böses oder Gutes zu wollen. Beer fuhr fort: Wie es nun ist möglich gewesen, daß ihr euch dem Guten entnommen, und aus dem Guten in das Böse kommen seyd, also ist es auch nicht unmöglich, daß ihr aus dem Bösen wieder könnet zu dem Guten gelangen, und mit Gott dem höchsten einigen Gut ganz versöhnet und geeiniget werden, so ihr nehmlich das Wollen und Begehren, wieder gut zu werden und zu Gott zu kommen, wollet ergreifen. Sie werden darüber bestürzet, befinden zwar auch etwas Änderung bei sich selber, stehen dennoch in Zweifel und Unwissen, ob sie könnten oder wollten das Wollen und Können in sich selber finden. Weil aber unterdessen die Stunde der Offenbarung verlaufen, und die Zeit zum Ausgang vorhanden, ließ Beer gedachte drey Männer auf weiters Besinnen beisammen, zeiget ihnen auch im Proceß der Höllenfahrt und Auferstehung Jesu Christi, den Weg Gottes recht, und nimmt also Abschied von ihnen, mit Vermelden, ob es dem Herrn seinem Gott gefällig, wolle er über 8 Tagen wieder zu ihnen kommen. Gehet darauf im Namen und Geleite Gottes wieder aus dieser Höhle des Zobtenbergs in den Tag hinaus. Ob er aber über 8 Tagen wieder in den Berg gegangen, habe ich Abraham von Frankenberg von seinem Lehrjünger Johann Springer nicht können erfragen, wiewohl nicht allein dieser Johann Springer, sondern auch Johann Beers hinterlassene Wittwe, eine verlebte Gott liebende Matrone, von diesen und andern Dingen gute Wissenschaft getragen, mit Vermelden gegen ihren Tochtermann, einem evangelischen Prediger zu Adersbach, daß unter andern Sachen in selbiger Wunderhöhle auch noch ein schönes Positiv mit vergoldeten Claviaturen gestanden, auf welchem Johann Beer, vielleicht die Geister zur Erkenntniß ihrer selbst und dem Lobe Gottes zu erwecken, zu unterschiedenen Malen solle gespielt, und also ferner mit diesen verschlossenen und verbannten Geistern geredet haben. Ferner berichtete sie, sie hätte gar oft bei Nacht einen lichten Schein um ihr Bette gesehen, vor welchem sie sich erstlich entsetzet, aber von ihrem Manne berichtet worden, sie solle sich nicht fürchten, dann es wären die heiligen Schutzengel Gottes, welche durch ernstlich anhaltendes Gebet ihnen zum Dienst und Trost von Gott gegeben, ihre Nachtwache mit himmlischen Gesprächen von Gott allda versorgten. Worauf sie ruhig und andächtig, wie auch aufmerksamer auf sich selbst worden, und mit ihrem Eheherrn gar eine christliche und friedliche Ehe besessen.

Das Vorlesen war so früh beendigt, daß die Frau selbst diese Lücke zu füllen beschloß, indem sie sprach: Bei der schnellen Sinnesänderung in ihrer Erzählung erinnerte ich mich eines ähnlichen Ereignisses aus einer alten Erzählung, dem ich indessen einen geschickteren Vortrag wünschte, als ich ihm zu geben verstehe.

Poliphil und Polia.

Polia ließ ihre langen blonden Haare in heller Frühlingssonne zum Fenster hinaus hängen, sie zu kämmen und zu strählen, wie die Gewohnheit der Jungfrauen in Treviso, als Poliphil, der Baumeister, ihren Pallast zu beschauen, die Straße ruhig herunterschritt, aber von diesem prachtvollen Anblicke wie versteinert ergriffen und festgehalten wurde. Diese Schöne war in dem ersten Leichtsinne des jungfräulichen Blutes, achtete seiner nicht, bis er ihr durch stündliches Vorbeigehen auffiel und lästig wurde, weswegen sie ihm gewöhnlich den Rücken zukehrte und ihm leider auch den schönen Nacken zeigte. Die Pest störte diesen einzigen Genuß seiner Sehnsucht, Polia flüchtete eilig auf das Landhaus einer Freundin, er konnte nicht erfahren, wohin sie enteilt, und suchte sie, allen Gefahren trotzend, im ganzen Lande auf. Sie war inzwischen der Krankheit nicht so leicht entflohen wie der Liebe, sie schwebte in der höchsten Gefahr, als sie der Diana immerwährende Keuschheit gelobte wenn sie ihr Leben retten wollte. Sie besserte sich von der Stunde an und war kaum hergestellt, als sie schon in den nahliegenden

Tempel der Diana sich als Dienerin hingeben wollte. Die Nachforschungen nach Polia hatten Poliphil weit umhergeführt. Die Baukunst brachte ihn in diesen Tempel, von Sehnsucht ermüdet, ruhte er gegen einen Pfeiler, als Polia in einfachem Goldschmucke zu der Feierlichkeit ihrer Einführung eintrat. Gleich erkannte er sie, die schönen Haare waren aufgeflochten, seine Blicke ruhten darauf. Sie sah ihn mit Schauder so blaß und entstellt, sie glaubte einen Haß gegen ihn zu fühlen. Seine Trostlosigkeit überstieg alles Maaß, sie vergaß ihn während der Feierlichkeit, und blieb nach deren Ende vor dem Altare, der Ceremonie gemäß, allein liegen. Als sie aufstehen wollte, trat ihr Poliphil zitternd entgegen; sie wies ihn hart von sich, aber er ließ sich nicht zurückweisen, sie mußte seine jammervollen Worte hören, wie er ruhelos umhergewandert, sie zu suchen, und nun fände er sie im Dienste einer feindlichen Göttin. Bei diesen Worten stürzte er plötzlich, als wäre er von den Pfeilen Dianens getroffen, aber eigentlich von Gram erschöpft, zu ihren Füßen nieder. Sie war von der heiligen Handlung noch ganz durchdrungen, sie verachtete diese Leiden, kein Strahl des Mitleids kam aus ihrem Herzen, nur des Tempeldienstes wegen zog sie den todten Körper in eine dunkle Ecke, doch da ergriff sie ein Schauder, als wenn sie etwas Entsetzliches vollbracht, sie eilte ohne Besinnung nach Hause. Auf dem Wege ergriff sie eine Staubwolke, die ein

Wirbelwind herbeigeführt hatte, und trug sie in einen dichten Busch, nahe einer Landstraße. Da sah sie Wunderdinge. Erst zogen zwey nackte Frauen mit aufgelösten Haaren einen feurigen Wagen, ein kleiner Knabe mit Flügeln stand darin und trieb sie mit einer glühenden Ruthe. Von der andern Seite kamen mit aufgesperrten Rachen Löwen und Tieger, Geyer und Raben herbei, die einer Beute zu lauern schienen. Als der Knabe sie erblickte, spannte er die jammernden Weiber aus, zerhieb sie mit seinem Degen, sie sah noch, wie die wilden Thiere die Glieder zerrissen und zerbrachen, und aufzehrten, daß nichts übrig blieb, als die Herzen, die zu hart den Löwen und Tiegern als Feldsteine am Wege liegen blieben. Das Entsetzen vor diesem Anblicke benahm ihr die Sinne, sie fand sich erst in den Armen ihrer Amme wieder, die sie ohnmächtig vor dem Hause angetroffen und in ihr Bette gelegt hatte. Sie wollte keine der Erscheinungen ihr vertrauen, aber sie wagte nicht, aus Furcht vor neuen Schrecknissen, allein zu bleiben; als die Sonne sich weggewendet hatte, mußte die Amme in ihrem Bette schlafen. Im ersten Schlafe, der sich dumpf auf die Ermüdete hinwälzte, erschienen ihr alle jene Thiere des Waldes, die sie mit schrecklicher Bedrohung nöthigten, jene harten Herzen aufzuessen, die den Löwen zu hart gewesen; aber beim ersten Einbeißen brachen ihr alle schönen weißen Zähne im Munde, sie schüttelte sie hinaus und wachte in Klagen darüber auf. Die besorgte Amme konnte es ihr kaum mit tausend Betheurungen ganz bewähren, daß ihre Zähne noch herrlich wie Elfenbein beim Lampenscheine glänzten. Jezt gestand Polia, ganz erschöpft von Angst, die Stirne naß von kaltem Schweiß, ihr Herz klopfend, daß sie Venus durch Kaltsinn schwer beleidigt habe. Die Amme, welche durch ihr Alter wohlerfahren war, suchte ihre Reue durch manche Beispiele noch zu befestigen, und ihre Einfalt zu belehren. Sie erzählte ihr von einem vornehmen Mädchen, deren Sprödigkeit die Stadt verödet hatte, denn alle Jünglinge flüchteten lieber in die Einsiedeleien des Waldes zu den reissenden Thieren, als in der Stadt bei so kalter und stolzer Schönheit zu verweilen. So überschritt sie ihr acht und zwanzigstes Jahr, aber da rächte sich der beleidigte Gott, und schoß ihr einen brennenden Pfeil durch den Magen, daß sie jeden, der um sie noch anhalten würde, zu nehmen beschloß. Aber der beleidigte Gott führte ihr einen Mann, fett wie ein Dachs, kalt wie eine Schnecke, in die Arme, der schlief wie ein Murmelthier, und schnarchte wie ein Jagdhund, daß sie in Trübsinn ihr Leben gewaltsam endete. Darauf rieth sie ihr alle Sünden der Priorin im Venustempel zu beichten, ob sie wohl noch Gnade gewinnen möchte, worüber Polia ruhig einschlief. Inzwischen war die Seele des Poliphil, so abgehärmt wie sie war, aus dem erstarrten Körper vor den Richterstuhl der Venus getreten, ihr zu klagen, wie er sein Leben ohne Gewährung in ihrem Dienste verschwendet. Sie rief zornig ihren Sohn, der aber herzlich lachte und sich verwettete, daß sie ihn mit Ruthen streichen sollte, wenn er jene widerspenstige Seele nicht ihrem Gebote unterwürfig machen könnte. Darauf enteilte er und brachte die Seele der schlafenden Polia vor den Thron. Venus selbst verwunderte sich über die Schönheit dieser Seele, die Poliphil der göttlichen der Göttin selbst gleich stellte, ja davon in keiner Art der Vollendung unterscheiden konnte, die Härte des Herzens ausgenommen, die aber der kleine Gott durch einen starken Schuß mit dem härtesten Pfeile zur Entzündung und Vertheilung brachte. Nachdem er dies gethan, führte er ihre Seele in den schlafenden Körper zurück. Polia erwachte und fühlte eine unwiderstehliche jammervolle Sehnsucht nach dem Leichnam des armen Poliphil, zu sehen, ob keine Spur des Lebens mehr darin. Als sie sich in die Kirche geschlichen, fand sie ihn noch an derselben Stelle, kalt wie Marmor, den selbst ihre warme Hand nicht zu erwärmen vermochte. Sie löste sein Kleid und fühlte nach seinem Herzen, ihre Liebe nahm immer zu, ihre Thränen flossen immer stärker; da fühlte sie noch ein leises Regen in der Herzgrube. Die schmerzliche Freude übernahm sie, mit mancher Ausrufung von Leid und Hoffnung strich sie ihm Leib und Rücken, da führte der kleine Gott seine trostlose Seele in den erwärmten

Körper zurück, daß er in ihren Armen erwache. O der überschwenglichen Seligkeit! aber zu laut waren die Ausrufungen ihrer Freude, die Priesterinnen der Diana kamen herbei, und die gestern noch ihre besten Freundinnen, schlugen jetzt auf sie um so heftiger, nachdem sie in den Armen eines Mannes gefunden; ohne Erbarmen wurden beide zum Tempel hinausgestoßen. Diana eilte vor ihnen über, den Wagen mit weißen Hirschen bespannt, sie sah hart und grausam auf die Liebenden hin, die Venus in ihrem goldnen Wagen von Tauben nach ihrem Tempel ziehen ließ, der köstlich mit Blumen ausgestreut war, auf deren Blätter schöne Liebesbriefe und Liebesgeschichten geschrieben standen. — Bei diesen Worten setzte die Frau ein Hüthlein, das sie während der Erzählung aus Rosen geflochten auf das Haupt des Winters, der wie Anakreon in mancherlei Muthwillen zu schwelgen begann.

Ach daß ich diesen Frühling sterben muß und sie nicht mehr hören kann, fuhr der Alte auf, einmal müssen sie Blumen auf mein Grab streuen. — Wäre es nicht besser, antwortete sie nachdenklich, wenn ich ihnen längeres Leben gebe, von dem meinen etwas abgebe, was mir zu lang wird, wie Aurora ihrem Vater. — Er sah sie verlegen an. — Sie führte ihn vor das große Bild, vor dem die Blumen sich schon geschlossen hatten. Lieber Winter, sagte sie, seit ich durch jenen Frühling unglücklich bin, ist es mein einziger Wunsch gewesen, irgend wen durch meine Hand ganz zu beglücken; sie allein glaube ich dazu fähig, alle ihre Gedanken haben sich zu mir gewendet, ich meine, sie haben keinen andern Wunsch als mich; ich übergebe ihnen mit Überzeugung diesen Ring, der mich lange als eine unglückliche Erinnerung gedrückt hat; sie sehen, ich bin magerer unter ihm geworden, er fällt so leicht vom Finger, sey er ein Zeichen unsrer Verlobung. — Wie soll ich das Staunen aller, die Seligkeit des alten Mannes beschreiben, er sank auf seine Kniee, ohne es zu wollen, er sprach, ohne es zu wissen, und ich fühlte es ganz, daß dieser Entschluß unsrer Frau nicht aus Ärger, nicht aus Überdruß oder Sonderbarkeit, sondern aus reiner wohlwollender Überzeugung hervorgegangen sey. — Sie wurde zuerst von uns allen gewahr, wie starr und bleich mit weit geöffneten Augen der Invalide hinter mir stand; er athmete, aber er schien nicht zu leben. Sie wandte sich mit tiefer Rührung hin zu ihm: Ich konnte Ihnen nicht so viel geben, als Sie verdienen, so mocht ich Ihnen nicht die Freiheit des Lebens und der Hoffnung rauben, um meinet willen leben Sie, doch nicht für mich. — Er rief zerstreut: Wem soll ich dienen, dien ich Ihnen nicht; wer läuft auf einem Beine der raschen Ehre nach? — Sie drückte seine Hand und sagte: So dienen Sie mir frey und ohne Lohn, wie sie bisher gethan. — Nicht so, erwiedert er, die Hoffnung lohnte menschlich mir, der Schein ist mir versunken, ich finde nicht den Weg zu diesem Hause, so bau ich mir in jenen Sternenräumen den neuen grössern Tempel auf; was unerreichlich, ist sich alles gleich! Wer in der Liebe lebt, der lebt in Gott, wer ungeliebt hier lebt, den holt der Teufel. — Und doch kann ich nicht anders, sagte sie, und was geschehn, ist nicht zu ändern, und wärs noch nicht geschehn, ich müßt es thun. — Es konnt' nicht milder kommen, doch es schmerzt; ach vor dem Kriege, wenn wir hier einsam saßen, ach haben Sie mich damals nie verstanden? — Nein, sagte sie, Sie waren damals von tausend andern Plänen noch besessen; ich glaubte mich von Ihnen übersehen. — Er wollte fort. — Ich seh Sie wieder, einziger Freund? — Er nickte und ging zur Thüre hinaus; ich lief ihm nach. Wahrlich der Mann ist so gut, daß ich mich tief ärgerte über den Krieg, der zwey für einander Bestimmte, Sie und Ihn, so hart von einander gerissen. Wir liefen wild fort, er freute sich zuweilen entsetzlich über alles Blutvergießen, Erdbeben, was er voraus sagte; dann wurde er wieder so weichherzig, daß er mich fragte, ob er sie auch nicht im Gespräche erschreckt habe, es wäre ihm aber jede Verstellung verunglückt, er hätte sich erst so bezwungen, daß er fast erstickt wäre. Es ist das Gelindeste von allem, was mir geschehen konnte, sagte er, seit ich weiß, daß sie den Feind liebte; ich bin gewiß, daß sie den Winter nicht lieben kann, aber daß alles, was ich zu ihr hingedacht, zu nichts wird, mein ganzes Leben so vieler Jahre, das ich auf sie verwendet, alles zu nichts; und daß ihre Schönheit auch so vernichtet wird um nichts, es ist mir, als wenn zwey einzige Kinder an einem Tage sterben. Es ist etwas Entsetzliches um die Wirklichkeit der Dinge, daß man gar nicht denken kann, es sey anders. — Bald trat wieder sein schrecklicher Humor hervor, er sagte: Was jammern doch die Menschen jezt soviel über die Münzscheine für echtes Gold und Silber, wer giebt mir auch nur einen Schein für meine Hoffnungen, die andern erfüllt sind, für meine Wünsche, die andern gewährt, für meine Dienste, die alle verloren, für meine Erfahrungen, die mir alle unnütz, für meine Zuneigungen, die ausser Kurs gesetzt sind, die ganze Welt könnte mir das Kapital nicht verzinsen, viel weniger kann sie es mir wiederbezahlen! — Wir liefen so die halbe Nacht mit einander, endlich brachte ich ihn doch auf mein Zimmer, er bat mich, ihm allerlei Unglücksgeschichten vorzulesen, er hoffte dabei einzuschlafen. Ich las ihm Nachtstücke.

Winternacht.

Durch die Fenster, blumig befroren,
Schimmern die Lichter matt und fern,
Trommeln und Pfeifen dumpf vor den Ohren
Hören wir draussen im Schnee so gern;
  Bei den Feuerbecken wir wachen,
  Weil wir nicht gebeten hier,

Meinen die Hochzeit mitzumachen
Bei den Lampen an der Thür.

Drinnen sind Alle im Tanz verloren,
Einer flieht vom Tanze fern,
Mädchen seyd doch keine Thoren,
Sprecht nicht an den blanken Herrn.
Seht er flieht zum Platz mit Bäumen,
Die geordnet schwarz im Schnee,
Wie ein Leichenzug da säumen
Vor dem Haus im stummen Weh.

„Was ich suche, was mich treibet,
„Ist mir Zauber angethan,
„Ich bin selber mir entleibet,
„Leichter Schnee auf glatter Bahn:
„O ihr Augen, lieben Sterne,
„Wie ihr blinket, wie ihr lachet,
„Bläulich scheint die tiefe Ferne,
„Flammen habt ihr angefachet.“

Eine öffnet da das Fenster,
Glühend, athmet kalte Luft.
Hüt dich Braut! viel Luftgespenster
Dringen aus dem heissen Duft.
Der verschmähte Gott ergrimmend
Kalte Pfeile auf dich wirft,
Doch den Todessang anstimmend
Sie den kalten Becher schlürft.

„Kühlung, ruft sie, Melodieen
„Meinem heissen Fackeltanz,

„Kühler Wind, du kannst entfliehen,
„Wirf ihm zu der Jungfrau Kranz!"
Wie der Schmiede starker Hammer,
Schlägt ihr Herz den Takt zum Tanz;
Strahlte doch zu Ihm der Jammer,
Dieses Feuers letzter Glanz.

Denn sie sinket todt zurücke,
Wie ein Schrey den Saal gestillt,
Aus Musik im Augenblicke,
Wie ein Schiff, das Wasser füllt,
Eben scheinet da die Fläche,
Wellen wirbeln obenhin,
Und es spielt mit ihrer Schwäche
Starker Winde hoher Sinn.

Drunten schlagen sich mit Fackeln
Die Bedienten um den Kranz,
Ha er wird nicht lange fackeln,
Denn er eilt zum Todtentanz.
Mit dem blanken Degen trennend
Dieses Haufens rohen Schmerz,
Hebt er ihren Kranz schon brennend
Auf den Degen, auf sein Herz.

„Heilger Schimmer, dich bewahren
„Kann ich nur am Herzen mein,
„Es erlischt mit Flammenhaaren
„Schon der Hochzeit Fackelschein;
„Wenn die Augen sind geschlossen,
„Mild ein Bild darinnen schafft,

„Ich ihm nach auf hellen Sprossen
„Steige in des Himmels Kraft.“

Mit dem Degen, ders durchdrungen,
Drückt er auf das Herz den Kranz,
Scheinet von Rubin umschlungen
In des Schneees Demantglanz;
Jeder war bei Ihr bemühet,
Bis man Ihn beim Kranze fand,
Der auf dem Erstarrten glühet,
So ward Beider Lieb erkannt.

Wie ein Mühlrad sich beweget,
Wo die Mühle abgebrannt,
Lange noch sein Herz sich reget,
Als sein Augenlicht verbrannt;
Aus dem neidenswerthen Glücke,
Das da oben uns erschien,
Machten wir die Trauerbrücke,
Ins Gewölb sie Beid' zu ziehn.

Das ist keine Noth, sagte der Invalide, lieber Freund, da ist noch Gegenliebe, es muß ärger kommen, soll ich mich darin fühlen.

Frühlingsnacht.

Geraubet war Ihm das Fräulein sein,
Er sucht es in Morgen und Abend,
Er sucht es in Sonn- und Mondenschein
Auf glänzendem Rosse trabend:
Wohin, wohin mein wildes Herz?
So ruft er, es sausen die Wälder von Schmerz.

Er suchet in seinen Gedanken auf
Die Blicke voll Lust und voll Liebe,
Und drücket die Augen fest zu im Lauf,
Taucht Sonne ins Wasser so trübe;
Wie weit, wie weit bringt Frühlingstag
Das weite Land, wies keiner vermag.

Er lernet der Sprachen Mannigfalt,
Zu fragen nach Ihr in allen,
Er lernet auch eine, die keinem schallt,
Der stummen Blumen Gefallen:
Woher, woher der deutende Strauß?
Er fiel zum Fenster des Thurmes hinaus!

„O Schicksal, du spielest mit Blumen bunt,
„Sie will in die Arme mich fassen!“
Da drückt er die Blumen an seinen Mund
Und kann sich selber kaum fassen:
Wozu, wozu nun alle der Schmerz,
Sie sinket im Mondenschein an sein Herz!

Und als der Mond den Bogen hell
Spannt über dem Thurme und zielet,
Und schiesset die silbernen Pfeile schnell
In Augen, die brennend gefühlet:
Wie weit, wie weit bringt Liebesmacht
Zwey liebende Herzen in einer Nacht.

Er spannet die Arme zum Thurme aus,
O fülle die Arme, du Liebe,
Wie du mir versprochen im bunten Strauß,
Sie hört es und folget dem Triebe:
Woher, woher? Vom Thurme herab,
Sie stürzt in die Arme ihm, — beyder Grab.

Am Morgen, da fliegen zwey Lerchen auf,
Die überfliegen einander,
Wohin, wohin der schnelle Lauf
Sie singen es jubelnd einander:
Warum, warum viel liebe Noth,
Aus Armen der Nacht steigt Morgenroth!

Hier war der Invalide auf dem Sessel eingeschlafen, die Sonne ging eben prächtig auf.

Neunter Winterabend.

Die Abentheuer des Prinzen Karl Stuart.

Einleitung.

Das Haus der Stuarts ist altberühmt. Robert Stuart bestieg den Thron Schottlands im Jahr 1371. Nach dem Tode der Königin Elisabeth von England vereinigte Jakob VI im Jahr 1604 beide Reiche, seine Nachkommen regierten über beide, bis Jakob VII i. J. 1688 durch seine Anhänglichkeit am katholischen Glauben verhaßt, von seinem Schwiegersohne Wilhelm von Oranien vertrieben, mit der Königin und dem Prinzen Georg nach Frankreich flüchtete. Wilhelm wurde König, das Parlament setzte fest, daß nur Protestanten der Regierungsfolge fähig. Zwey Versuche wurden von dem vertriebenen katholischen Hause gemacht, das Reich wieder zu gewinnen, einer von dem Prinzen George im Jahr 1715, aber ohne Erfolg; zum zweyten Unternehmen seines Sohnes Karl wenden wir uns erzählend. Der Krieg mit Frankreich beschäftigte Großbritannien und veranlaßte die französische Regierung den Prinzen zu unterstützen, der den 15. July 1745 von Port Lazare in Bretagne auf einer kleinen eilf Kanonen Fregatte, mit wenigem Geld und Waffen, reicher an Hoffnung, Verstand und Kühnheit absegelte. Bei Bellisle stieß die Elisabeth, ein französisches Linienschiff von sechzig Kanonen zu ihm. Auf der Fahrt begegneten sie einem englischen Linienschiffe, Lion, mit dem die Elisabeth ein verzweifeltes Gefecht bis in die Nacht aushielt, während dessen die Fregatte ihren Weg sicher fortsetzte; in der Nacht rettete sich die Elisabeth in schrecklichem Zustande nach Brest, sie hatte Geld und Waffen für mehrere tausend Mann an Bord, alles zum Dienst des Prinzen, der indessen mit sieben seiner Anhänger an der Küste von Lochaber glücklich gelandet war. Er blieb mehrere Wochen versteckt bei Macdonald von Kinlock — moidart, bis die Hochländer Clans zusammen berufen waren und sich öffentlich für ihn erklärt hatten. In der Mitte Augusts waren ungefähr 2800 Mann, Stuarts von Appin, Macdonalds von Glengary, Camerons von Lochiel u. a. beisammen. Karl erhob seine Fahne mit der Inschrift: Tandem triumphans, und machte drey Manifeste bekannt, zwey von seinem Vater unterzeichnet, ein drittes mit seinem eignen Namen; vieles, was die Schotten wünschten, versprach er darin, unter andern die Trennung von England. Die Regierung ward zu dieser Zeit erst von seiner Anwesenheit unterrichtet, sendete Befehle an Cope, Generalissimus in Schottland, auf alle Art dem Ausbreiten jener Partey zuvorzukommen, zugleich wurden 30,000 Pf. Sterling auf den Kopf des Prinzen gesetzt. Zwey Compagnien von Sinklairs Regiment, die zum Rekognosciren in die Hochlande geschickt, wurden gefangen, eben so Kapitän Swethenham von Guise zu Fuß, der auf sein Ehrenwort entlassen, die ersten Nachrichten von der Macht der Hochländer brachte.

Cope, nachdem er die königlichen Truppen und die Miliz gesammelt, marschirte in die Hochlande um den Prinzen zu suchen; der Prinz vermied eine Schlacht, umging den General und zog ohne Widerstand in Perth ein. Als Cope dies nach einem beschwerlichen Marsche bis Inverneß erfuhr, so ging er zurück; Karl rief seinen Vater als König in Perth aus, sein Anhang mehrte sich, er marschirte zum Flusse Forth, er stürzte sich zuerst an der Spitze der Infanterie hinein und sie durchwadeten ihn. Glasgow wurde aufgefordert, gab aber keine Antwort. Karl erreichte Edenburg vor Copes Rückkehr, welches ihm seine Freunde sogleich den 17. September übergaben. Der alte General Guest zog sich mit einigen Soldaten in das Schloß. Cope vereinigte sich mit dem Brigadier Fauke, erschien den 20sten Abends bei Prestonpons und sah auf den Höhen bei Edenburg des Prinzen Truppen. Die Nacht wurde unterm Gewehr zugebracht und häufig von beiden Seiten geschossen. Den 21sten Morgens um drey griffen die Hochländer ihn an, einige Dragoner zogen sich beim ersten Feuer zurück und ließen die Infanterie den Hiebern der Hochländer ausgesetzt, welcher Waffe sie ungewohnt war, sie wurde in wenigen Minuten umgerannt, etwa dreyhundert getödtet, der größere Theil gefangen. Oberst Gardiner, von seinen Dragonern verlassen, stieg vom Pferde und focht mit der Infanterie; von Wunden bedeckt, fiel er fast vor seiner eigenen Thürschwelle; so mußten viele fliehen, damit einer recht stehen konnte. Kanonen und andres Kriegsgeräth wurde genommen, und außer dem vermehrten Anhang der Vorsichtigen, die ein Glückszeichen zu ihrem Entschlusse bedürfen, wurde dadurch einem dringenden Bedürfnisse an Waffen abgeholfen. Der Geschlagenen mochten ungefähr vier Tausend gewesen seyn, der Sieger 3400, von denen wohl zwey Fünftheil nicht zum Schlagen kamen. Karl residirte nun im Heilgenkreuzhause, wo jedes Zimmer gewaltsamer Tage Gedächtniß trägt, dem Kühnen ist dieser gewaltige Wechsel der Dinge aufmunternd, der den Beschaulichen erschreckt. Von hier aus hob er Soldaten und Abgaben aus; Glasgow mußte eine große Summe zahlen. Aus Frankreich kam nach der Siegsnachricht Geld, Artillerie und Munition, doch hatte er auf mehr Freunde im Lande gerechnet als r fand, er kannte es nur nach den Ansichten seiner Famile und seiner Partey. Selbst in dem Hochlande bewaffnete sich Argyle gegen ihn, der Earl von Sutherland stellte 1200 Mann gegen ihn ins Feld, so Alexander Macdonald und der Laird von Macland sendete zweytausend Insulaner von Sky. Einige Edelleute bewaffneten sich unter dem Namen König-Jäger.

Karl wollte seine schwankenden Anhänger in England durch seine Gegenwart und sein Beispiel ermuntern; mit 6700 Mann ungefähr marschirte er nach Carlisle, den 6ten November ging er über die kleine Tweed, die so lange große Nazionen geschieden. Marschall Wade opferte aus Klugheit den zweifelhaften Erfolg auf, ihm zu begegnen, er fand Carlisle besetzt und wagte es nicht den Prinzen daraus zu vertreiben, er legte sich deswegen hinter dessen Armee, um alle Nachhülfe aus Schottland abzuschneiden. Der Prinz kam den 29sten bis Manchester, aber wenig Engländer erklärten sich für ihn, der Geist seiner Anhänger fiel sehr. Die Engländer sind ausgeartet, sagten sie, und haben allen Sinn für Gerechtigkeit verloren, umsonst ist dieser beschwerliche Marsch, sie lassen die Gelegenheit zum Besseren vorüber, um bequem und schmerzlos zu leben. Karl sah seinen Irrthum wohl, aber er traute noch seinen Anhängern in Süden und munterte sie auf: Wer weiß, ob nicht alles zu meinem grössern

Ruhme ausgeht; die Vorsehung hat uns in solche Gefahr gebracht, um ihre Macht zu bewähren; der Sieg erklärt sich nicht immer für die Menge; wir haben die Engländer einmal schon unmännlich gegefunden, wir finden sie wieder also. Wer weiß, was unsre Freunde heimlich für uns thun, laßt uns unser Urtheil noch aufschieben, bis wir neue Nachricht aus London haben. — Er hatte jetzt etwa 3400 Mann bei sich, erst fünfhundert Engländer hatten sich zu ihm gesellt, ungeachtet er seinen Vater an allen Orten als König ausrufen ließ; mit dieser geringen Macht umging er den Herzog von Cumberland, der ihm gegenüber trat, sehr geschickt, und kam den 5. December nach Derby. Hier erhielt er aus London sichere Nachricht, daß sein Anhang nichts thun könne, auch keine französische Landung auf der Südküste zu erwarten sey, die stark besetzt worden. Im Kriegsrath drängten nun die Häupter seiner Partey zum Rückzuge; sie waren nicht für das Außerordentliche geschaffen, und hatten es doch unternommen; der Prinz gab nach, die Soldaten murrten, sie hatten sich auf London gefreut; auch wissen rohe Leute von Natur, daß man nie etwas, sondern alles wagen muß; doch unterdrückte der Prinz ihre Rache gegen die Engländer auf dem Rückmarsche, es wurde nur das Nothwendigste genommen. Karl wollte einen so geschickten Rückzug als kühnen Einfall ausführen. Indessen hatte Lord Lewis Gordon und Lord John Drummond wohl 5000 Mann zum Dienste des Prinzen in Schottland bey Perth zusammengebracht, auch aus Frankreich war ein Regiment meist Schotten und Irländer angekommen, auf der englischen Seite hatte der Earl von Loudon Truppen zusammengebracht, die den Lord Lovat von Fort Augustus fortdrängten, so kam Edenburg und Glasgow wieder in die Gewalt der Engländer. Der Prinz vermied mit großer Geschicklichkeit alle Gefechte mit dem Herzoge von Cumberland, so kam er bis Manchester. Dort nahm man ihn viel unwilliger auf, als bei dem Einmarsche, dafür mußte die Stadt zahlen. Den dreyzehnten bey Preston hätte es zu einem Gefecht kommen müssen, wenn nicht seine Freunde ausgebreitet, die Franzosen wären im Süden gelandet, worüber der Herzog einen Tag auf nähere Nachrichten wartete. Ein Glück für Karl wäre solche Landung gewesen, aber die Franzosen wurden zu genau von den Engländern bewacht, um auslaufen zu können. Bei Clifton wurde Georg Murray, der den rechten Flügel kommandirte, angegriffen, er hielt sich gut; die Nacht machte dem Gefecht ein Ende und er zog sich ohne Verlust weiter zurück. Die Engländer hatten etwa zwanzig Mann Todte; Kapitän Hamilton von den Schotten wurde durch österreichische Husaren gefangen, die freiwillig dienten. Karl erfuhr erst die Gefahr dieses Angriffs, als sie vorüber und die Angegriffenen in der Nacht zu ihm stießen. In Carlisle mußte er auf dringende Bitte seiner Freunde eine Garnison lassen, es war zur Sicherheit des Rückzugs nothwendig. John Hamilton, ihr Anführer, belebte diese kleine Garnison: Es sey Pflicht und Ehre den Ort bis zum Äussersten zu vertheidigen, ausserdem hätten die Engländer nicht sobald Kanonen und Karl könnte ihnen indessen zu Hülfe kommen. Den 22ten legte sich der Herzog vor Carlisle und gab die Verfolgung auf, weil er sie doch für unnütz hielt; vom 28sten, wo er erst sein Geschütz erhielt, bis zum 30sten beschoß er die Stadt, da steckte endlich die kleine Garnison, die nun einem Sturm nicht mehr widerstehen konnte, die weiße

Fahne aus, und ergab sich auf die Gnade des Königs. John Hamilton, der Anführer, und Oberst Townley wurden hingerichtet. Der Herzog übergab nun dem General Hawley das Oberkommando mit dem Befehle in Schottland einzudringen. Wir folgen jetzt dem unermüdlichen Karl, wo er aus seinem Unglücke höher als je gestiegen. In Dumfries nahm er zweytausend Pfund Contribution, in Glasgow zehn tausend, weil es ihm besonders abgeneigt, auch wurden die Soldaten mehrere Tage bei den Bürgern einquartirt. Er beschied seine Anhänger Gordon und Drummond nach Stirling zur Belagerung, sie hatten Geld und Artillerie durch spanische Kaper erhalten, auch den Hasard, eine Kriegssloop, so wie zwey andre Schiffe genommen. Die Stadt Stirling übergab sich, doch der General Blackney zog sich mit der Garnison in das Schloß, Karl hatte nicht hinlängliche Artillerie ihn darin zu belagern. — General Hawley, der englische Obergeneral, zog sich von Edenburg um das Schloß zu entsetzen, und schickte den General Huske nach Falkirch voran, um den Earl von Kilmarnok zu vertreiben, der auch nach Stirling sich zurückzog. Hawleys Plan war nun die Abentheurer anzugreifen, die jetzt in ihrem Lande, gut genährt, frische Kriegslust gewonnen hatten. Die Abentheurer näherten sich, die Engländer mußten sich auf dem Moor bei Falkirk schnell in Schlachtordnung stellen, die Infanterie in zwey Linien, die Dragoner links, jene sollten ein geschlossen Feuer geben, diese einhauen. Aber das Feuer der Abentheurer brachte die Dragoner in Unordnung, das Feuer der Infanterie war ohne Ordnung, nun fielen die Dragoner vor ihnen in den Feind, sie hatten also nur einmal vor ihrem Rückzuge geschossen, der gleich darauf, als die Dragoner geworfen, in Unordnung erfolgte. Einige Generale; wie Huske, Brigadier, Cholmondely und Oberst Ligonier sammelten die Truppen, sie mußten indessen alle Kanonen bis auf eine zurücklassen, das Verfolgen wurde durch die Witterung erschwert. John Murray und John Drummond zeichneten sich aus. Die Belagerung des Schlosses Stirling wurde nun eifriger, aber ohne Wirkung fortgesetzt; die Armee der Abentheurer litt Mangel. Nach der Schlacht bei Falkirch schien es der englischen Regierung wichtig, die Armee auf alle Art zu verstärken; hessische Truppen in englischem Solde landeten in Edenburg, der Herzog kam endlich selbst und marschirte den 3. Januar mit vierzehn Bataillonen und drey Dragonerregimentern gegen Stirling; die Abentheurer zogen sich zurück und ließen Verwundete und Artillerie, das Pulver hatten sie mit St. Ninians Kirche in die Luft gesprengt. Die Veranlassung dazu war die unerklärliche Furcht, die alle Ebenländer ergriffen, sich durchaus für zu schwach gegen die Angreifenden zu erklären; viele verließen die Armee. Die Hochländer waren zwar zu allem bereit und ergeben, doch riethen die Hauptführer nicht unvorsichtig alles unter so ungünstigen Umständen zu wagen; der Prinz gab ungern nach, er sah jetzt ein, daß Jugendkraft eines großen Menschen mehr erwartet, als der Menschen gemischte Menge leisten kann. Er ließ die Brücke bei Stirling abbrechen, und ging den 2. Febr. nach Perth, die übrigen Truppen schickte er in die Berge; in Perth mußte er mancherlei Kanonen vernagelt zurücklassen nnd ging nach Montrose. Den 4ten war die Brücke bei Stirling hergestellt, der Herzog besetzte Perth. So hatte nun eines Mannes Ruf, ohne Schwerdtschlag eine geschlagene Armee in eine siegreich verfolgende verwandelt. Feldherren können den öffentlichen Ruf bewachen oder lenken, aber nicht anders, als wenn sie ihn selbst voraus sich gewonnen haben; ein kühnes Herz, wie Karl glaubt kaum an ihm, und ein junger Held sieht ihn wie den Schatten gleichgültig an, der nothwendig mit dem Tage ihm zuwachsen muß; so ist denn das erste jugendliche Unternehmen immer das schwerste. Er suchte jetzt in gedruckten Blättern seinen Rückzug den Freunden als unbedeutend vorzustellen, er sey zur Erfrischung des Heers vorgenommen, und um die Beute in Sicherheit zu bringen. Besser unterrichteten Spione den Herzog, der nach Aberdeen ging, Magazine errichtete und die Forts mit Truppen verstärkte, Feige und Plünderer bestrafte, die Ordnung des Heers herstellte. Karl nahm Schloß und Stadt Inverneß ohne Blutvergießen; er blieb da mit viertausend Mann; einige andere Abtheilungen schlugen einzelne Hochländertruppen der englischen Partey; Fort Augustus ward überrascht und dann von ihm geschleift, Lord Loudon durch einen geschickten Überfall zerstreut und zum Rückzug genöthigt. Doch jetzt fehlte ihm Geld, er wurde nachlässig aus Frankreich unterstützt, und das Volk murrte um den rückständigen Sold: ein schlimmes Zeichen, wo es um die Herrschaft eines ganzen Landes streiten soll.

Kleine Vorfälle, wie die Überraschung des Schlosses Corgarf durch die Engländer und der nächtliche Überfall einer kleinen Abtheilung Engländer, die von den Schotten in Kieth niedergehauen wurden, machte beyde Theile aufmerksamer. Karl ließ jetzt Fort William durch den Brigadier Stapleton belagern, das von Kapitän Scot leicht vertheidigt werden konnte, da die Artillerie der Belagerer eigentlich ganz unzulänglich war; er unterhielt fortdauernd

Verbindung mit der umliegenden Gegend, raubte Vieh und andre Bedürfnisse; die Belagerung fing den 14. März an und wurde den 3. April mit Zurücklassung des Geschützes aufgegeben, um den Prinzen bei Inverneß zu verstärken, dem sich der Herzog von Cumberland näherte. In gleicher Eile wurde die Belagerung des Blairschlosses unter Georg Murray aufgehoben. Ein großes Unglück ist immer von Vorunglücken begleitet, oder vielmehr der Inbegrif von vielem einzelnen Unglück. Die französische Kriegssloop Hazard wurde von der Sherneß auf der schottischen Küste nach einem Gefechte getrieben, die Besatzung, viele Offiziere und 12000 Guineen wurden dort von Lord Rea genommen, sie wären für den Prinzen eine sehr willkommne Unterstützung gewesen, da beides ihm mangelte. Das englische Heer brach deu 8. April von Aberdeen auf und wollte geradezu über den Fluß Spey gehen. Karl hielt Kriegsrath und behauptete, der Übergang müsse gehindert, wenigstens erschwert werden. Dagegen sprach der alte Herzog von Athol. Sie sind mit Kanonen und Artilleristen wohl versorgt, uns mangeln beyde, sie können daher ihren Übergang leicht decken und unser Widerstand ist ohne Erfolg und wir nachher in Unordnung und schon in halber Flucht; warten wir hingegen ihren Übergang in der Entfernung ab, so bleiben wir zu einer ordentlichen Schlacht oder zu einem ordentlichen Rückzuge gleich geschickt, und sind wir Sieger, so ist dieser Fluß, dessen Übergang wir umsonst vertheidigen würden, der Tod aller Flüchtigen und kein Hinderniß weiter für uns bis London. Der Prinz mußte nachgeben der allgemeinen Stimme, die dieser Rath vereinigte, und der Herzog ging den 12ten mit geringem Verlust einiger Ertrunkenen über den Strom. Den 25sten war der Herzog in

Nairn, wo der Prinz einen verunglückten Versuch machte ihn zu überfallen, die Entscheidung war nahe, was bestehen konnte und sollte und die Kraft des Einzelnen, der den Fall bis dahin verzögert hatte, sollte gegen die Größe einer neuen vordringenden Zeit verschwinden. Der Prinz konnte bei aller Anstrengung seine Anhänger nicht alle sammeln, mehrere Klans trafen ein, als alles vorüber; er hatte nicht mehr als 7000 Mann beisammen, fast ohne Geld, Artillerie und Cavallerie, doch konnte er ohne Auflösung seiner ganzen Armee die Schlacht nicht vermeiden, er mußte alles zu ihrer Rettung wagen, weil sonst alles verloren. Er stellte seine Truppen bei Cullodenhauß den 26sten April, die Schlacht wurde danach von Culloden genannt, benutzte die alten Mauern und kleinen Wälle zu einem Unterstützungspunkt seiner Linie, seine Artillerie brachte er zusammen, sie feuerte auf Lord Burys Avantgarde, aber schlecht bedient, wurde sie bald von der englischen zum Schweigen gebracht. Nun befahl der Prinz allgemeinen Angriff, theils um sie dem unbeantworteten Feuer zu entziehen, theils seine Truppen in ihrer eigenthümlichen Stärke, im heftigen raschen Anlaufe zu brauchen, wodurch sie bei Prestonpons und Falkirch überrascht hatten. Der Herzog und die eigne Überlegung hatten indessen die englischen Truppen dagegen abgehärtet; dreymal drangen die Schotten mit Wuth gegen den rechten Flügel vor, wo der Herzog sich befand, aber das gleichmäßige Feuer der Infanterie schwächte die nächsten Angriffshaufen so sehr, daß sie zurückkehrten, nachdem sie ihre Pistolen abgeschossen und ihre Schwerdter geschwungen, ohne zum Handgemenge vordringen zu können. Nachher hieben sogleich die Dragoner auf sie ein. Nur am linken Flügel, wo sie die Flanke umgingen, drangen sie in Barrels Regiment ein, das aber von Blighs und Semples Regiment unterstützt, den Angrif zurückwarf, doch nicht ohne Verlust. Nach diesem mißlungenen Angriffe ward die Flucht der Hochländer bald allgemein, die Engländer rückten nach. General Bland machte die 50 französischen Offiziere, unter andern den Brigadier Stapleton und den Marquis Giles, der französischer Gesandter beim Prinzen war, bey Inverneß zu Gefangenen; der Earl von Kilmarnok ward im Gefecht, Lord Balmerino auf der Flucht, vier Frauen, Lady Kinloch, Ogilvie, Macintosh und Gordon, die sehr thätig im Dienste des Prinzen gewesen, zu Inverneß gefangen. Den Earl von Cromarty nahmen Lord Reas Leute gefangen. Zwölf Fahnen und Standarten, worunter des Prinzen eigene, wurden dem Herzog zu Füßen gelegt; die ganze Partey, des gemeinsamen Geistes entbunden, zerstreute sich, jeder suchte seine Rettung in der Entfernung vom Sieger und die Gerichte eröffneten ihre strengen Sitzungen. So fiel mit der Schlacht von Culloden i. J. 1746 die letzte Hoffnung der alten vordeutschen Zeit, und diese Berge, bis dahin der Zufluchtsort der galischen Stämme, wurden, nachdem sie entwaffnet, gleichen Gesetzen unterworfen. Es sei uns ein kurzer Blick auf die Folgezeit erlaubt. Das innere Gesetz, das die Herren mit ihren Stämmen verbunden, die Ehre der Gewalt über Menschen, mit denen sie bis dahin wie die Könige alter Zeit, als Häupter der Familien verbunden, verschwand; es blieb nur noch der Reitz des Eigenthums, die Herren maaßten sich den Besitzwerth des Bodens an, den sie bis dahin wie Fürsten geschützt hatten; sie suchten jetzt die Vortheile eigener Ökonomie, um in London ihr Glück auf anderm Boden zu machen. Die Einführung der Schafzucht bedurfte weniger Hirten, als die bis dahin gewohnte Rindviehzucht, große Parks besetzten große Weiden, die armen Hochländer mußten aus dem Lande wandern, das ihre Voraltern gegen zwey Jahrtausende mit ihrem Blut geschützt hatten, viele gingen nach Amerika und fochten da für die Freiheit; die Fragmente der Lieder, von Macferson gesammelt und verbunden, tönten wie ein Nachhall ihres Todesseufzers durch ganz Europa. England erkennt jetzt, was dieser alte Stamm einer großen Nazion, gehörig geachtet, ihm für Sicherheit gewähren konnte. Damals sah es nur die Gefahr und wollte sogar Kleider und Sprache ausrotten. Wir verweilen noch einige Augenblicke bei der Hinrichtung einiger der ausgezeichneten Abentheurer. Der Earl von Kilmarnok bat in einer furchtsam demüthigen Rede um Gnade bei denen Peers, er versicherte darin, erst spät nach der Schlacht von Prestonpons Theil genommen, viele Engländer gerettet, nie bedeutenden Einfluß auf die Angelegenheiten gehabt zu haben, auch daß er sich selbst zum Gefangnen übergeben, da er doch hätte entfliehen können; er betete für das Haus Hanover. Ihm ward doch keine Gnade. Glücklicher war der Earl von Cromarty; er sprach ergeben, aber nicht so kläglich; das Mitleid gegen seine neun Kinder schaffte ihm Gnade. Lord Balmerino blieb unerschütterlich, er wollte keine Gnade, ein Mann ohne Bildung, aber voll Geist. Als der Zug der Garden, die ihn und den Earl Kilmarnok abholen sollten, vor dem Tower angekommen, fragte ein Wächter: Wer da? — Die Sherifs von London und Middlesex. — Was wollt ihr? — Die Körper des Earl von Kilmarnok und des Lord Balmerino. Sie wurden vorgeführt, der

Leutenant rief: Gott segne König George. Earl Kilmarnok nickte dazu, Lord Balmerino rief: Gott segne König Jakob. Als sie zum Thore hinaus traten, fragten mehrere Zuschauer: Welches ist Lord Balmerino? — Ich bin Lord Balmerino, sagte er lächelnd. — Alles war schwarz behangen, zwey Geistliche begleiteten jeden. Lord Balmerino wandte sich zum Earl Kilmarnok und sagte, es thäte ihm seine Gesellschaft leid, ob seine Lordschaft irgend einen Befehl des Prinzen kenne, keinen Pardon bei Culloden zu geben. Nein! antwortete jener. Nun, so ist es wohl eine Erfindung, um unsern Mord zu rechtfertigen. Der Earl meinte, daß ein solcher Befehl, von Georg Murray unterzeichnet, beim Herzog gewesen. — George Murray, sagte Balmerino, so sollte der Prinz dessen nicht beschuldigt werden. Darauf umarmte er Kilmarnok und sagte: Es schmerzt mich, daß ich die Rechnung nicht allein bezahlen kann; lebt wohl für immer.

Lord Kilmarnok wünschte, daß Lord Balmerino zuerst zum Schaffot stiege, es war aber gegen die Ordnung; als er es in schwarzen Kleidern betrat, ergrif allgemeines Mitleiden alles Volk; er selbst von dem Anblicke des Sarges, des Beiles des Scharfrichters überrascht, sagte zu seinem Geistlichen: das ist schrecklich! Er betete darauf für König George, zog sich aus und kniete nieder; ein Theil seiner Weste war hinderlich, er stand auf und schob es bei Seite, dann kniete er nieder. Sein Haupt wurde in rothes Tuch eingewickelt und mit dem Körper sogleich in den Sarg gelegt. Er hatte gebeten, daß sein Kopf nicht rollen möchte nach der Hinrichtung! — Lord Balmerino sprach indessen herzlich mit seinen Freunden, trank noch ein Glas Wein bei altschottischen Gesundheiten, er hatte eine Rede, wollte aber nichts vom Inhalte voraussagen. Als der Untersherif eintrat, fragte ihn der Lord, ob es mit Lord Kilmarnok vorüber? Darauf erkundigte er sich, wie der Scharfrichter sein Werk vollbringe; nachher grüßte er mit vieler Herzlichkeit seine Freunde und sagte: Ihr Herren, ich kann mich und euch nicht länger aufhalten, und bestieg das Schaffot mit solcher Ruhe und Zuversicht, daß sich die Zuschauer verwunderten. Der Lord war in der Uniform seines Regiments, blau mit rothem Aufschlag, dieselbe, die er in der Schlacht bei Culloden trug; er ging um das Schaffot, begrüßte das Volk, las die Inschrift: Arthur Lord Balmerino, enthauptet 18. August 1746, seines Alters 58 Jahr, und sagte, es ist richtig; dann besah er seinen schwarzen Sarg mit goldnen Nägeln beschlagen, endlich den Block, welchen er das letzte Ruhekissen nannte. Hierauf setzte er seine Brille auf, zog ein Papier aus der Tasche und las es mit starker fester Stimme ab. Es war kein Schimpf darin gegen den König von England, vielmehr rühmte er seine Milde; dann sprach er ihm aber aus seinen Grundsätzen alles Recht ab auf die Unterthänigkeit des Volks, das er an seine wahren Herrscher, die Stuarts, hinwies. Das Blatt gab er dem Sherif; dann rief er den Scharfrichter, der nach alter Sitte ihn um Verzeihung bitten wollte, dem er aber in die Rede fiel: Freund, was wollt ihr mich um Verzeihung bitten, die Erfüllung eurer Pflicht ist ja lobenswerth. Darauf gab er ihm drey Guineen und sprach: Freund, ich war niemals reich, das ist alles Geld, was ich noch habe, ich wünschte es wäre mehr, und es thut mir leid, daß ich nichts als Rock und Weste zufügen kann. Dabei zog er beydes aus und legte es mit seinem Halstuche auf seinen Sarg, setzte eine gestreifte Mütze auf, und meinte, so sterbe er als ein Schotte. Hierauf kniete er nieder am Block um seine Lage zu wählen und das Signal auszumachen, wann er zuschlagen sollte, nämlich indem er die Arme sinken ließe; dann sah er noch einmal auf seine Freunde, und sagte ihnen das letzte Lebewohl. Indem er nun auf die Volksmenge blickte, sagte er: Die mein Betragen vielleicht zu keck nennen, die mögen erfahren, daß ich mein Zutrauen zu Gott und mein gutes Gewissen nicht verleugnen kann. Hierauf beschaute er die Axt in des Scharfrichters Hand, fühlte die Schärfe, klopfte dann dem Scharfrichter um ihn zu ermuthigen, auf die Schulter, zeigte ihm an seinem Halse, wo er treffen sollte, wünschend, daß er entschlossen zuhauen möchte, dann sagte er: Darin besteht Eure Gnade. Darauf ging er an die Seite der Bühne und gab seinen Wärtern noch etwas Münze, die er in der Tasche gefunden, fragte, welches der Leichenwagen, und daß er näher heranfahren möchte. Unmittelbar darauf, ohne zu zittern, ohne seine Haltung zu ändern, kniete er nieder am Block, umfaßte ihn mit seinen Armen und rief: O Gott, segne meine Freunde, vergieb meinen Feinden, nimm auf meine Seele! — Er legte seinen Kopf nieder, ließ die Hände fallen zum Zeichen; aber diese seltene Festigkeit überraschte den Scharfrichter so sehr, daß, wenn auch sein Hieb wohlgerichtet war, er doch dieses feste Haupt nicht trennte. Der Lord schien sich hierauf drohend gegen den Scharfrichter umzuwenden, als ein zweyter Schlag ihn beruhigte und ein dritter das Entsetzen endete. Sein Kopf wurde in rothes Tuch gewickelt und mit dem Körper in den Sarg gelegt, der dann nach seiner Vorschrift auf den Sarg des verstorbenen Marquis von Tullibardine in St. Peterskirch im Tower beigesetzt wurde. Während der ganzen Hinrichtung war eine tiefe Stille unter den zahlreichen Zuschauern. Lord Balmerino hatte nur kleine Besitzungen, seine Frau, die er Peggy nannte, kam während des Processes nach London, er saß mit ihr am Tische, als der Befehl zu seiner Hinrichtung ihm gebracht wurde. Sie erschrak sehr, er sagte ruhig: Wäre ich begnadigt worden, so wäre es mir lieb gewesen, nun es nicht geschehen, bin ich sehr zufrieden, da ichs erwartete. Seine Frau stand trostlos vom Tische auf; er erhob sich von seinem Sitze bittend: Sitz nieder, Frau, das soll nicht mein Mittagsmahl stören. Sie setzte sich, konnte aber nicht essen. Noch wird erzählt, als ihm einer Sorge für seine Lebenserhaltung angerathen, soll er geantwortet haben: Wer wollte ein altes Haus noch ausflicken, wenn die Miethe ohnedies bald aus ist. Es wurde noch manches von ihm erzählt. — Im December wurde der Graf von Derwentwater hingerichtet und seine Güter von der Krone in Besitz genommen; Lord Lovat rief bei seiner Hinrichtung: Freudig und herrlich ists fürs Vaterland sterben. Siebzehn schottische Offiziere wurden bei Kensington, neune zu Carlisle, sechs zu Brumpton, sieben zu Penrith und eilf zu York gehangen, oft halblebend losgerissen, zerhackt und gebraten vom Pöbel.

Die Flucht des Prinzen Karl.

Als Gott die Hochländer verließ, die sich in blinder Furcht über die Heyde zerstreuten, als jeder seiner selbst nur gedachte und jeder sein Elend fühlte, da stand der Prinz noch unbeweglich bey Culloden. Aber Major Kennedy und einige andre Officiere zwangen ihn das Feld zu räumen, so lange noch der Rest treuer Schotten die Armee des Herzogs vom unmittelbaren Verfolgen abhielt. Jenseit des Flusses Nairn, den sie vier Meilen vor Jeverneß durchschwammen, hielt der Prinz mit seinen zahlreichen Begleitern Kriegsrath; ernst gab er da sein Unternehmen auf, entließ alle, damit jeder auf den mannigfaltigen Wegen die Verfolger irrte und entkäme; der Zukunft, warf er seine Krone zu. Die treuen Freunde küßten zum Abschiede seine Hand und brachten nach allen Richtungen die traurige Friedensbothschaft durch das Land. Der Prinz erlaubte nur Thomas Scheridan, David Murray, Sullivan, Alexánder Macleod, John Hay, Edward Burke, und Allan Macdonald (ein Priester) in seiner Gesellschaft zu bleiben; er kam mit ihnen den andern Morgen nach Glengary Schloß. Ein alter Mann klagte ihnen dort, daß alle fortgegangen und ihn ohne Unterhalt zurückgelassen. Der Prinz streckte sich ohne Erfrischung auf dem Boden aus; beym anbrechenden Tage fand aber Burke ein Netz, fischte zwey Salme, die wurden von ihnen zu Mittag gegessen. Hier entließ der Prinz alle übrigen bis auf Sullivan, Allan Macdonald und Edward Burke; mit dem letzteren tauschte er die Kleider. Bey Mewball in Clenronnalds Gegend aß er gut und schlief wieder einmal etwas ordentlich, denn acht und vierzig Stunden vor der Schlacht war er mit der Armee in stetem Marsche bey geringem Lebensunterhalte. Den folgenden Tag (19 April) ging der Prinz, weil der Weg für Pferde zu schlecht war, zu Fuß, über fast unersteigliche Berge zu Aeneas Macdonalds und kehrte sich dann nach Kinloch-Moidart. Hier wartete der Prinz einige Tage, bis Kapitän O Neil ihm die Nachricht brachte, daß alle seine Leute zerstreut und durch das Ausbreiten der englischen Truppen jedes Zusammenziehen unmöglich würde. Da beschloß der Prinz zu den Inseln sich hinzuwenden, wo er am leichtesten ein Schiff nach Frankreich fände. Die Hochländer fanden dies gefährlich, Sullivan rieth dazu, sein Rath setzte seinen Herrn oft in Gefahr. Drey Boten wurden zu Donals Macleod geschickt, um ihn nach Boradale zum Prinzen einzuladen: Er kam und traf den Prinzen ganz allein im Walde; der Prinz ging keck auf ihn los und fragte, wer er sey und woher? — Mein Name ist Donald Macleod — Von Chualtergi auf der Insel Sky? — Ja Herr! — Nun dann so sieh meine Noth, ich werf mich in deine Arme, thu mit mir, was dir gut scheint, ich bin dein Herr! — Ja ihr seyd mein Herr! rief der alte Mann und brach in Thränen aus; verzeiht diese Thränen bey so traurigen Gedanken ihr werthen Zuhörer, denn das bricht auch das feste Herz, einen edlen Herrscher in gemeiner Noth mitergriffen zu sehen. Ich bin alt, fuhr Macleod fort, aber was ich noch thun kann, dazu bin ich willig. — So geht hin zu Alexander Macdonald und Macleod, ich traue ihrer Menschlichkeit und Ehre, und vergesse, was sie gethan haben; sie werden einem Nothleidenden ihren Schutz nicht versagen, der für kein Laster, nur durch Zufall und Unglück leidet. — Diese Zuversicht in Ehre und Menschlichkeit verwunderte den alten Macleod, er rief aus. Alles will ich thun, nur dies nicht, sie waren schon einmal Schurken und ihr wollt ihnen noch trauen; jetzt in diesem Augenblick suchen sie euch Herr mit ihrer ganzen Macht nicht zwey Meilen von hier, je schneller von hier, je besser. — Wohl dann, sagte der Prinz, ihr seyd ein guter Schiffer, fahrt mich zu einem sichern Platz auf den Inseln. — Macleod willigte gern ein und holte ein gutes Boot, das gewesene Eigenthum John Macdonalds, der bey Culloden geblieben; dann brachte er einen Topf zum Kochen und etwas Mehl, das einzige Nahrungsmittel, was er auftreiben konnte. Den 26ten bey Zwielicht stieg der Prinz auf eben dem Platze ins Boot, wo er nicht viel zahlreicher begleitet, aber mit der jugendlichen Wärme eines frischen bevorstehenden Unternehmens sein ganzes Glück zutraulich aufs Spiel setzte, ihn begleiteten jetzt zur Verbannung O Neil, Sullivan, Allan Macdonald, Donald Macleod, der Steuermann, zwischen dessen Füßen der Prinz saß, Ruderer waren acht, unter ihnen Edward Burke, und Murdoa Macleod, der erst 15 Jahr alt, als er von nahen Schlachten hörte, sich selbst mit einem Hieber Dolch und einer Pistole bewaffnete und zur Schlacht bey Culloden kam und nachher, indem er dem Prinzen immer nachjagte, ihn und seinen Vater hier glücklich angetroffen hatte. So fest hing das Volk auch nach dem Unglücke am Prinzen, daß seine Freunde ihn leicht finden konnten, während seine Feinde vergebens nach ihm forschten. Macleod ahndete Sturm, der Prinz drang aber daranf fortzufahren, der Sturm begann so fürchterlich als ihn der Alte nie erlebte, und mit einen Regen wie bey der Sündfluth, sie hatten aber weder Pumpen noch Kompaß, das Licht schien für immer vom Himmel gewichen und sie waren froh, als sie sich am Morgen bey Longisle und nicht bey Sky fanden, wo die Miliz aufgeboten. Sie landeten auf Benbieula, nachdem sie in wunderbarer Schnelligkeit dreißig Seemeilen in acht Stunden gemacht hatten, ja dieser Sturm, den sie wohl als ein Unglück ansehen mochten, rettete sie durch höhere Hand aus der ersten Verfolgung. Die ausgesendeten Wachtböte waren alle in die Sicherheit gebracht, nur ein königliches Glück konnte durch solch ein Wetter dies kleine Boot sicher führen. So kamen sie vor Kilda vorbey, wohin General Campbell mit vielen Truppen zu seiner Verfolgung gefahren und die armen Einwohner, die ihre Abgaben in Eyderfedern geben, vor Schrecken über den Anblick in den Felsen versteckt waren. General Campbell fragte dort einige nach dem Prätendenten, die Leute versicherten: Sie hätten nie solchen Namen gehört, ihr Herr sollte, wie es hieß, mit einem großen Weibe (Grosbritannien) in Krieg gewesen seyn, ein Stück Weges von da, das wäre aber alles vorbey. So war die Expedition vergeblich, möchten es die übrigen auch seyn.

Der Prinz ermunterte auf Benbicula seine Reisegefährten, indem er Feuer machte, sie waren zum Sterben durchnäßt und erkältet, auch kochte er am besten von allen, wenn gleich Burke die gewöhnliche Besorgung des Essens hatte. Hier kaufte der Prinz eine Kuh für dreißig Schilling, schoß sie todt und kochte einiges davon in Macleods Topfe. Nachher legte sich der Prinz auf ein altes Segeltuch und schlief, die Andern wachten abwechselnd. Zwey Tage hielt sie der Sturm dort, am dritten wollten sie nach Stornway, wo, nach Macleods Rath, wahrscheinlich ein Schiff für Frankreich aufzutreiben wäre; aber ein neuer Sturm warf sie nach der Insel Scalpa, die dem Laird von Macleod gehört, sie gaben sich dort für Schiffbrüchige aus, der Prinz und Sullivan nannten sich Sinclair, den letzten Vater. Macleod ging bald in einem Boot nach Stornway, um ein Schiff für die Orkneys Inseln zu miethen; den dritten May erhielt der Prinz Nachricht, daß es geschehen, und segelte mit vier Mann nach Loch-Shefort, wo Allan Macleod Abschied nahm. Der Prinz mit O Neil, Sullivan und einem Führer gingen zu Fuß nach Stornway; es war Nacht und achtzehn Stunden über Hügel bei

Sturm und Regen ohne Erfrischung, mögen die Furcht des Führers entschuldigen, daß er sie ein und eine halbe Meile umführte, um den Übergang eines kleinen Flusses zu sparen, es war aber ein sonderbares Glück, sonst wäre der Prinz gefangen. Bei Ayrnisch blieben alle erschöpft liegen, der Prinz schickte den Führer zu Macleod um Brod, Brantwein und Käse zu bitten. Der treue Macleod brachte es selbst und führte ihn zu Lady Kildun bis alles zum Absegeln fertig, der Prinz schlief da ein vor Ermattung. Gleich ging Macleod nach Starnway zurück, war aber höchlich überrascht, alles in Bewaffnung anzutreffen; zweihundert waren beisammen. Was Teufel ist hier los? fragte er. — Wir hören der Prinz ist mit 500 Mann gekommen und will die Stadt abbrennen, das Vieh wegnehmen, auch ein Schiff zwingen, ihn nach Frankreich zu führen. — Ich glaube, ihr seyd alle toll, wo Teufel soll der Prinz jetzt 500 Mann hernehmen? —

John Macaulay, ein Presbiterianerprediger, hat es seinem Vater geschrieben, und der hats wieder geschrieben an —. Meinetwegen, wenn ihr meint, daß der Prinz hier ist, so hab ich nichts gegen, aber er ist nur mit zweien hier, und wenn ich mit ihm bin, mache ich den dritten, und wer seine Hand an ihn legt, ihr Herren, und wäre es ein Lord, der hats Gott verdamm mich mit mir zu thun. — Darauf erklärten alle, sie hätten nichts gegen den Prinzen, doch sollte er sie bald verlassen und gehen, wahin er Lust hätte. Als der Prinz dies erfuhr, wollten einige fliehen, der Prinz aber sagte: Ich steh auf meinem eignen Boden und will auch meinen Mann stehen. Wäre er indessen, wie seine Absicht war, früher eingetroffen, so wäre er in der ersten Hitze über jene Nachricht wahrscheinlich getödtet worden. Zwey Bootsleute flohen indessen nach dem Moor. Lady Kildun versorgte alle mit Brantwein und Zucker, auch gab sie etwas Butter. Am andern Morgen, den sechsten Mai, kamen zwei Bootsmänner mit dem Boot, die übrigen waren aus Furcht entflohen; so musten sie sich an der Küste nach andrer Gelegenheit umsehen. Zwey Englische Schiffe nöthigten sie auf die wüste Insel Iffurt zu flüchten, dort hielten sie einige Fischer für ein Preßboot jener Kriegsschiffe, liefen an die Felsen, ließen ihnen aber ihren ganzen Fang, Töpfe und Netze zurück. Die Fische, auf Felsen getrocknet, waren ein Fest für unsre Abentheurer; gern hätte der Prinz ihnen Geld dafür zurückgelassen, aber er besann sich, daß ihn dies verrathen könne, und nahm das Geld wieder auf, und die Fische mit sich. Den zehnten May segelten sie wieder nach Scalpa zu dem guten Pächter, um ein besser Boot zu kaufen, ohne Erfolg. Da ihnen der Wind nicht wohl wollte, musten sie weiter rudern, sie machten unterwegs Drammacks aus Meerwasser und Mehl; der Prinz aß tüchtig davon, und trank jedem einen Schluck Brantwein zu. Auf dem Wege bis

Finslai in Harris, wo sie zulezt ans Land gingen, wurden sie von drey englischen Schiffen abwechselnd verfolgt, einmal nur ein Paar Büchsenschüsse entfernt, beinahe drey Meilen gejagt. Das lezte jagte sie ans Land, auf Süd-Uist; indem sie ausstiegen drehte sich der Wind, es regnete und das Schiff muste das hohe Meer suchen: Nun rief der Prinz, sehe ich, daß ich davon kommen werde, die Vorsehung will nicht, daß ich lebendig in die Hände meiner Feinde falle.

Die Ebbe trat ein, ein Bootsmann fing einige Seekrebse, und zeigte sie dem Prinzen mit großer Freude; der Prinz steckte sie gleich in seinen Sack: Macleod wollte ihm solchen abnehmen, als sie nach einer Hütte eine Meile davon wanderten, weil hier nirgends ein Dach war, aber der Prinz sagte: Nehme ich es, so trägt jeder seine Bagage, auch bin ich stärker dazu als Ihr. Die Hütte war so niedrig, daß der Prinz auf den Knieen hineinkriechen muste, Burke stach den Boden am Eingange etwas weg. Hieher kam der Laird von Cleronnald und versicherte dem Prinzen seine Ergebenheit und seine Hülfe zum Weiterkommen. Seine Frau schickte bald sechs Hemden, Brantwein, Wein, und manches andere; bis dahin hatten der Prinz mit O Neil und Sullivan zusammen nur sechs Hemden getragen, die sie oft noch halbnaß anziehen musten. Macleod wurde nun im Boot aufs feste Land gesendet von Lochiel und Murray Geld und Brantwein zu holen. Er fand sie, Lochiel hatte wenig; Murray sagte aber, er könne nichts geben, weil er nur sechzig Louisdo'r für sich behalte, und diesen Murray hielt damals der Prinz für seinen treuesten Freund. Zwei Anker Brantwein die Macleod mit Mühe für zwey Guineen bekommen, und diese Antwort brachte er nach achtzehn Tagen Abwesenheit dem Prinzen, der indessen nach Corradale in eine bessere Hütte gezogen, darin zwey ausgespannte Kuhhäute ihn gegen Regen schützten. Er hatte sich und die Seinen durch Jagd und Fischerei vergnügt und unterhalten. Drey Wochen blieb er hier, von hunderten gesehen, doch unentdeckt seinen Feinden, als aber die Miliz auf die nächsten Inseln kam, segelte er mit O Neil, Sullivan, Eckward Burke und Macleod nach der Insel Fovaya, von da ging der Prinz mit O Neil und einem Führer nach Rushneß; Sullivan und Macleod blieben. Hier ward es dem Prinzen noch enger, denn die Böte mit Milizen lagen zwischen Fovaya und Rushneß. Macleod und Sullivan kamen deswegen Nachts im Boot und holten den Prinzen ab; sie wollten ihn wieder nach Corradale fahren, wurden aber vom Sturm noch zwey Meilen davon ans Land getrieben. Da ihre Feinde nur eine halbe Meile entfernt waren, so segelten sie nach Celiestella, dann nach Lochboisdale, aber unterwegens behauptete einer im Schiffe, er sehe ein Boot im Wege, voll Menschen. Macleod versicherte, es sey ein Felsen, aber die Bootsleute wollten es nicht glauben, sie kehrten um, und kamen einen Tag später dahin. Hier hörten sie, daß Boisdale gefangen. Als sie so auf- und niedersegelten, fragte Macleod den Prinzen: Was er mit Alexander Macdonald und dem Laird von Macleod machen wollte, wenn er einmal die Krone trüge? — Wenn das Königreich mir wieder gegeben, so würden sie mir anhangen als Freunde, sie folgen immer dem Mächtigern, mehr Schuld als sein Vater hat der Sohn Macleod, denn er kam zu mir nach Frankreich freiwillig und versprach mir alle seine Dienste: das sollte aber ein Edelmann nicht versprechen, wenn er es nicht thun will.

Sie sahen ein Paar englische Kriegsschiffe, die sie erst für französische hielten, aber mehr beunruhigte sie der Kapitain Scott, der bei Kilbride, keine Stunde von ihnen, gelandet war, sie musten sich trennen. Der Prinz nahm keinen Abschied von seinem treuen Macleod, er hoffte ihn wieder zu sehen. Der Prinz blieb mit O Neil zusammen, zwey Hemden waren ihre ganze Bagage, das Boot wurde versenkt, jeder muste für sich sorgen. Zwey Nächte blieb der Prinz im freien Felde, zwey andere bei Loch; einige Rothröcke nöthigten sie weiter zu wandern. Den 5ten Juni ward Macleod gefangen in Sky und an Bord des Furnaon, Kapitän Fergusson gebracht. Seid ihr mit dem Prinzen gewesen? fragte General Campbell. — Ja, ich kanns nicht leugnen! — Wißt ihr nicht den Preis von 30,000 Pf. auf seinen Kopf, du und die Deinen wären für immer reich. — Ich hätte es keinen Tag überlebt; für ganz England und Schottland hätte ich ihm kein Haar krümmen mögen, seit er sein Leben mir übergeben. Der General bewunderte ihn und schickte ihn nach London, den 16ten Juni 1747 wurde er freigesprochen, den Tag feierte er sein Lebelang. Er erzählte oft, daß der Prinz nie mehr als drei bis vier Stunden schlief, dann ein Quart Wasser mit wenigen Tropfen trank, die er an alles Getränk zu mischen pflegte. Burke, die redliche Seele, nachdem er den Prinzen verlassen muste, trieb sich in Norduist herum, und lebte in Höhlen von Fischen, weil in dieser Zeit ein Befehl in allen Kirchen verlesen war, den Abentheurern bei schwerer Kirchenstrafe keinen Bissen zu essen zu geben; sehr entgegen dem biblischen Sinne: speiset die Hungrigen und kleidet die Nackenden. Ein armer Schuhmacher und seine Frau brachten ihm zuletzt heimlich etwas Nahrung, bis die allgemeine Begnadigung ihn nach Edinburg führte. Von ihm und von Macleod kommen die ersten Nachrichten von dieser Flucht.

Wir ließen den Prinzen mit O Neil im Felde, Nachts den 18ten Juni; den nächsten Tag erhielt er die Nachricht, daß General Campbell auch Bernory, die Insel zwischen Norduist und Harris, besetzt hielt; so war er also von zwei Seiten eingeschlossen ohne irgend ein Boot zur Rettung. O Neil dachte in dieser Bedrängniß sich an ein junges Fräulein seiner Bekanntschaft, an Flora Macdonald zu wenden, die bei ihrem Bruder zu Melton in Süduist zum Besuche von Sky angekommen; nach einigem Widerstande, überredete er sie zum Prinzen zu kommen, um die Mittel zu seiner Flucht zu verabreden; sie nahm niemand als ihren treuen Diener Neil Mackechan mit. Sie fand ihn auf dem Hügel: den Königssohn, wie den ärmsten seines Volks in jeder Beschwerde; aber ruhig und standhaft, als ruhte noch des Landes Schicksal in seinem Herzen; sie begrüßte ihn ehrerbietig, er empfing sie gnädig. Die Noth zwang zur Eile und der Plan wurde vorläufig verabredet. O Neil wurde noch einmal hingeschickt, um ihn zu fördern. Miß Flora war ganz damit beschäftigt, und ging den 21sten nach Clenronalds Hause, um einige nothwendige Verkleidungsstücke für den Prinzen zu kaufen. Aus Mangel an Pässen wurde Sie mit Mackechan bei einer Fuhrt von der Miliz angehalten. Sie wollte ihren Hauptmann sprechen, aber der sollte erst nächsten Morgen kommen. Sie fragte nach seinem Namen und erfuhr, daß es ihr eigner Stiefvater sey, so blieb sie lieber da, statt die Untersuchung zu verlangen. Sie ward in die Wachtstube gebracht, bis ihr Stiefvater den 22sten ankam und nicht wenig überrascht war, sie da anzutreffen. Sie nahm ihn beiseite und erzählte ihm, wie sie für sich, für

Markechan und für eine Spinnerin, Betty Burke die sie für ihre Mutter, die viel Flachs gekauft', gemiethet habe, einen Paß wünsche. Der Vater fertigte drei Pässe aus. Nachher ging sie nach Clenronalds Hause, wo sie Lady Clenronald mit ihrem Plane bekannt machte. Hier blieb sie bis zum 27sten, in welcher Zeit O Neil mehrmals Verabredungen zwischen dem Prinzen und der Lady bestellte, unter dessen Leitung endlich Flora, die Lady und Mackechan auf zwey Meilen Entfernung zum Prinzen kamen. Sie fanden ihn in einer kleinen Hütte, wie er mit Sorgfalt Herz, Leber und Nieren eines Schafes sich an einem hölzernen Spieße zum Mittagsmahl bereitete. O Neil führte sie ein. Sie wurden von Mitleid und Sorge fast übernommen, bis der Prinz eine scherzende Verachtung seiner Leiden annahm und ihnen versicherte: der Unglücklichste heute, sey morgen der Glücklichste; dann fuhr er mit einigem Ernst fort: Jeder Herrscher würde viel besser werden, wenn er nur einen kleinen Theil von dem mitfühlte, was er dulde. Sie hatten ihm neue Kleider, manches andre zum Unterhalt, auch eine halbe Flasche weißen Wein, die einzige, welchen die Soldaten übrig gelassen, mitgebracht. Dieser Flasche nahm sich der Prinz besonders an, trank aber keinen Tropfen davon, sondern bewahrte sie allein für seinen weiblichen Führer. Sie aßen, und der Prinz setzte Miß Flora sich zur Rechten, Lady Clenronald zur Linken, alle aßen recht herzhaft und er rauchte mit dem übrigen zuletzt seine Pfeife. Den nächsten Morgen hörten sie von einer Magd, die in großer Eile kam, daß Kapitän Fergusson mit einem Vortrab des General Campbell, der in Benbicula war, in ihrem Hause sey, und daß er die letzte Nacht in ihrem Bette geschlafen. — Sie nahm eiligen Abschied vom Prinzen, und eilte nach Hause, Fergusson trat ihr in ihrem Hause entgegen: Wo sind sie gewesen gnädige Frau? — Sie antwortete: Ich besuchte ein krankes Kind, es geht jetzt besser mit ihm. — Er fragte nach mancherlei, wie weit das Kind entfernt, sie redete sich recht gut durch, wurde aber späterhin gefangen nach London gebracht, und erst im folgenden Juni frei entlassen. Flora bat nun den Prinzen ihr zu folgen; O Neil wollte ihn begleiten, aber Flora wollte es nicht zugeben, sie wären sonst ihrer zu viele; so nahm der Prinz von ihm herzlichen Abschied. Flora rieh nun dem Prinzen, seine weibliche Tracht anzulegen, was mit ihrer Hülfe bald geschehen; der häufige Regen hatte dafür gesorgt, daß es nicht an Spiegeln fehlte; dann näherten sie sich mehr dem Meere, wo ihr Boot stand, um bei jedem schnellen Anfall schnell in Sicherheit zu seyn. Sie wurden sehr naß und machten sich ein Feuer auf einem Felsenstück, als vier Jöllen voll Bewaffneter sich der Küste näherten; gleich löschten sie es aus, und verbargen sich im Heidekraut; aber die Jöllen fuhren friedlich in der Entfernung eines Kanonenschusses vorüber, und verloren sich wie ihre Furcht in dem ewigen Blau neuer Hoffnung. — Den 28sten Juny Abends setzten sie sich ins Boot, hatten aber kaum eine Meile gemacht, so wurde die See sehr rauh und die Luft stürmte, der Prinz fand die Miß und die Bootsleute bestürzt in dieser Lage; die Nacht beengt der Menschen Auge, und nimmt ihnen die Aussicht, den letzten Trost einer unruhigen Gegenwart. Er holte die lang aufgesparte Flasche aus seiner Tasche und nöthigte seiner Gebieterin einen Trunk daraus ein; er selbst nahm nichts, sondern sang mit heller Stimme ein gutes altes Lied. *)

Stürmt, reißt und rast ihr Unglückswinde,
Zeigt eure ganze Tiranney,
Zerbrecht, zerschlagt so Zweig als Rinde
Und werft den Hofnungsbaum entzwei;
Dies Hagelwetter
Trift Stamm und Blätter,
Die Wurzel bleibt,
Bis Sturm und Regen
Ihr Wüthen legen,
Daß sie von neuem grünt und Äste treibt.
Mein Herz giebt keinem Diamanten,
Mein Geist der Eiche wenig nach;
Wenn Erd und Himmel mich verbannten,
So trotz ich doch dem Ungemach:

*) Vergl. des Knaben Wunderhorn, herausgegeben von mir und Brentano, II. B. S. 14.

Weicht falsche Freunde,
Schlagt bittre Feinde,
Mein Heldenmuth
Ist nicht zu dämpfen;
Drum will ich kämpfen
Und sehn, was die Geduld für Wunder thut.
Die Liebe schenkt aus goldnen Schaalen
Mir einen Wein zur Tapferkeit,
Verspricht mir guten Sold zu zahlen,
Und führt mich muthig in den Streit;
Da will ich siegen,
Hier will ich kriegen;
Ein grünes Feld
Dient meinem Schilde
Zum Wappenbilde,
Allwo ein Palmenbaum zwey Anker hält.

So kamen sie ins Gespräch mit einander, der Prinz erzählte mancherlei lustige Geschichten; die andern folgten und hielten ihre Lebensgeister aufrecht. Den Morgen, ob es gleich still und klar war, wußte der Schiffer doch nicht, wo sie wären, der Wind hatte in der Nacht mehrmals umgesetzt. Endlich erkannte er das Westende von Sky und landete, fand aber daselbst schon drey Jöllen mit Soldaten gelandet, auch waren Kriegsschiffe in Sicht. Sie stießen wieder ab; ein Mann in einem der Böte wollte sie zum Landen zwingen und schoß auf sie, doch ohne Wirkung, wahrscheinlich wären sie indessen genommen worden, wenn es nicht so still gewesen, daß die Schiffe nicht fort konnten und die Jöllen ihre Ruder ins Heidekraut versteckt gehabt hätten; sie aber entfernten sich rasch, ehe jene sich bemannten; deutlich sahen sie, wie die Soldaten in einem nahen Dorfe Lerm machten. Flora verfiel indessen aus Ermattung nach der stürmischen Nacht, während diesem neuen Verfolgen, in tiefen Schlaf; der Prinz bemerkte es gleich und deckte sie zu und bewachte sie, daß niemand sie anstoßen und stören möchte; doch das unruhige Meer störte sie bald auf. In einer Felsenbucht landeten sie, damit die Schiffer sich ausruhen könnten, doch eilten sie sobald wie möglich fort, weil sie die Insel zum Nachsuchen in Bewegung glaubten; nachher landeten sie bei Sky, wo Flora allein nach Mongstod wanderte, dem Landsitz des Alexander Macdonald, der damals aber nicht zu Hause war. Sie hatte dessen Frau, Lady Margaret, durch eine Miß Macdonald von ihrem Umherirren unterrichtet, die einen Augenblick vor ihr angekommen. Dann trat sie ins Zimmer und begrüßte sie und die Gesellschaft, unter der auch ein kommandirender Offizier, der zum Aufsuchen des Prinzen ausgeschickt. Er fragte gleich, welchen Weg sie gekommen? was sie Neues gehört? Sie beantwortete das so unbefangen, daß er nicht den mindesten Verdacht faßte. Miß Flora erzählte darauf der Lady Margaret allein, wo sie den Prinzen verlassen, die aber keinen Rath für ihn wußte. Sie wendete sich darauf an Kingsborough, den Thürsteher, und wünschte, er möchte den Prinzen ins Haus bringen. Er schickte einen Knaben zu ihm und empfing ihn selbst eine Viertelstunde von dem Hause mit Wein und andern Erfrischungen. Als Miß Flora meinte, daß der Prinz und Kingsborough in gewisser Entfernung wären, machte sie Anstalten zum Weggehen und bestellte ihre Pferde gleich; aber die Lady Margaret drang in sie, in Gegenwart des Offiziers, zu bleiben, sie hätte es ihr das leztemal versprochen. — Sie bat um Entschuldigung, ihre Mutter sey nicht ganz wohl und ganz allein in dieser unruhigen Zeit; sie versprach ein andermal alles nachzuholen.

Als alles fertig, sezte sich Flora mit Frau Macdonald, die vorerwähnt, mit ihren beiden Dienern und einer Magd in den Wagen; sie kamen bald zum Prinzen und Kingsborough; Frau Macdonald wünschte ihn zu sehen, er wendete aber vorsichtig sein Gesicht ab. Frau Macdonalds Mädchen sah ihn genauer und meinte: Nie hätte sie ein Mädchen von so unverschämtem Aussehen erblickt, das wäre vielmehr ein Mann in Weibskleidern. Miß Flora sagte, es sey ein Irländisch Mädchen, die kenne sie wohl. Gott behüt, sagte das Mädchen, wie wirft die ihre Röcke und schlenkert mit den Armen, solche Irländische müssen wohl so gut fechten wie Männer. Miß Flora kamen diese Bemerkungen der Magd sehr ungelegen, sie ließ deswegen schneller zufahren, so daß ihr die beyden bald aus den Augen kamen. Um 11 Uhr Nachts, den 29sten Juny, kamen indessen beide Theile fast zu gleicher Zeit in Kingsboroughs Hause an, naß und ermüdet; Kingsboroughs Frau, die ihren Mann nicht mehr erwartete, war schon entkleidet und wollte eben ins Bette steigen, als eins ihrer Mägde hineinstürzte, daß Kingsborough gekommen und eine Gesellschaft mitgebracht, worunter, wie sie meinte, auch Miß Flora. Die Frau antwortete: Miß Flora und jede Gesellschaft, die sie bringt, ist willkommen, alles im Hause steht ihr zu Dienste, ich bin schläfrig und entkleidet, ich kann nicht das Vergnügen haben, sie zu sehen. Gleich darauf springt Kingsboroughs Tochter ins Zimmer: Mama, Moma, was hat der Vater für ein wunderlich, schmutzig Weib mitgebracht, und hat sie in den Saal geführt. Kaum hatte sie ausgeredet, so kam Kingsborough selbst und sagte seiner Frau, sie möchte sich so gut anziehen, als sie nur könnte, und so gut zu essen geben, als sie irgend hätte. — Wer ist bei dir? fragte sie. — Das sollst du bald genug hören, jetzt schnell auf. — Sie befahl ihrer Tochter die Schlüssel schnell zu holen, die sie in dem Saale liegen lassen. Das Mädchen kam schnell wieder: Mama, Mama, ich kann nicht die Schlüssel holen, das schmutzige Weib geht im Saale auf und nieder mit großen Schritten, und ich habe Furcht. Die Frau kam selbst, aber, wie sie sich ausdrückte, als sie die lange Striele gesehen so große Schritte machen, da war sie zurückgegangen, sie wollte, daß der Mann die

Schlüssel hole, der nöthigte sie aber selbst zu gehen. Als sie in das Zimmer trat, saß der Prinz, er stand auf und grüßte sie. Sie aber begann zu zittern, als sie einen rauchen Bart bemerkte; sie meinte gleich, es sey irgend ein Edelmann in der Noth, von dem Prinzen ließ sie sich aber nichts träumen. Gleich, mit den Schlüsseln in der Hand, wie sie den Saal verlassen, wollte sie ihren Mann ausfragen, wer es wäre und ob der nichts Neues vom Prinzen wüßte. Kingsborough lachte: Liebe Frau, es ist der Prinz selbst. — Der Prinz! rief sie, so sind wir alle unglücklich, wir werden gehangen! — Nun, nun, sagte er, einmal können wir doch nur sterben, und wenn wir für dies gehangen werden, so sterben wir für eine gute Sache, für christliche Milde; mach indessen lieber was zum Abendessen: bring Eyer, Butter, Käse, und was noch mehr da ist. — Eyer, Butter, Käse, das wäre mir auch ein rechtes Abendessen für Prinzen. — Ey Frau, du weißt nicht, wie er die Zeit her gelebt hat, machst du auch viel Umstände, so möchtens die Mägde merken; nur schnell was, und dann komm selbst mit zum Essen. — Ich zum Essen, sagte sie, ich weiß mich gar nicht zu betragen vor einer Majestät. — Du mußt kommen, der Prinz will mit dir essen, es ist leicht Umgehens mit ihm, er weiß einen so gut ins Gespräch zu bringen.

Beim Abendessen setzte der Prinz Miß Flora an seine rechte Hand, und die Frau vom Hause zur linken, immer ehrte er jene am höchsten, und wenn sie ins Zimmer trat, stand er immer auf. Er aß tüchtig, vier Eyer, einige Fleischschnitte, Brodt und Butter, trank zwey Flaschen Bier und nahm noch einen Schnaps, den er auf das Wohlseyn des Hausherrn und der Frau und auf bessere Zeiten für alle austrank. Nach Tische rauchte er eine Pfeife zur Gesellschaft; er bewahrte immer eine alte Pfeife, die schwarz geraucht und kurz abgebrochen war. Nachdem sie bei einigen Gläsern Wein die Pfeife ausgedampft hatten, ging der Prinz zu Bett.

Auf dem Wege nach diesem Hause hatte der Prinz dem Kingsborough vorgeschlagen, zum Laird von Macleod zu gehen, keiner würde ihn da vermuthen; Kingsborough wollte nicht beistimmen. Warum, meinte der Prinz, sollte der Laird von Macleod zu seinen übrigen Unthaten auch nach meinem Blute dürsten? — Vielleicht, sagte Kingsborough, denn er hat mir geschrieben, euch auszuliefern, wenn ihr mir in die Hände fielet, das wäre ein Dienst, den ich meinem Lande erwiese. So gab der Prinz den Plan anf und meinte, der Laird würde noch lange genug leben, um sein Versehen zu erkennen. Einige Zeit darauf wollte der Laird diesen Brief zurückhaben, aber Kingsborough verweigerte ihn, er wollte ihn bewahren, um zu zeigen, welche Rolle er damals gespielt. Kingsborough fragte auch den Prinzen: Ob er George Murray für einen Verräther hielte? Ich hoffe nein! antwortete der Prinz. — Kingsborough wunderte sich einmal über das andre, was ihn den Tag nach Mongstod gebracht, da er doch gar keine Art Geschäft dort gehabt. Das will ich euch erzählen, sagte der Prinz, das war die Vorsehung, die meine Rettung zu ihrer besondern Sorge macht, und dazu war kein andrer so tüchtig als ihr. — (Wir müssen uns bei dieser Bemerkung nach O Neil und Sullivan umsehen, denen beiden die Rettung des Prinzen am Herzen lag. O Neil fand Sullivan bald nach dem Abschiede vom Prinzen, und zwey Tage darauf kam ein französischer Kutter mit 120 Mann Besatzung an die Küste von Süduist. Sullivan ging gleich an Bord, O Neil suchte den Prinzen, konnte ihn aber nicht finden, weil er die Insel zwey Tage vorher verlassen. Er kehrte zurück, wo er den Cutter verlassen, der war aber drey Stunden vorher aus Furcht vor einigen bewaffneten Böten mit gutem Winde abgesegelt, so hatte selbst Sullivan seinen Prinzen aufgegeben. O Neil ward bald darauf gefangen, aber, da er lange in französischen Diensten, ganz als Kriegsgefangner behandelt; auf dem Kriegsschiffe, das ihn fortbrachte, fand er Miß Flora, die sein Unternehmen ausgeführt hatte. Er ward bald ausgewechselt.)

Als der Prinz zu Bette, muste Flora der Hausfrau ihre Abentheuer erzählen, die fragte unter andern: Was ist aus den Schiffern geworden, die euch übersetzten? — Sie fuhren zurück nach Süduist. —

Sehr schlimm, die hätten einige Zeit hier aufgehalten werden sollen. — Ihre Vermuthung traf ein, sie wurden gleich nach ihrer Rückkehr festgenommen und durch gesetzwidrige Androhung der Tortur gezwungen, alle zu nennen und zu beschreiben, unter andern, daß die Fremde ein langes roth gedrucktes Kleid angehabt, und weisse Schürze. Jene Besorgniß bestimmte Flora den Prinzen zum andern Morgen zu bitten, daß er seine weiblichen Kleider ablege, die ohnedies den vorigen Tag unbequem und verdächtig gewesen. Der Prinz schlief neun Stunden ohne Unterbrechung, gegen seine Gewohnheit; und Miß Flora wurde besorgt, als der Morgen schon so weit vorgerückt, schickte Kingsborough ihn zu wecken; er fand ihn im besten Schlafe und kam leise zurück, Flora bestand aber darauf, daß er ihn wecke; er ging zum zweytenmal und fragte, wie er geschlafen? — Niemals besser, ich meine, daß ich nie in so gutem Bette gelegen, denn in Wahrheit, ich hatte fast vergessen, was ein Bette sey. — Er muste noch in demselben Kleide das Haus verlassen, um seine andern Kleider den Leuten im Hause unbekannt zu lassen, so kam er angezogen ins Zimmer und ehe er Kappe und Schürze nahm, bat die Hausfrau Miß Flora auf Ersisch, sie möchte den Prinzen um eine Locke bitten. — Kannst du sie nicht selbst fordern? antwortete Flora. Der Prinz fragte, warum sie sich stritten, die Hausfrau erzählte es; er willigte gleich ein, legte seinen Kopf auf Floras

Schooß, bat sie, eine Locke abzuschneiden, sie that es zögernd, gab der Hausfrau die Hälfte, die andere behielt sie für sich. Es ging allen an diesem Tage sehr wohl und diese Abentheuer, die sonst so rauh, ernst und unfreundlich, werden durch diese kurzen Stunden mit edlen Frauen, auf einmal heiter und anziehend.

Nachdem der Prinz wieder in seiner weiblichen Kleidung vollständig angezogen, sah er sich im Spiegel und rief lachend aus: Das ist mir ein lustig Weibsbild! — Er frühstückte, nahm Abschied von der guten Hausfrau und ging mit einem Bündel Hochländer Kleider in ein Holz, wo er ein Kleid von Leinen und Baumwolle mit Purpurblumen anzog. Da nahm er einen langen Abschied von Kingsborough, dankte ihm für seine Dienste, wollte sie nie vergessen, sagte: Wer weiß, Kingsborough, ob wir beyde je wieder ein Glas Porter nach allem diesem zusammen trinken? — Beyde weinten, ein Paar Blutstropfen fielen aus des Prinzen Nase. Kingsborough gab ihm einen Führer bis Portree mit; Miß Flora kam zu Pferde auf anderm Wege eben dahin. Kingsborough hatte alles Nothwendige für den Prinzen vorausbesorgt, er traf Miß Flora in Portree, beyde waren sehr durchnäßt, sie trockneten sich und erfrischten sich so gut der Ort es erlaubte; der Abschied verzögerte sich wohl zwey Stunden, dann dankte er für ihren wunderbaren Beystand, der einzige der ihn erretten konnte; es that ihm leid, daß keine Miß Flora ihn weiter begleiten sollte. Es kamen einige, die zur Abreise trieben, er erheiterte sich: Lebt wohl, Miß Flora, ich hoffe wir fahren noch in einer Kutsche mit Sechsen, eh wir sterben, wenn wir gleich heute zu Fuß gehen. — Sie hatten beyde nicht lange Zeit dem Abschiede nachzudenken.

Ungefähr sechs Tage nach des Prinzen Abfahrt von Sky, folgte ihm Kapitän Fergusson; durch die Bootsleute lernte er die Tracht des Prinzen kennen, so folgte er ihm nach Alexander Macdonalds Hause; da hörte er bloß von Flora, und folgte der zu Kingsborough, den er so wie Frau und Tochter befragte. Der Kapitän fand zuerst Kingsborough, der manche seiner Fragen ganz unbestimmt beantwortete, er fragte nach seiner Frau. Kingsborough rief ihr, daß Kapitän Fergusson gekommen wäre, nach ihren letzten Gästen zu fragen. — Wenn Fergusson mein Richter ist, sagte sie, so sey Gott meiner Seele gnädig. — Fergusson fragte, warum sie so spreche? — Weil die ganze Welt sagt, daß ihr ein grausamer, hartherziger Mann seyd. — Er fragte, wo Miß Flora und die Person in Weibskleidern, die mit ihr, gelegen. — Kingsborough: Er wüßte wohl, wo Flora geschlafen, um die Mägde bekümmere er sich aber nicht. — Fergusson: Lag Miß Flora mit dem Prätendenten in einem Bette? — Die Frau antwortete: Herr, was ihr unter dem Prätendenten versteht, weiß ich nicht, doch ist es nicht Mode auf Sky, Herrschaft und Magd in dasselbe Bett zu legen. Der Kapitän ließ sich die Zimmer zeigen, wo sie geschlafen und fand das Zimmer der Magd besser, als das der Herrschaft, darauf ward Kingsborough gefangen fortgeführt nach Fort Augustus, seiner Schnallen, Uhr, und Geldes beraubt, in Eisen gelegt. Einstmals kam ein englischer Kapitän zu ihm und fragte, ob er wohl des Prinzen Kopf erkennen könnte, wenn er ihn sähe? Ihm schauderte, er sagte, daß er ihn nicht bestimmt erkennen könnte, wenn er nicht mehr am Rumpfe; weiter hörte er nichts davon. Nachdem wurde er aufs Edinburger Schloß gebracht, eng bewacht und im July bey der allgemeinen Begnadigung entlassen; eine lange Strafe für ein Nachtquartier. Einmal war er in der Zeit aus Versehen entlassen, da hörte er, wie ein Officier schwor, er hätte den Prinzen gehangen, wo er ihn gefunden. Miß Flora nach dem Abschiede vom Prinzen ging zu ihrer Mutter nach Slait, erzählte aber weder der, noch jemand von ihren Abentheuern. Nach acht Tagen wurde sie zu einem Offizier beschieden, sie ahndete, was er verlange, entdeckte alles den Ihren, auch ihrem Stiefvater, der nach Hause gekommen; sie überlegten mit einander, was sie antworten sollte. Auf dem Wege sich zu stellen, wurde sie von Soldaten angehalten und ohne Erlaubniß, Kleider oder Leinenzeug mitzunehmen, auf das Schiff Furnace des Kapitän Fergusson gebracht. So schrecklich ihr erst dieser Name war, so wurde ihr doch bald durch General Campbell, der mit auf dem Schiffe, alle Furcht verscheucht; sie bekam eine eigne Cajüte, eine Magd, niemand durfte ohne ihre Erlaubniß zu ihr.

Erst erzählte sie eine verabredete Geschichte, wie ihr ein Soldatenweib begegnet, die um einen Platz in ihrem Boot gebeten, sie wüßte nicht, was nachher aus ihr geworden; doch gestand sie dem General Campbell bald den ganzen Verlauf. Nachher kam sie auf Kapitän Smiths Schiff, für dessen gute Behandlung sie nachher in London seinem Mahler zu sitzen die Gefälligkeit hatte; dies war nach fünfmonatlichen Gefangenschaft auf verschiedenen Schiffen worauf sie in London dem Staatsbothen Dick in Bewahrung übergeben wurde. Die Amnestie befreite sie; doch hatte sie sich über ihren Aufenthalt in London nicht zu beklagen, ihr ward von allen Seiten Aufmerksamkeit bezeuget, über die sie sich mehr verwunderte als erfreute. Nachher verschwindet sie uns wie alle helfenden Engel; ihre Arbeit war gethan, sie kehrte zufrieden in den kleinen Kreis des gewöhnlichen Lebens zurück, aus dem wir nach den weitern Gefahren des Prinzen ängstlich umblicken.

Kingsborough hatte Kapitän Malcolm Macleod, und Murdock Macleod, die beyde unter dem Prinzen bey Culloden gefochten (der letzte war in die Schulter geschossen) nach Portree bestellt. John Macleod, der junge Laird von Raaz, wartete mit einem Schiffe und zwey Bootsleuten. Sie kamen mit dem Prinzen den ersten July nach Glain in Raaz, da blieben sie zwey einen halben Tag in einer niedrigen Hütte, wo sie auf dem Erdboden, mit etwas Heidekraut bedeckt, liegen mußten. Nun war ein Mann auf die Insel gekommen um eine Rolle Taback zu kaufen, blieb aber vierzehn Tage, ging bald hier bald dorthin, so daß ihn alle für einen Spion hielten. Er näherte sich auch einmal der Hütte und Malcolm beschloß, ihn zu erschießen. Nein Malcolm, sagte der Prinz und hielt ihn, Gott behüte, daß irgend ein unschuldiger Mensch für uns leiden sollte. Ein Glück war es indessen, daß der arme Mann nicht in die Hütte sah, Malcolm war entschlossen, ihn ihrer Sicherheit zu opfern. Nachher hieß es, der Mann sey ein Kräutersammler gewesen. Den 3ten July schlug der Prinz vor, nach Trotternish auf Sky zu fahren, ob es gleich stürmisch war. Der Wind nahm so zu, als sie auf dem Wasser waren, daß alle die Rückkehr verlangten, der Prinz rief indessen entschlossen: Ihr fahrt den letzten eures Könighauses, die Vorsehung, ihr Gefährten, die mich durch so viele Gefahren getragen, wird mich vor so schlechtem Ende schützen! Dann stützte er sich ruhig auf seine Hand und sang:

Die Gedanken sind frey,
Wer kann sie errathen,
Sie rauschen vorbey
Wie nächtliche Schatten,

Kein Mensch kann sie wissen,
Kein Jäger sie schießen;
Es bleibet dabey,
Die Gedanken sind frey.

Die andern horchten auf und er sang ihnen ein lustiges altes Lied *).

O wenn mein Liebchen die weiße Ros wär,
Die wächst auf der Welle Rand,
Und ich wär selbst nur ein Tropfen im Meer;
Ich stieg mit der Rose ans Land:
O mein Liebchen ist fein, fein, fein,
Mein Liebchen ist fein und schön dein Blick,
Und wenn ich schau in ihr hold Gesicht,
So blickt und lächelt sie wieder zurück.
O wenn mein Liebchen die rothe Ros wär,
Die wächst in dem Morgenlicht.
Ich ging im Sturme wieder aufs Meer,
Zu schaun ihr lieb Angesicht?
O mein Liebchen ist fein, fein, fein,
Mein Liebchen ist fein und schön dein Blick,
Und wenn ich schau in ihr hold Gesicht,
So blickt und lächelt sie wieder zurück.
O wenn mein Liebchen das Sternelein wär,
Das steht noch vor Himmelsthür,
Die andern ruhen schon drinnen in Ehr,
Sie wartet auf mich noch hier:

*) Ein schottisches Lied von ähnlichem Durchklang hat M. Schubart sehr schön übersetzt, vielleicht erfreun wir uns bald einer Sammlung dieser trefflichen Übersetzungen, von denen meine Tröst-Einsamkeit zwey Proben darlegte.

O mein Liebchen ist fein, fein, fein,
Mein Liebchen ist fein und schön dein Blick,
Und wenn ich schau in ihr hold Gesicht,
So blickt und lächelt der Stern mir zum Glück.

Die Wogen rauschten indessen häufig über den Rand des Bootes, Malcolm und der Prinz schöpften das Wasser aus. Sie landeten bey einem Felsen in Troternissh auf Sky mit vieler Beschwerde, der Prinz war der dritte, der ins Wasser sprang, um das Boot aufs Trockne zu ziehen. Er hatte einen sehr durchnäßten Reiserock an, der Felsen war steil, Malcolm wollte ihn tragen, der Prinz meinte aber: Ich bin jünger als ihr Kapitän! — Sie kamen in ein Kuhhaus, hier wollte Malcolm, daß der Prinz ein trocknes Hemde anzöge, der wollte aber nicht und schlief bald ein. Er fuhr oft unruhig in seinem Schlafe auf, sagte im Traume. Ach armes Volk, armes Volk! Nachher erwachte er und da er Malcolm auf der Lauer sah, wollte er durchaus statt seiner solches übernehmen. Die beyden Brüder, der junge Raaza und Murdack und der Bootsmann verliessen hier den Prinzen, der Prinz blieb mit Malcolm zwanzig Stunden dort ohne Erfrischung oder Feuer.

Den vierten Abends verließen sie die Hütte, Malcolm mußte sich für den Herrn ausgeben und der Prinz das kleine Gepäck tragen; wo sie bei irgend jemand vorbei kamen, und Malcolm sprach, so mußte er die Mütze abnehmen. Sie gingen die ganze Nacht die schlechtesten Wege der Welt, über

Berge und Heiden. Ihre Brantweinflasche war bis auf einen Schluck aus, der Prinz nöthigte Malcolm so lange, bis er den nahm, indem er versicherte, daß er gar keinen möchte. Einmal fragte er Malcolm: Nehmt an, es kämen welche, die uns morden oder fangen wollten, was wär' zu thun? — Das hängt von der Menge ab, entgegnete Malcolm, wären nicht mehr als viere, zwey nehme ich auf mich. — Ich will nicht heißen, wie ich heiße, rief der Prinz, wenn ich nicht die beiden andern gut empfange! — Dann bemerkte er, daß seine Weste Scharlach mit Gold zu gut wäre für einen Diener, darum tauschten sie mit Westen. Der Kapitän machte ihn auch aufmerksam, daß er bald in eine Gegend komme, wo er von vielen gekannt würde, er möchte sich also einen Tuch unter seiner Mütze umbinden; aber nichts konnte das majestätische Ansehn und Bewegen verstecken, wie Malcolm nachher versicherte. So erkannten ihn gleich zwey von Mackinnens Leuten, welche bei der Expedition gewesen; sie brachen in Thränen aus bei seinem ärmlichen Aufzuge und nur Malcolms Erinnerung, sie würden damit alles verrathen, konnte sie beruhigen. Bei Strath wohnte eine Schwester Malcolms, die John Mackinnen, einen Kapitän der Abentheurer, geheirathet, er ging zu ihr voran, um sie wegen der englischen Soldaten auszufragen. Sie war zu Hause, aber ihr Mann abwesend. Nach der ersten Bewillkommung erzählte er ihr, er möchte wohl kurze Zeit bei ihr bleiben, wenn keine Soldaten in der Nähe wären. Sie meinte, es wären keine so nahe. Dann sagte er, daß er noch einen Unglücksgefährten aus der letzten Schlacht, Lewis-Caw, den Sohn eines Wundarztes aus Orief bei sich habe, den er für seinen Diener ausgebe. Die Schwester war bereit, sie beide aufzunehmen, und Lewis ward ins Haus gerufen. Er trat mit dem Gepäck herein, nahm seine Mütze ab, bückte sich tief, und setzte sich in großer Entfernung vom Herrn nieder; des Kapitäns Schwester mußte doch immer nach ihm hinsehen, es war ihr so was Ungemeines in dem Menschen. Der Kapitän verlangte etwas zu essen, sie waren fast ausgehungert, und befahl dem armen kranken Lewis zu ihm zu rücken und mit ihm zu essen, da keine Gesellschaft im Hause. Lewis setzte sich nur auf die Hälfte näher, versicherte, er kenne besser seine Schuldigkeit; doch der Kapitän befahl es ihm endlich. Nach dem Essen verlangte der Kapitän, daß die Magd seine Füße warm abwasche, als das geschehen, verlangte er auch, daß sie seines Dieners Füße wasche. Das Mädchen sagte aber: Wenn sie auch seine Füße gewaschen, so wollte sie doch nicht seines Knechts Füße waschen. — Sie gehorchte doch, aber sie rieb des Prinzen Füße so stark, daß der Prinz dem Kapitän auf Englisch sagte, er möchte sie doch in ihrer Sprache bitten, nicht so stark zu reiben und nicht so weit hinauf mit der Hand zu waschen, weil sie an sein

Degengefäß stoße. — Ich kann aus meiner eignen Erfahrung hinzufügen, daß es alle andre Güte übertrifft, dieser schottische Gebrauch, daß Mädchen den Reisenden die Füße waschen, so sehr Fremde davon überrascht werden, wenn sie das Wasser bringen, und dann gar nicht davon weggehen wollen, sondern in christlicher Milde niederknieen, bis man endlich ihre Absicht merkt und den guten Kindern gewähren läßt. — Nach dieser Erfrischung schliefen sie ein, und des Kapitäns Schwester hielt auf dem Hügel die Wache. Der Prinz schlief keine zwey Stunden, als der Kapitän einmal aufwachte, sah er wie er seiner Schwester Kind auf dem Arm tanzen ließ und dabei sang:

Wollen wir nicht nach England fahren?
England ist verschlossen,
Schlösser sind verrostet,
Schlüssel ist verloren;
Wenn die Puppen tanzen,
Wollen wir Lanzen pflanzen.

Er schien so heiter, als wenn er die Nacht im Bette zugebracht. Wer weiß, sagte er, vielleicht wird der Junge einmal Kapitän in meinem Dienste. — Oder ihr, brummte die Magd, ein alter Sergeant in seiner Kompanie.

Der Kapitän war wach, als sein Schwager Mackinnen ins Haus trat. Nach der gewohnten Begrüßung fragte er ihn, ob er die Kriegsschiffe gesehen, die in einiger Entfernung um die Küste schwebten? — Ja. — Wenn der Prinz da am Bord wäre? — Gott behüt davor, erwiderte Mackinnen. — Wenn er nun hier wäre? — John, meinst du, daß er hier sicher genug wäre? — Ich wollte, wir hätten ihn hier, hier sollte ihm nichts begegnen. — Nun wohlan, rief Malcolm, er ist in deinem Hause; aber kommst du herein, so mußt du thun, als wenn er gar nicht da wäre. — Das versprach John, aber wie er den Prinzen in solchem ärmlichen Zustande erblickte, brach er in Thränen aus, worauf ihn Malcolm gleich zur Thür wieder hinausführte. — Als Malkolm mit dem Prinzen allein war, wünschte er eine Erzählung seiner früheren Abentheuer; der Prinz erzählte, Malcolm schien sehr erschüttert, der Prinz aber fuhr fort: Kapitän, ich hätte gut Leben gehabt, wenn ich ruhig geblieben, aber ich wollte vielen andern ein gutes Leben geben, wenn ich König würde. Ein guter König ist der größte Sklave in seinem Reiche, keine Stunde gehört ihm, was ich erlitten ist nichts gegen das, was mir bevorsteht, die Vorsehung wird mich aber wie bisher schützen. Jetzt kenne ich Elend, jetzt kenne ich Menschen, das sollte jeder kennen, eh er herrschen will. — So sprachen sie lange, bis sie endlich auf die Überfahrt nach dem festen Lande von Schottland kamen. Sie wollten dem Laird von Mackinnen wegen seines hohen Alters nichts von der Sache sagen, auch mußte John Stillschweigen gegen ihn versprechen. Als er aber nach einem

Boote ausging, begegnete ihm der alte Herr, und da konnte er sich nicht halten, ihm alles zu erzählen. Der gute Alte übernahm gleich das Boot zu besorgen, er wollte selbst zum Prinzen kommen, der Prinz traute ihm ganz. Jetzt sah der Prinz, daß er Malcolm nicht weiter nöthig hätte, doch war es ihm schmerzlich, gleich von seinem treuen Malcolm zu scheiden; aber Malcolm setzte ihm auseinander, daß die Soldaten bei seiner längeren Abwesenheit Argwohn schöpfen, und er selbst den Prinzen, weil er sehr bekannt, in Gefahr setzen könnte. Kehre ich zurück, sagte er, so werde ich vielleicht gefangen; da ich mit euch, mein Prinz, allein war, kann ich ihnen falsche Wege vorlügen, die wir zusammen gemacht, so daß sie euch nicht auf die Spur kommen. Was mir geschieht ist einerlei, aber ich bin um euch besorgt, und da ich euch besser diene, wenn ich euch verlasse, so darf ich nicht meinem Herzen folgen; ich meine, daß Mackinnen euch gut führen wird. — Der Prinz ward damit zufrieden, der Alte kam, alles war fertig, aber indem der Prinz einsteigen wollte, rief er: Malcolm, wißt ihr, daß ich Murdock Macleod zur Zusammenkunft beschieden hatte. — Was schadet's, ich wills ihm schon erklären, wie ihr einen andern Weg gezwungen seyd. — Das ist nicht genug zwischen Edelleuten, meinte der Prinz; gebt mir Papier, Tinte und Feder, ich will ihm ein Paar Worte schreiben. — Er schrieb hierauf:

Ich danke Gott, daß ich gesund bin, ich gehe ab. Grüßt alle Freunde, mein Dank für alle Mühe, die sie meinetwegen gehabt. Euer ergebener

James Thomson.

Den Brief gab er an Malcolm, führte ihn auf die Seite, umarmte ihn, gab ihm eine silberne Schnalle, die nahm er an, aber zehn Guineen, die er ihm dann übermachte, weigerte er sich lange anzunehmen, bis sie ihm der Prinz einsteckte. Die alte schwarz geräuchte Pfeife des Prinzen bewahrte er, nachdem er ihm eine neuè gegeben, und schickte sie nachher seinem besten Freunde in England. Als sie nun ins Boot steigen wollten, sahen sie zwey Kriegsschiffe, die sich ihnen näherten; sie wollten das abwarten, aber der Prinz rief: Ich bin wahrhaftig nicht so oft entkommen, um hier gefangen zu werden, ich geh zu Schiff, der Wind wird sich ändern und die Schiffe werden einen andern Lauf nehmen müssen, die Vorsehung läßt meine Feinde jetzt nicht so nahe kommen! — Was der Prinz sagte, traf ein; Malcolm, nachdem er Abschied genommen, sah vom Hügel den Schiffen und dem Boote nach; es verging keine Viertelstunde, so kam ein günstiger Wind, der die Kriegsschiffe ganz aus dem Gesicht wegtrieb und den Prinzen nach Schottland führte. (Malcolm wurde bald nachher eingefangen und nach London geführt, wo er mit Flora bei dem Staatsbothen Dick gefangen saß; nach der Amnestie kehrte er mit ihr nach Schottland zurück.)

Nach einer stürmischen Nacht, in der sie ein Boot mit Milizen begegneten und sich zum Schlagen bereiteten, aber vom Winde auseinander getrieben wurden, kam der Prinz glücklich in Moidart, sechs Meilen von dem Platze an, wo er ausgefahren, und zu Angus Macdonald Hause nach Borandale, wo er seine Kleider wechselte und nach Macdonald von Glenaladale sendete von Clenronalds Familie. Hier nahm der Laird von Mackinnen Abschied vom Prinzen; auf der Rückfahrt ward er gefangen, nach London grbracht, in Eisen gelegt, endlich aber mit allen übrigen frei gelassen.

Glenaladale kam und berichtete dem Prinzen, daß der Verlust bey Culloden nicht so groß gewesen, als Sullivan und O Neil ihn dargestellt. Gern wäre der Prinz zu seinem geliebten Lochiel nach Lochaber gegangen, aber zwey Postenreihen von Inverniß über Fort Augustus nach Fort William, eine andre von der Spitze von Locharkaig machten alle Verbindung unmöglich. Der Prinz blieb noch einige Tage, bis General Campbells Ankunft auf der einen, der Kapitän Wott auf der andern ihn auf zwey Meilen umschlossen, sie hatten Nachricht von seiner Anwesenheit in dieser Gegend. In dieser Lage bat er Cameron von Glenpane, ihn zu dem Braes von Locharkaig zu führen, sie musten auf Hände und Füßen kriechen, um bey den Wachen dieses Passes vorbeyzuklettern und kamen ihnen so nahe, daß sie die Soldaten sprechen hörten, es gingen mit ihnen Glenaladale, sein Bruder und zwey Knaben des Angus. Einmal, als der Prinz mit Glenaladale, ganz allein war, verlor dieser seine Börse mit vierzig Guineen. Er bedauerte sein Unglück, es war alles Geld, was sie hatten, und wollte zurück es zu suchen, er wäre gewiß den Fleck zu finden. Der Prinz widersetzte sich erst, doch sah er wohl ein, wie nothwendig ihnen das Geld seyn könnte, er ließ ihn zurückgehen und stellte sich hinter einen Hügel, Bald sah er viele Soldaten, die sich ihm erst näherten und dann den Weg einschlugen, den er selbst würde genommen haben, so daß er ohne diesen scheinbar sehr unangenehmen Vorfall sicher in ihre Hände gefallen wäre. Als Glenaladale mit der Börse zurück kam, rief ihm der Prinz entgegen: Meine Stunde ist noch nicht gekommen, wir waren nahe dran gefangen zu werden! — Sie kamen nach Glanmorriston ohne Hinderniß, aber sehr hungrig, bey einer rauchenden Hütte konnte sich der Prinz nicht mehr halten, er hatte seit acht und vierzig Stunden nichts gegessen: Hinein, hinein, es komm wie es will, besser als ein Mann, denn als ein Narr sterben. Sein Freund wollte ihn abhalten, aber der Prinz sprang dreist hinein und fand sechs tüchtige Gesellen beym Mittag, vor einem grossen Stück gekochten Rindfleisches, ein sehr fremder Anblick für ihn. Die sechs Männer, die bekannte Spitzbuben waren, verwunderten sich nicht wenig über das fremde Gesicht; einer erkannte aber den Prinzen und hatte die Geistesgegenwart, um ihn nicht den andern zu verrathen, ihn anzureden: Dougal Maccullony, ich freu mich euch wiederzusehen. Der Prinz merkte durch diese Anspielung, daß er gekannt sey, dankte ihm herzlich und mit gleicher Haltung, setzte er sich nieder, aß mit ihnen tüchtig und war sehr lustig. Der Prinz, sein Freund und der Mann, der ihn erkannt hatte, berathschlagten nach Tische vor der Hütte, was zu thun und wie wohl das Land besetzt sey; sie hielten es für nothwendig, daß er länger hier verweilte, so musten denn die fünf andern auch in das Geheimniß gezogen werden, die nicht wenig erfreut waren, einmal einen Prinzen unter sich zu haben und ihm dienen zu können. Sie waren ihm von grossem Nutzen und sehr treu. Mit diesen zuverlässigen Falstaffs und Glenaladale blieb der Prinz in Glenmorriston und Glenstrathferrar bis die Wachen sich entfernten und die Pässe öffneten.

In dieser Zeit ungefähr ward Roderich Mackenzie, ein Kaufmann von Edinburg, der auch mit dem Prinzen ausgezogen, von einigen Soldaten bei Glenmoriston angetroffen. Da er von des Prinzen Wuchs und Alter war, auch im Gesichte ihm nicht unähnlich, er war ein ansehnlicher wohlgebildeter Mann, so nahmen ihn die Soldaten für den Prinzen. Er wuste voraus, daß er hängen muste, wenn er gefangen würde, und beschloß daher mit dem Degen in der Hand frei und brav zu sterben. Der Muth und die Festigkeit des Mackenzie bestätigte die Soldaten in ihrer Vermuthung, daß er der Prinz, und so schoß gleich einer nach ihm. Er fiel und rief, um sie noch mehr zu bethören, Ihr habt euren Prinzen gemordet, ihr habt euren Prinzen gemordet! — Die Soldaten waren überfroh, schnitten den Kopf ab und brachten ihn nach Fort Augustus, ihre Heldenthat und den Preis der 30,000 L. anzurühmen. Viele glaubten den Kopf zu erkennen, der Herzog meinte, daß sein großes Werk beendigt sey, und reiste ruhig nach London den 18ten July. Dies war die Veranlassung jener Frage an Kingsborough. Da nun aber alle Posten, weil sie den Prinzen todt glaubten, nachlässig wurden, so konnte der Prinz mit geringer Gefahr nach Lochaber zu seinem Lochiel entkommen. Sie nahmen keine Lebensmittel dahin mit, weil dort ein grösserer Überfluß sonst war, sie fanden indessen alles verbrannt und das Vieh weggeführt. In dieser Noth schoß noch einer zum Glück einen Hirsch, wovon sie ohne Brod und Salz lebten. Der Prinz sendete zu Lochiel, die Boten begegneten zwey französischen Offzieren, die den Prinzen aufsuchten und gingen mit ihnen zu Lochiel. Es waren nämlich vier französische Offiziere in dieser Gegend angelangt, von denen schon zwey gefangen, und einer als Spion gehangen; diese beiden übrigen irrten bisher umsonst herum. Der Bote wollte aber keinem außer Lochiel die Anwesenheit des Prinzen anvertrauen, darum ging er mit ihnen dahin. Den nächsten Tag sendete Lochiel seinen Bruder Dr. Cameron mit vier Dienern zum Prinzen. Sie trafen unterwegs den Prediger Cameron, und nach mehrerem beschwerlichem Durchwaten der Flüsse kamen sie zum Prinzen, der in der Ungewißheit, wer sie wären, die Hütte verlassen hatte, aber mit so größerer Freude sie nachher begrüste, als sie ihm Lochiels Herstellung von seinen Wunden (die er bei Culloden erhalten) anzeigten. Dreimal dankte er Gott dafür. Der Prinz ging an diesem Tage barfuß, hatte einen alten schwarzen Kilt um, ein Schwerdt an der Seite, eine Pistole und ein Messer im Gürtel, eine Muskete in der Hand, schien gesund und gut gestimmt, und aß mit ihnen von einer Kuh, die sie den Tag vorher geschlachtet und Brodt, das er in Fort Augustus hatte kaufen lassen. Der Prinz wollte gleich zu Lochiel, muste es aber aufgeben, als man ihm eine Zeitungsnachricht erzählte, nach welcher er mit Lochiel und dreißig Mann nach Coriarick gegangen seyn sollte, so daß dort ein strenges Nachforschen zu erwarten war. Lochiel hatte schon mehrere falsche Nachrichten veranlaßt. Ein englischer Kapitän Culkairn hatte den eben begrabenen Leichnam eines Camerons für Lochiel gehalten, ihm das Todtenhemde ausgezogen und einen Expressen mit der Nachricht von seinem Tode an den Herzog von Cumberland geschickt. Der Prinz sendete indessen Lochgary und Dr. Cameron zu Lochiel und entließ Glenaladale und die Leute aus Glenmorriston, er selbst blieb in der Hütte mit dem

Prediger Cameron, Cluns Kindern, Kapitän Macraw und zwey Dienern.

Die beiden französischen Offiziere erregten Besorgniß, wie konnten sie ohne Spione der Regierung zu seyn, bei gänzlicher Unkenntniß der Sprache sich bis hieher durchhelfen, alle kamen überein, sie auf die Probe zu stellen. Da nun beide Offiziere den Prinzen nie gesehen haben wollten, so schrieb er ihnen: daß er es seiner Sicherheit schuldig glaube, ehe er sie selbst spreche, erst seinen Freund Kapitän Drummond mit ihnen verhandeln zu lassen, dem sie ganz vertrauen möchten. Diesen Kapitän Drummond machte er selbst, sie sagten ihm ihre Aufträge, die bei der jetzigen Lage der Sache, wie er nachher erklärte, unbedeutend waren; ein Packet chiffrirter Briefe für den französischen Gesandten konnte ihm noch weniger nützen. Sie fragten ihn nachher vertraulich nach des Prinzen Lebensweise, Gesundheit, Planen. Erst als der Prinz Abschied nahm, erfuhren sie, daß es der Prinz gewesen, baten sehr um Verzeihung wegen ihrer freien Art zu sprechen, die er ihnen auch gern angedeihen ließ. Der Prinz und die Seinen blieben in diesem Walde in drey verschiedenen Hütten bis zum zehnten August, da kam ein sechsjähriges Kind von Cluns und sagte, es sehe einen Haufen Soldaten. Sie wollten es erst nicht glauben, weil Lochgarie dem Lochiel versprochen hatte, zwischen Fort Augustus und Cluns Hütte eine Wache auszustellen; doch gingen sie hinaus und fanden alles, wie das Mädchen es erzählt. Cluns beobachtete die Soldaten, der Prediger aber ging den Prinzen zu benachrichtigen, der eine halbe Stunde davon in einer andern Hütte sich befand. Der Prinz schlief als Cameron eintrat, und erzählte, wie er die Soldaten vorrükken sähe. Er stand entschlossen auf, langte nach seiner Muskete und sendete nach einem Sohne von Cluns. Sie glaubten, weil sie gar keine Nachricht bekommen, es sei Verrätherei dahinter versteckt, und wahrscheinlich alle Ausgänge des Waldes besetzt; sie waren ihrer acht, und statt ihren Hals freiwillig hinzuhalten, beschlossen sie, ihr Leben so theuer wie möglich zu verkaufen, tapfer als Männer zu sterben, welche die Ehre eines großen Geschickes übernommen haben. Brüder, sagte der Prinz, laßt uns für einen bessern Tag leben. Er untersuchte selbst alle Flinten, und fand sie in ziemlich gutem Stande, er meinte sie würden wohl noch etwas hinrichten, eh sie gerichtet würden, er für sein Theil, er sei ein guter Schütze und könne schnell laden, und wäre sicher seines Ziels. — In dieser Gesinnung verliessen sie die Hütte, dann stiegen sie auf einen Hügel, von wo sie nach Glenkengie hinsehen konnten; unter der Decke des Waldes kamen sie unbemerkt dahin, nachher beschlossen sie in der Nacht auf den hohen Berg Mullantagart zu steigen. Einer von Cluns hatte indessen ein Weib gesprochen, das hatte erzählt, es wären etwa zweihundert von Lord Loudons Regiment, die hätten zehn Kühe fortgeschleppt, welche Cluns nach der Plünderung erkauft hatte, sie hätten eine der Hütten gefunden, nun wären sie hin Barrisdales Vieh zu suchen. Den Abend brachte Cluns einigen Brantwein, Brod und Käse dem Prinzen, der ohne Feuer an einer Seite des Berges sich aufhielt; er beredete ihn einen Schluck zu nehmen, auch kurze Zeit Feuer anzumachen. Von da gingen sie die Nacht nach der Strath von Glenkengie, wo sie eine Kuh tödteten und ein Paar Tage lustig lebten. Von da gings durch das Wasser von Arkey nach den Braes von Achnakarie; der Prinz blieb beständig in seinen nassen Kleidern. Dann gelangten sie zur Freude des Prinzen zu Lochiel, der damals auf den Hügeln zwischen Badenach und Atholl hauste. Den dreizehnten September wurde der Prediger Cameron südlich ausgeschickt, ein Schiff zu miethen, das den Prinzen an der Nordküste aufnehme. Das Schiff war gerüstet und ein Bote ging aus, den Prinzen, Lochiel und andre zu benachrichtigen, als zwey Freunde vor dessen Ankunft dem Prinzen die Nachricht brachten, daß zwey französische Schiffe bei Moidart angelangt. Auf diese Nachricht brach der Prinz die nächstfolgende Nacht auf, und suchte alle zu benachrichtigen, die auf den verschiedenen Posten lauerten, einige kamen zu rechter Zeit, andere kamen zu spät. Es ergreift uns eine namenlose Ungeduld, daß kein neues Hinderniß diese nahe Hoff nung wieder vernichtet und die Namen der Mitgenommenen und der Zurückgelassenen entschwindet selbst dem Gedächtnisse unsrer sonst so ausführlichen Geschichtschreiber. Dieses verzweiflungsvolle Spiel mit menschlicher Geduld endete den 19ten September auf der Bellona, einem französischen Kaper von 32 Kanonen, dahin geführt durch Kapitän Warren von Dillons Regiment. Der Prinz ließ erst seine Freunde ins Schiff steigen, dann küßte er den Boden seiner Väter und seiner Noth, bestieg das Schiff und sah sein untergegangenes Reich, das sein Muth gegen den Willen und das Schicksal einer Welt für kurze Zeit wieder aus dem Meere gehoben, allmälig darin untersinken, — noch auf den Felsenspitzen weilten seine Augen. Seinen Feinden entkam er, aber sein Reich sah er nie wieder, und seine Thaten waren geendet, so wenig er es damals noch glauben mochte. Wir lassen ihm die Sterne und die Erinnerung andrer großer Thaten, die auch verschwunden, trostreich aufgehen, während ein frischer günstiger Wind sein Schiff an die rettende Küste Frankreichs gefahrlos und schnell hintreibt. Die allgemeine Wehmuth mag ihn ergreifen, mit der ihm ein alter Hochländer auf dem Verdecke vorsingt:

Das Lied von der Jugend.

O Jugend, wie gleichst du dem schimmernden Traume des Jägers,
Den wärmende Sonne entschläfert am Hügel;
Da weckt ihn der Sturm und die jagenden Schlossen.

Da fühlt er sich beben, er sieht sich allein;
Da beugen sich Blumen ins wallende Grün,
Da stürzen die schwebenden Wolken hernieder,
Da weichet die Röthe vom rastlosen Himmel,
Da stehet er frierend und wischt sich die Augen
Und schauet hinüber zum Aufgang der Sonne, —
Die ging ihm schon unter, verflogener Traum!
O kehre mir wieder, O Jugend im Traum nur!
O klinget mir wieder ihr Waffen im Ohre!
Wann ziehe ich weiter im strahlenden Stahle?
Dann trete ich nieder die trotzenden Feinde!
Es gehet der Seele die Sonn des Gesanges
Wohl auf und wohl unter, ich fühle die Wonne,
Die Schmerzen entstrahlender, blendender Zeit.
Ich schau die gethürmten Schlösser der Väter,
Die schattigen Eichen dort hinter dem Walle,
Am Thore die Ströme erschwellen, umrauschen,
Die Vögel in Lüften, sie ziehen schon wieder,
Es hallen die Tritte der Meinen im Hause,
Sie sammeln sich rings an der gastlichen Schwelle,
Steht Fingel nicht mitten gelehnt auf dem Schilde?
Sein Speer ist gestützet dem Walle entgegen,
Er horchet Gesängen der wandernden Sänger,
Gethanene Thaten, als Jugend sein Arm.
Sein Oskar, heim kehrend vom Jagen, auch horchet
Dem Loblied des Helden und sieht ihn mit Staunen,
Wie Großes der that, den er täglich so schauet,
Da reisset er heftig sein Schild von dem Walle,
Daß schreckend emporspringt sein Leibhund und anschlägt,
Der müde vom Jagen ihm lag zu den Füssen;
Die Spitze des Speeres erblinket geduldlos,
Der Degenknopf blitzt in den mächtigen Händen

Mit leichtem Erzittern, voll Thränen das Auge
Die Röthe der Jugend in pochenden Wangen,
So spricht er zu Fingal und kniet vor ihm nieder:
O Fingal, du König der Helden und Ossian,
Nächster im Kriege, ihr fochtet in Jugend,
Ihr lebet im Sange die ewigen Tage,
Doch Oskar erscheinet, verschwindet wie Nebel,
Kein Sänger mich kennet, kein Mädchen mich nennet,
Kein Jäger einst suchet mein Grab auf der Heide;
O lasset mich fechten in Inisthona,
Und sollte ich fallen in Inisthona,
Ihr hört nicht mein Fallen im Lande so ferne,
Die Tochter der Fremde soll sehen mein Grab,
Und klagen die Jugend, die fern aus der Fremde,
Ihr nahte in Thaten, des Todes erfreut;
Dann kommt einst ein Sänger zu dir aus der Fremde,
Und rufet beym Feste: O höre die Thaten,
Von Oskar aus fernem umflutheten Land.
Mein Oskar, erwiedert der König der Helden,
Du Erbe des Ruhmes lautschallender Hallen,
Auch Du sollst nun fechten, weil Fechten dein Sinn,
Bereite den Schooß dir des dunkelen Schiffes,
Der Ferne gebär es der Unseren Ruhm;
So stehe denn auf und so beug dich vor keinem;
Auf führe die Helden nach Inisthona,
Doch denke des Ruhmes von Vater zu Vater,
Des ewigen Glanzes in unserm Geschlechte,
Daß Kinder der Ferne, nicht spotten und sagen,
Die Kinder des Fingal, die sind nicht von ihm.
Sey kriegend ein Sturmwind, im Frieden wie Sonne,
Sag Annir dem König von Inisthona,
Ich denke mit Liebe der Jugend, wir stritten

Zusammen in Tagen von Agandeka.

Es eilet so ruhlos die Jugend zu Thaten,
Als wollte einfrieren das wegsame Meer,
Bald zogen die Segel glückahnend zur Ferne,
Es wispern die Winde durch Leinen des Mastes,
Es rauschen die Fluthen am grimmigen Kiele,
Es zeichnet die Bahn sich weit hinter dem Schiffe,
Bald schaut er die Klippe, gepeitschet vom Meere,
Erkennet am wallenden Lustwald das Land.
Er wendet zum stilleren Busen des Meeres,
Er tritt auf den schwankenden Boden des Ruhmes
Und ziehet das Schiff zu dem trockenen Lande,
Dann bringt er das Schwerdt des vielherrlichen Vaters
Zu Annir, der saß auf dem eisernen Thron.

Der Held in dem Grauhaar rief auf als er sahe
Von Fingal das blinkende, schmetternde Schwerdt.
Er dachte der Schlachten, der Jugend mit Thränen,
Sie stritten zusammen im Glanz Agandekens,
Sie stritten der Lieblichen Erbe zu schützen.

Die Helden rings standen, als ob in den Wettern
Wetteifern zwey Geister beym kreuzenden Lichte
Dann sagte der König: Veraltet mir ruhet
So nutzlos das Schwerdt schon und rostet im Saale,
Das oftmals geblinket durch kreuzende Speere;
Verwittert, verbleichet ich gleiche der Eiche,
Verdorrend auf Felsen, die Wurzeln zerhauen.
Ich habe nicht Söhne mit Dir sich zu freuen,
Umher dich zu führen in Hallen der Väter!
Ach Argon und Ruro, ihr ruhet verblichen,
Wie kann ich euch rächen, die heimlich ermordet;
Die Tochter im Hause des feindlichen Mörders,
Sie sehnt sich zu sehen mein Grab bey dem Euren!

Ihr Gatte, ihr Cormalo schüttelt zehntausend
Der Speere entgegen wie Wolken des Todes,
Mein Schwerdt ist verrostet! Auf nun zum Feste
Du Erbe des Ruhmes, dann will ich erzählen.

Drey Tage vergingen in Festen, am vierten,
Da hörte der König den Namen des Gastes,
Sie lebten gar herrlich, sie jagten die Eber,
Sie weilten bey Steinen, die groß und bemooset;
Die Quellen da rieseln, da weinte der König,
Er hebet die Augen, sie leuchten wie Sterne
Durch finstere Wolken; so bricht er die Stille:

„Hier ruhet, was blieben von Kindern der Jugend;
„Der Stein ist das Grabmahl von Ruro, die Esche
„Umwurzelt nun Argon im Grabe, — Ach hört ihr
„Im klemmenden Hause, auch sprecht ihr im Laube
„Wie rauschende Winde, ihr rauschet so traurig" —
Die Winde durchstreifen die Locken von Oskar,
Wie Winters sie eisen die stürmischen Seen,
Die eilenden Wellen erstarren im Laufe.
Er fragte: „Wie fielen die Söhne der Jugend,
„Daß Eber des Forstes die Gräber umstreifen,
„Und stören ihr Ruhbett; hier müssen sie's leiden!
„Doch droben da jagen die Geister der Helden
„Die flüchtigen Wolken, umgarnen mit Bogen
„Der Lüfte vielfarbig das ruchlose Wild.
„O tröste dich König, es leben die Starken,
„Wir hören die eilenden Sohlen im Winde,
„Wir hören die bellenden Hunde in Nächten,
„Sie lieben noch immer das Jagen der Jugend,
„Besteigen mit Freuden schnellfüßige Stürme.

Der König erwiedert, nachdem er gestillet
Die stickenden Thränen, den nagenden Kummer:

Zehntausend der Speere beherrschte Cormalo.
Er hauset beym Wasser, das hauchet den Tod,
Gekommen zu meiner hellschallenden Halle
Er focht um die Ehre des Sieges mit Speeren.
Die Jugend war herrlich, doch konnte sich keiner
Mehr messen mit ihm, sie gaben den Kranz ihm
Die Tochter ihm Liebe. Da kamen die Söhne
Vom Jagen zurücke, kam Argon und Ruro
Verbissene Schmerzen des Stolzes im Auge,
Sie sahen den Kranz auf dem Haupte des Fremdlings,
Die Helden, die Ihren bezwungen im Lustkampf.
Drey Tage sie festen, am vierten focht Argon
Mit Cormalo freudig, wer konnt ihn bestehen!
Besieget ward Cormalo von ihm, auch von Ruro;
Da schwoll ihm sein Herz gar von gräulichem Ärger,
Er trachtet zu sehen das Blut von den Söhnen,
Verschliesset im Herzen die kochende Wuth.
Sie gingen in Eintracht zu jagen am Hügel
Die bräunliche Hirschin, die häufig hier trank;
Da flogen die Pfeile von Cormalo heimlich,
So heimlich, so schrecklich, es fielen die Söhne
Im Blut, gezeuget im Blute des tobenden Krieges.
Die Sonne ging auf und ging unter in Blut;
Gleich eilet der Frevler zur Tochter nach Hause,
Sie strählte die langen, die goldenen Haare,
Er greifet die Flechten und zieht sie mit sich.
Ich blieb da allein, nichts ahndend von allem,
Erwartend die Jäger. Der Tag war versunken,
Ein neuer erschien, nicht Argon, nicht Ruro;
Am Dritten da sah ich den spürenden Leibhund,
Er kam in die Halle und heulte und schien mich
Zu locken zur Stelle des Falles; ich folgte,

Und fand sie — begrub sie an selbiger Stelle,
Die stattlichen Leiber, mit eigenen Händen.
Hier wohn ich immer, wenn's Jagen geschlossen,
Ich leg mich hinüber auf kühlenden Boden,
Den Augen entströmt wie gebrochenen Ästen
Der Frühlingssaft, wehe mein Herz ist gebrochen.
„Ihr Geister auf Wolken, rief Oskar und eilte
„O ruft mir zur Seite die Heldenvertrauten,
„Noch heute wir eilen zum tödtlichen Wasser,
„Ich räche euch heilig ihr herrlichen Brüder,
„Nicht länger soll Cormalo lebend sich freuen;
„Auf dring in die Spitze des Schwerdtes O Tod!
Es schwellen die Segel, er eilt mit den Seinen.
Es hob sich der bleiche, der kühlende Mond,
Es schläfert der Jugend, die bläulichen Helme
Erflimmerten helle, es sinken die Feurigen
Die Augen der Helden, die Sterne verschwinden.
Nur Oskar der Führer, er schläft nicht, er steuert,
Und stehet am Ruder und schauet zur Ferne,
Und schauet die wolkigen Küsten des Feindes.
Es naht sich ein Windstoß, weitspannend die Schwingen,
Der stärkste der Geister, er schüttelt sein duftig
Gehaar und den Speer und Augen sie funkeln,
Wie glühendes Eisen, die Stimme ein Donner,
Verhallend so spricht er: O Oskar zurück!
Doch Oskar streckt vorwärts den Speer und erhebet
Die Stimme zur Höhe und redet entgeistert:
Entfliehe du Nachtbild mit Stürmen, den Deinen,
Wie wagst du mit dunkelen Waffen zu nahen,
Wie welk ist dein Schild und dein Schwerdt nur ein Schilfhalm,
Ein Stoßwind sie rollet zusammen wie Wolken;
Dein Nachtwerk verderbet sich selber, du Nachtbild.

„Du dürftest mir dräuen, erwiedert die Stimme,
Es neigen die Völker die Stirne vor meiner,
Ein Schütteln der Braunen erwecket, versenket
Die zweifelnden Schlachten, die rüstigsten Jagden.
Ich komme aus grauer, verahndeter Ferne,
Entschleudre im Winde die Blitze des Todes,
Die Stürme im Blicke, die Blitze in Händen,
Doch über den Wolken ist milde mein Wohnen,
Auf blauem Gefild sind Gefährten der Ruh,

So wohn dort in Freuden, befiehlt ihm da Oskar,
Vergesse dort Fingals stets ruhlosen Sohn,
Noch nimmer ich streckte zu dir in die Wolken
Den blinkenden Speer! Was runzelst du heftig
Die Stirne, noch nimmer ich flohe den Starken.

Der Geist ihn nun warnte: Entfliehe dem Lande
Empfange die Winde mit wendendem Steuer,
Und daß du mich kennest, die unstäte Göttin,
Die alle verehren, die je sie verloren,
Und daß du mir trauest, ihr nennet mich Jugend,
Dem Schooß mir entsteigen die Augen der Kinder,
Mein Athem sie nähret, sie ziehn ihn zum Herzen,
Ich bilde in ihnen und breite wie Äste
Neugierige Hände zur Kühnheit der Helden,
Ich schütze die Kühnheit, mein Liebling ist Cormalo;
Mein Oskar, ich lieb dich, entfliehe dem Lande,
Das sorgsam getrennet vom tobenden Meere,
Die unstäte Sonne sich schneller nicht decket,
Als fliehet die Jugend, als fliehet ihr Glück.

Er rufet: Ich schiffe zu Thaten der Zukunft,
Entfliehe O Jugend, nie altert der Ruhm,
Und Oskar legt vorwärts die Klinge des Schwerdtes,
Er fühlet die dunkelen Speere des Geistes,

Er schneidet sich strahlende Wege durchs Dunkel.
Der Geist auf den Wolken gestaltlos entfliehet,
Wie Säulen des Rauchs vom verlöschenden Feuer,
Zertheilend sie jaget der Finger des Knaben,
Doch rühret ihn fern noch die die drohende Stimme,
Ein rollender Felsen. Die Krieger erwachten,
Sie fragten der Ursach des mächtgen Getönes;
Er zeigte der Sonne hochprächtigen Wagen
Die tausend der Wellen auf glänzendem Rücken
Sie trugen mit Jubel, und trugen den Helden
Zur nahenden Küste des schimmernden Ruhms.
　　Es ahnden die sausenden Wälder die Stürme,
Sie sammeln dann dichter die wankenden Häupter,
So weckte der zornige Nachtgeist die Feinde;
Bald höret auch Cormalo hallen das Schlachthorn
Von Oskar, und sammelt die Kinder des Sees
Am tödlichen Wasser, das schrecklich erdampfet
Im lieblichen Sommer, als frör es im Winter.
Und Oskar verkündet die blutige Rache
Für Argon und Ruro und fordert die Schwester.
Kaum ist es gesprochen, so stürzen beym Namen
Mit eilenden Schritten zusammen die Heere;
Als wär es ein Küssen, so eng sie sich drängen,
Wie leuchtendes Feuer, so funkeln die Waffen,
Als säten sie Menschen, so fallen die Helden,
Sie streiten wie Stürme in rollenden Wogen,
Da trennt sie der tobende Oskar, der suchet den König
Sucht Cormalo, findet ihn balde, der muthig voran,
Und staunend dem Kampfe entsinken die Hände
Den rasenden Völkern, sie warten des Ausgangs.
Es sprangen die Helme, es borsten die Schienen,
Da lief in das Schwerdt des Oskar verblendet

Sich Cormalo, blind in der frevelnden Seele.
Es legen die Seinen vor Oskar die Waffen
Hernieder und bringen die klagende Königin.
Mit herrlichen Schiffen, mit röthlichen Segeln
So kehret daheim nun der siegende Oskar,
Er bringet zu Annirs lautschallenden Hallen
Die Tochter, die einzge; sie deckte die Augen.
Das Antlitz des Alten war glänzend vor Freude
Er führet die Tochter, er führet die Sieger,
Läßt tragen die Beute zum Grabe der Söhne.
Da klagte in Thränen die Tochter, die Wittwe:
O höret ihr Winde, ich höre euch Quellen,
Die heimlich hier fließen, aus Gräbern der Brüder.
So sehet die Thränen, die strömend sich drängen;
Ihr Brüder, so herrlich, du Argon und Ruro
Ihr waret ja alle, mir alle so lieb.
Doch Carmalo liebt ich vor allen so innig;
Was hast du erschlagen die herrlichen Brüder
Was hast du erschlagen, du Fremdling, den Liebling? —
So jammert sie lange, so starb sie in Thränen
Und löschte die Flamme der ewigen Rache.
Und als sie da ruhet erbleichet am Grabe,
Da schauet erst Oskar die lichtenden Wangen,
Nun sieht er sie liebend und sieht sie nicht wieder,
Und sehnt sich die herrlichen Thaten zu löschen
Mit schmerzlichen Thränen, und scheuet den Glückwunsch.
Er kehrt wohl zurück zu mir und zu Fingal,
Wir freuten des Sieges uns immer allein,
Die Dämpfe des tödtlichen Wassers ihn hatten
Im Keime erstickt, die Jugend zerknickt;
So saß er am Ufer und starrte hinunter,
Die Wellen sie kamen, die Wellen sie gingen,
Oft rief er: Ich sehe ein Eyland da ferne,

Da springen die Brunnen der Jugend so helle,
Ein einziger Tropfen vom leuchtenden Springe
Giebt Jugendgenesen, wie Frühling die Blätter.
Und einstens ganz heimlich, da stößt er sein Schifflein
Vom Sande ins Wasser, ich sah ihn erst fern,
Am Himmel ich sahe mit dampfenden Waffen,
Mit funkelnden Augen den Nachtgeist der Jugend.
Die Stimme ein Donner, der ferne verhallet,
Vom Sturme gezogen ihr Mantel tropft flatternd
Vom fließenden Regen und Oskar sog sehnlich
Die Tropfen mit durstendem Munde in sich,
Und streckte die Hände so sehnlich, so zart,
Wie Säuglinge thun zu der nahenden Mutter,
Und rief sie, und nannte sie Quelle der Jugend;
Sie reicht ihm die blitzende zuckende Hand.
Die Winde sie stürmten mit Wuth an den Felsen,
Ich hörte am Ufer viel Stimmen auf Wolken,
Am Morgen ich sahe sein Schiff ach verkehret,
Auf Klippen zerspalten, da lags wie sein Schild.
Wo Oskar geblieben, kein Stein mir verkündet,
Auf Hayden kein Jäger kann suchen sein Grabmahl.
Doch Fingal er sagte: Die Quelle der Jugend,
Er hat sie getrunken in hellem Gesang.
Entweichet, entfliehet ihr drückenden Wolken,
Nicht Schmerzen allein nur, auch Freuden sie dauern,
Oft denk ich des Tages, des Tages der Heimkehr
Des stattlichen Oskar von Inisthona,
Des kommenden Frühlings von Inisthona.
Wie groß war die Freude; der erste ich sahe
Die Segel des Oskar, wie leuchtende Wolken
Dem irrenden Wandrer erscheinen im Morgen.
Wir führten ihn singend durch Hallen des Schlosses,
Sie tönten von hohen Gesängen der Tochter.

Sie tönen wie Harfen des Abends hernieder,
Es winket das Licht noch an rauschenden Buchen,
Durch Eichen es strahlet, es ziehet auf Strömen;
Jetzt singe, o Tochter, die lieblichen Lieder,
Daß Schlaf mich umnachte inmitten der Freude,
Daß Jugend mir kehre zurück im Gesange!
Wie lieblich es säuselt von Tönen der Tochter,
Es tönet der Schild, den Oskar erkämpfte,
Die herrliche Sonne sich schauet darin!
Auch mich trieb die Jugend in tobende Schlachten,
O stört nicht ihr lärmenden Freunde den Seher
Wie unstäte Sonne, so wandelt die Vorzeit
Bald auf und bald unter, wie Frühling im Grünen;
Du weckest mich Frühling mit Tropfen des Himmels,
Doch nahen die Stürme, die bald mich entblättern,
Es kommet der Wandrer, er sah mich erblühen,
Er sieht mich verwelken. Nun seh ich dich Fingal
In hangenden Wolken, die Augen sind Sterne,
Dein Schild ist ein Vollmond, dein Schwerdt ist ein Rothstreif:
Dein Oskar der jaget ganz nahe bei dir,
Er stehet in ewiger Jugend bei dir.
Im grünenden Thale vom Strome durchwunden
Da sonnen sich Hirsche, es flattern die Adler,
Die Knospen sich öffnen, welch Murmeln ist droben,
Es sinken die Winde, du rufest mich Fingal,
Komm Ossian ziehe hinauf. „Wie hebt sich der Müde zu dir?
„Wir gehen, so sprichst du, auf eilenden Strahlen,
„Die Jugend ist einmal und schnelle und kurz,
„Von unseren Schlachten der Boden wird schwarz,
„Wird finster und schweigend und quellig und kalt:
„Ein Grabstein der giebt dir die Ruhe, komm Ossian,
„Komm Ossian, komme, gern hören wir Sang.“

Ich komme, ich komme, bald sehet ihr nimmer
Den Fußtritt im Sande, die Harfe im Schwunge,
Dann säuseln mir Winde am Morgen im Grauhaar
Und wecken nicht wieder den Barden der Lieder.
Geschlechter sich heben, wie Wellen im Meere,
Es bringet viel frische Geschlechter der Morgen,
Am Ufer zerschellen sie Abends ermüdet,
Ich sehe die wogenden Bäume des Ufers,
Es sinket ein Kranz auf das sinkende Haupt:
O Jugend wie gleichst du den Träumen des Alters.

Ich hatte meine Vorlesung absichtlich länger eingerichtet, weil die Gesellschaft durch die neuen Ereignisse und durch die Abwesenheit des Invaliden zerstreut war, vielleicht war sie indessen allzulang für einen Verlobten; der Winter flüsterte seiner Braut allerley in die Ohren. Zum Schlusse rief er vor sich: O Alter, du gleichst den schönsten Träumen der Jugend! Die Frau erinnerte ihn mit kindlicher Sorgfalt, nicht zu spät zu bleiben, und überreichte ihm ein Paar warme Pariser, die sie ihm gestrickt hatte; dann führte sie ihn ins andre Zimmer und sang ihm sein Lied vor. Seine Augenbraunen ruckten vor Freuden in die Höhe; er weinte und rief: Es ist doch eine himmlische Frau, wieviel habe ich in der Welt versäumt! wie wird mir alles eingebracht. Thorheit ist's, das Alter trostlos und liebelos darzustellen. Nein, jetzt erst hindert der Körper den Geist nicht mehr, er kann sich ganz seiner ewigen Freude überlassen.

Schluß.

Der Eisgang.

Die hypochondrischen Leute wurden auf einmal sehr lebhaft und ängstlich, sie befürchteten neuen Krieg, gelbe und schwarze Fieber, Erdbeben; der Wind wendete sich schnell, statt der kalten reinen einströmenden Luft, die uns bisher lermend um die Ohren gesaust, senkte sich die trübe, verbrannte, warme, ausströmende Rauchluft der höhern Feuer. Die Schneewolken verwandelten sich in Regenwolken, jedes Dach wurde zu einer künstlichen Wasserleitung, die Schneemänner der Straßenbuben zerflossen fast in ihrer Geburt, die Damen hoben zierlich ihre Röcke auf, und suchten vergebens hervorragende Steine. Die Polizey gebot das Aufhauen des Eises, alles bewaffnete sich wie gegen einen Nationalfeind, Eisberge entdeckten sich, wo Thäler vorher erschienen, die schönsten Schlitterbahnen wurden schonungslos zerhauen und wäre nicht hin und wieder bey Kirchen und andern unbesuchten Orten noch etwas Schnee liegen geblieben zum Schneeballen, die Jugend wäre zur Empörung gebracht. Manche voreilige Frauen sah man schon im Fenster liegen; es war die allgemeine Ueberzeugung, der Winter sey für dieses Jahr aus; seine Besatzung zog schmutzig aus, die Schadenfreude der Unterdrückten lachte hinterher. Ich wohne bey einem alten Gärtner dessen Frau gestorben und ihm ein junges Kind als seinen einzigen Schatz und Noth zurückgelassen, das saß da auf der Schwelle und sah zu, wie der Schnee von den Tannen herunterfiel, es hörte nicht mehr, was ihm der Alte für Mährchen erzählte, die kleine Aussicht war ihm viel reicher, als alles, was es je vernommen. Ich suchte mir das in ein Paar Versen festzuhalten.

Die Sonne blitzt,
Das Kindlein sitzt
In schöner Helle
Auf Hauses Schwelle,
Den Kopf auf der Hand
Es schauet ins Land,
Und siehet es glänzen,
Und möchte sich kränzen
Mit Tannen der Höh,
Dort fällt schon der Schnee.
Die Tannennacht
Nur Winters lacht,
Der Frühlingsfeyer
Ist's Trauerschleyer.
Doch stöhnet der Wald:
O Frühling, komm bald
Und streue die Myrthen

Den kindischen Hirten
Sonst lassen sie mir
Kein Zweigelein schier.
Da säuselte leis'
Manch schwarzes Reis,
In neulichen Zungen
Die Welten klungen,
Hier rieselt ein Bach,
Das Kindlein denkt nach:
Die Wolken verliefen,
Es dunkeln die Tiefen,
Der Boden wird weich
Zum grünenden Reich!
Was trübe schwer,
Wird licht und her,
In Mutterarmen
Ist schnell Erwarmen;
Der Vater vom Sitz
Entsendet die Hitz,
Da geht es ans Laufen,
Ans Schmelzen und Taufen,
Das Kindlein sieht zu,
Der Alte hat Ruh.
Der Alte schweigt,
Ihm Knospen zeigt,
Bald blüh'n im Thale
Die Mährchen alle!
Das Kindlein singt nach
Der Schwalbe am Dach,
Und futtert die Jungen,
Wo Alte sungen,
Den Alten nicht mißt,
Den Winter vergißt.

Eine Schwalbe macht indessen noch keinen Sommer, wenn auch wirklich schon eine angekommen wäre, vielleicht war es nur ein maskirter Sperling. Dem Eisgange am Himmel folgte erst der Eisgang in den Strömen. Drey Kanonenschüsse hatten ihn in der Stadt verkündet, am Morgen lief alles zum Flusse, der hohe Eisthürme an der einen Seite der Brücke aufgebauet hatte, ein wunderliches Gemisch mit ausgerissenen Bäumen, fortgetriebenen Häusern, auf denen ganze Schaaren Hausgeflügel ängstlich herumliefen, ihre Ställe zu bewahren und schrien; selbst ausgewühlte Särge lagen halb eröffnet darauf, wie bey der Auferstehung, und der unterirdische Schmuck zeigte sich dem Tage. Wie eine ungeheure Handelsflotte lag das dem kaufmännischen Auge da, es gehörte jedem, der es rettete, aber die gröste Habsucht gab dazu nicht den Muth. Das Wasser stieg dahinter und suchte sich mit Lustigkeit neue Wege, immer neue Eisschollen schurten hinzu, endlich hörten wir auf einer kommenden Eisscholle ein Posthorn, da zerkrachten die Ketten, welche den Strom solange gefangen gehalten, das Eis zerborst und die Brücke zerbröckelte wie ein Spielzeug der Kinder; die Eisthürme zertheilten sich und die Handelsflotte, als wäre ein strenges Stapelrecht ausgeübt, zog endlich halbentladen dem Meere frey zu. Die Eisscholle näherte sich jetzt, von der das Posthorn erklungen, wir sahen darauf einen Postillion neben einer Wiege, der uns vergebens zur Rettung winkte. Der Anblick war jammervoll. Ungeachtet wir zum Retten viel zu entfernt waren, liefen wir doch hinab zum Ufer, unsre Arme recht nahe zu dem Unglücklichen auszustrecken. Als wir ans Ufer kamen, fanden wir den Invaliden ganz durchnäßt, bleich und frierend, ein Kind auf den Händen; es war ihm geglückt es zu retten aus der Wiege, in der es ruhig geschlafen hatte dem Tode entgegen. Er hatte mit todergebener Kühnheit sich von einer Scholle zur andern geschwungen und es dem Tode entrissen; freilich so unsanft, daß es vor seinem Retter geschrieen, doch war es unbeschädigt. Der Postillion wagte es nicht bey gesunden Beinen den Rückweg mitzumachen, den jener auf einem hölzernen Beine, das Kind unterm Arme, glücklich beendigt hatte; eine erkämpfte Kraft ist doch mehr, als jede rohe in der ausserordentlichen Lage. Es sorgten gleich so viele für den Invaliden und das Kind, daß wir dem Postillion nachsehen konnten. Das Wasser war schnell jenseit der Brücke gestiegen, seine Eisscholle schnit, wie ein schrecklicher Gärtner, einem Baumgange alle Kronen ab, dann trieb sie gegen die Häuser, er wollte sich auf das Dach des ersten und größten retten, aber im selben Augenblicke stürzte es, wie in sich selbst verzagend, zusammen, eine Kalkwolke flammte empor, wo das Haus noch eben so stolz gestanden, ihm folgten die andern menschlichen Werke. Die Nachbarhäuser hielten alles für verloren, sie widerstanden kaum dem Andrange: alles versank da unten; die große Ebene vor uns, meist Wiesen, verwandelte sich allmälig in einen großen See, von manchen Orten hörten wir Nothschüsse, aber da war kein Ueberkommen möglich. Der Invalide, der sich ein wenig abgetrocknet hatte, trat wieder zu uns, ihm brachte ein ankommender Bauer die Nachricht, daß Vater und Mutter des kleinen Kindes Fährleute gewesen, die Wellen hatten sie beyde verschlungen, als sie ihr junges Kind zur Taufe tragen wollten; das Kind wurde mit der Wiege glücklich auf eine Eisscholle zu dem Postillion geschoben, der zu lange im Fährhause sich verweilt hatte. — Nun rathschlagten wir, wie am Besten für das Kind zu sorgen, eine Amme hatte sich schon gefunden. — Wissen sie denn, daß unsre liebe Frau uns heute durch die Vermählung mit dem alten Winter überraschen will, sagte der Gesandte, es war immer ihr Wunsch Kinder zu haben, ein Wunsch, der ihr in erster Ehe unerfüllt blieb; ihr macht das Kind sicher Freude. — Die Freude will ich ihr machen, sagte der Invalide mit verbissenem Schmerze, ich habe heut eine traurige Nacht. — Wir gingen nachdenklich auseinander, der Abend kam träge heran, ich fand mehrere bey unsrer Frau versammelt, nichts von einem Hochzeitfeste ließ sich merken, nur die stumme Seligkeit des alten Winter verrieth uns alles sehr deutlich. Endlich ging die Thür weit auf: Thür zu, Thür zu, sie lassen den Zug mit herein! — Der

Gesandte ließ ein großes Buch in Marrokin gebunden hereintragen, die Frauen wollten gleich darüber herfallen. Halt Barbarinnen, rief er, so will kein Kunstwerk besehen seyn, erst ein großer Tisch in die Mitte des Zimmers, nun alle hieher, wo das Licht am wenigsten spiegelt und am meisten färbt. — Die Farben sind wie von heute, so keck malt doch keiner mehr, was stellt es vor, es scheint eine einzige Geschichte? — Schreibt die, ihr Herren und Frauen, versucht, ob sie sich daraus errathen läßt, ich will nachher die wahre Erklärung vorzeigen und vergleichen. — Gut, riefen einige, das giebt einen Ritterroman mehr, und keine neueren Bücher sind Deutschland so rein nützlich geworden, und so unschädlich gewesen, wie diese Rückblicke auf frühere Kraft und Herrlichkeit! — Wir waren froh aus der Verlegenheit zu kommen, die uns bis dahin gedrückt und gefesselt, es wurden nun die Stimmen über jedes Bild abgehört und bald von dem einen, bald von dem andern, die Erklärung in Versen dazu geschrieben. Die Bilder schienen auf echt alten, die wahrscheinlich verdorben waren durch Nichtachtung, mit erneueter Kunstfertigkeit und brennender Farbenpracht aufgemalt und mit mancher Erfindung bereichert, alle in Wasserfarben auf Pergament wie in den Gebetbüchern alter Fürstenhäuser, das Gold war aber nie als Grundlage, einzig als Verzierung gebraucht; es sah uns an wie ein Werk von heute, was alle Kunstforderungen unsrer Zeit erfüllte und tief verschlossen in sich die ganze Tiefe, Würde und Wahrheit alter Kunst trägt. Es ist einem in solchem Buche oft soviel Leben, daß 'man ihm ein eignes Haus bauen möchte, wie viel lieben Besuch würde es bekommen, welche Auswahl der Gesellschaft um sich sammeln; mir war es, als hätte ich die letzte Nacht von solchem Buche geträumt. Sollte es die Neugierde der Leser fordern, ich bin geneigt, es künftig stechen zu lassen, da es mir der Gesandte bey seiner Abreise überlassen hat. Nur das letzte Bild, weil es die Geschichte des Tages und unsres Kreises näher berührt, sey erlaubt mit Worten, so wenig Worte auch vermögen, hier vorzulegen und zu erklären. Das Bild stellt auf der Burghöhe der einen Seite, den Eingang einer prächtigen, alten, wohlerhaltenen, aber stark mit Epheu bewachsenem Burg dar; Störche nisten auf der Thurmspitze des Thores, bunte Fahnen wehen auf den blanken Zinnen, aus den Hauptfenstern blasen Trompeten und Posaunen einem festlichen Zuge entgegen, der von tanzenden Bäuerinnen bewillkommet, unter Ehrenpforten den Burgweg hinansteigt. An der Spitze dieses Zuges zeichnet sich aus vor allen ein junger Ritter und eine Frau, beyde auf demselben prächtigen weissen Zelter sitzend, der Ritter ohne Rüstung in hellblausammtnem mit Weiß geschlitztem Wams, die Hosen weiß mit Blau gelchlitzt, ein rothes Baret mit einem Reiherbusche auf dem Haupte, die Frau in weißem Kleide mit Blumen aufgesteckt, sitzt hinter ihm, beyde Beine nach unsrer Seite herunterhängend, einen Arm um seine Brust geschlagen, sich zu halten, in der andern Hand hält sie eine Blume, an der auf einem Bande ganz fein mit alten Buchstaben, die Zeitenlose, geschrieben steht. Diesen beyden folgt eine abwechselnde Menge von Rittern zu Pferde und von Wagen, offen nach alter Art, mit Frauen und Kindern, manche trägt einen flatternden Falken auf ihrer Schulter, andre pflücken Früchte im Vorbeyfahren von den Waldbäumen, die künstlich daran gebunden und aufgehängt waren. An der Bergecke des ansteigenden Weges steht ein holer, aber noch grünender, von Kürbissen umrankter Baum, auf dem oben ein großes Faß halbversteckt liegt; aus einem Aste unten zapfen die Bauern rothen Wein in Henkelkrüge und erfrischen die Dienerschaft: Jäger mit großen Koppeln Hunde, Fischer mit Netzen, Schalksnarren und Musikanten, die dem Zuge zu Fuß nachgefolgt sind. Unzählige Vögel durchschwärmen die Luft, das Schloß ist mit bunten Tauben bedeckt; aus dem Walde auf der andern Seite des Bildes drängen sich hochbejahrte Hirsche und flüchtige Rehe neugierig hervor, selbst das Elennthier kommt herangeschaufelt und sieht mit langem Barte, wie ein alter Jude, aus dem Dickicht. Ganz neu scheint der Jubel in dieser wilden Gegend, in welche heute die Sonne in wunderbar prächtiger Strahlung lichtet; alles ist Ruhe und Fülle, die einzigen Wolken im

Blau sind Zugvögel, alles ist unendlich belebt bis zu den kleinsten Winkeln, wo das Eichhörnlein seine Kleinen mit einer Nuß herauslockt und wo der Einsiedler unter wildem Weine mit seinem Löwen vor einem Kreutze knieet und den Ankommenden Glück des Himmels erfleht. Doch verweilet endlich der Blick am liebsten auf der fernen, zwischen dem Schloß und dem Walde weit eröffneten, Welt. Wer erst in spätern Jahren zum erstenmal einen bedeutenden Berg erstiegen, kann nur die Überraschung dieses neuentdeckten Welttheils mitfühlen, diese ungeahndeten Weiten alle mit uns zu einem Leben verbunden; alle die seligen Inseln im Strome, der das ganze Land zu trennen scheint, auf denen Heerden und Hirten von großblättrigem Grün fast versteckt sind; alle Städte, die sich wie Heerden an dem Strome tränken; alle Mühlen und Brücken, die kleine Bäche, in ihrer Lust zum Strome herabzustürzen, umspannen und halten; alle Weinberge, denen der Strom Feuer anspiegelt und in den sie ihr Schattenbild senken; alle Glücklichen die er in bunten Schiffen von beyden Ufern vereinigt; alles Glück dieser Welt ist da mit uns verbunden, auch wir, auch wir können dahin, auch zu uns strömt Leben aus den zackigen Urfesten der Erde, die das Ende der Welt begrenzen; daher strömt unsre Luft, daher schmilzt der Felsensaft aus den ewigen röthlichen Eisbehältern des Himmels, kühlend stürzt er in die glühenden Adern der Erde! Sey mir gesegnet als friedlich wallender Strom der Ebene, du ferner Rhein, an dem ich sonst Stunden in seliger Gedankenlosigkeit hingeschauet und meine Finger eingetaucht in deine heilige schauerliche Kühle und gesprochen zufällige gefällige Worte. Wie schweifen mir Gedanken und Blick so ungeduldig ab vom fröhligen Zuge, als hätten sie etwas vergessen von der heitern Gegend, als wär mir mein Eigenthum noch versteckt? — Ich sehe dich nicht dabei, mein Clemens, wie ich dich sonst gesehen, die blaue Blume auf deiner Gitarre, wie du in fröhligen Liedern zum erstenmal die Gegend mir ausgedeutet, klingend und singend zu den schwebenden Schäflein auf Himmelblau wie in die schwarze Tiefe bei Osteins Felsenburg, glänzend deine Augen zum prasselnden Donner, zum brausenden Regen, der uns in alten Ritterburgen belagert hielt, spielend deine Worte am warmen stillen Abende vor den Thüren in Weinlauben am rauschenden Ufer, wenn du den schönen Töchtern des Städtleins neue Melodien lehrtest für ihre alten Lieder von dem goldnen Hause auf Bergen. Waren wir nicht fromme Pilger nach Noth Gottes, und hielten den singenden Engeln so treulich die Notenbücher, und doch mußten wir fortziehen, wir beyde, auch du, der du so nahe geboren. Soll ich deiner, mein Clemens, und des Rheins noch lange entbehren, nur einmal im Jahre athme erinnernd in meine Brust diese Frische des ersten Eindrucks jener schönen Welt, der wie der kühlende Sternenwind des Abends von den Bergen herab, alles Bezwingende des Sommertages überwältigt. — Jetzt ruhig zu dem langsam feierlichen Zuge am Berge, keiner von allen schaut in die Ferne, jeder hat da sein befriedigtes Leben, seinen Genuß und Vergnügen, indem allesamt ein fröhlig Lied von dem künftigen Haushalte des Ritters und seiner Frau singen:

Willkommen ruft die Freude
Aus Busch und Hecken laut,
Ein weisses Pferd trägt Beyde
Zu ihrem grünen Haus:
  Gebaut in fernen Stunden,
  Erwacht des Frühlings Haus,
  Die Frühling hat verbunden,
  Die leben ewgen Schmauß.
Tagtäglich kommen Gäste
Im Flug, zu Fuß zu Pferd,
Durch Tag und Nacht zum Feste
Erflammet hell der Heerd:
  Durch Tanz und Jubelreihen
  Die Frau entflammt die Schaar,
  Die Herren Ihr sich weihen
  Zur Jagd im Morgenklar.
Zu Paaren treiben frühe
Sie aus dem Thal das Reh,
Mit einem Hirsch so glühe,
Zu Ihres Schlosses Höh,
  Die schmückt sie bunt mit Bändern,
  Verguldet sein Geweih,
  Und läßt sie frey, den Ländern
  Zum jubelnden Geschrey.

Wenn dann die Helden schmausen,
So singt der Musen Chor,
Nach ihrer Art sie hausen
Nur wo ein offnes Thor;
Und offen sind die Thüren,
Am Tische immer Raum,
Sie weiß sie wohl zu führen
Mit frommer Sitte Zaum.

In ihrem Purpurnachen,
Mit Rudern, hell von Gold,
Sie läßt sich sanft anfachen
Vom Winde kühl und hold,
Sie läßt die Netze ziehen,
Und läßt die Fischlein schön,
Daß sie vor Freude glühen,
Durch ihre Hände gehn.

Da findet sie mit Freuden
Des Ahns Verlobungsring,
Den er in Wittwerleiden
An einen Brassen hing:
„Er war das erste Zeichen,
So stands darauf, vom Glück,
„Nichts wird dem Glücke gleichen,
„Kommt er ins Haus zurück.“

Und wird der Abend länger,
So spinnt und singt die Frau,
Der Kreis wird still und enger,
Der Wind durchzieht die Au;
Den Sommer seht ihr ziehen,
Scheint wohl Gespinst von ihr,
Wenn hoch die Vögel ziehen,
Die singen noch von ihr.

Die Herren möchten bleiben
Bey dieses Hauses Frau,
Das Leben sich vertreiben,
Ins Auge ihr zu schaun;
So ziehen fort die Gäste,
Wie Wolken aus dem Blau,
Das Blau steht ewig feste,
Die Wolken ziehn so grau.

Doch wißt, daß jeder reise
Vergnüglich, ohne Harm,
Die Frau ertheilet Preise
Beym Abschied an den Schwarm:
Sie stecket an die Helme
Die Blümlein voller Sinn,
Ey seht die armen Schelme,
Fernwinkend weinen drin.

Dazu die Frau im Zwinger
Zieht täglich Blumen auf,
Doch alle viel geringer,
Als die des Liebsten Kauf;
Die giebt sie nicht für Lieder
Und nicht im Spiele hin,
Die trägt kein bunt Gefieder,
Die ist der Liebe Sinn.

Der Mann erkennt die Blume,
Sie bleibt ihm ewig neu,
Sie ruht im Heiligthume
Von seinem Glauben treu:
Er kranket nicht in Sorgen,
Geht keck in dunkle Schlacht,
Ihm dann der helle Morgen
Aus ihrer Blume lacht.

Die Blume heißt nicht Rose,
Die schon voll Wunderblut,
Sie heißt die Zeitenlose,
Weil ihr die Zeit nichts thut;
Die Jungfrau früh sie pflanzt
In frischem Herzensgrund,
Sie blüht mit vollem Glanze
In schönen Kindern bunt.

Der Wintergarten, Taufe, Hochzeit.

In diesem Augenblick öffneten sich die hohen Thüren, welche die rechte Wand des Zimmers bisher vorgestellt hatten, Wärme und Blumenduft hauchten uns an, es war eine wunderbare Zauberey, die keiner geahndet hatte. Wir glaubten am Tage ins Freye zu sehn, so herrlich durchsichtig war die Höhe gemalt und weithin zu Gegenden jenseit des Chimborasso versetzt, da lag er vor uns in prächtigem Morgenblau, und hinter ihm stieg die Sonne empor, die uns verlassen. Die Ebene war wunderbar von den fremdartigen riesenhaften Pflanzen unterbrochen, unser Landsmann Humboldt saß im Vordergrunde und zeichnete, ein Condur lag zu seinen Füßen. Dieses wohlgelungene Panorama, wurde noch ausserordentlich von einem Wintergarten unterstützt, den unsre herrliche Frau ganz heimlich mit grosser Liebhaberey ausgeführt hatte.

Auf das helle Panorama führte ein, sich erweiternder Weg, wie ein Laubgang, der dunkler gehalten; seine beyden Seiten waren mit einer dichten Reihe eingegrabener Südpflanzen bedeckt, die keine Unterbrechung ihres Lebens, keinen Winter dulden; da standen üppig die eingewurzelten Schlangen, halb belebte Säulen, Palmen, umschlungen von Lianen, baumartige Farrenkräuter, der ganze vegetabilische Unsinn jener Zonen, heimlich versteckt dazwischen der ganze Reichthum unsrer duftenden Blumen. Die Breite des Saals war nur von ein Paar Gruppen jener verruchten wollüstigen Pflanzen unterbrochen, die nichts als ein Paar dicke auf einander erwachsene Blätter sind, mit ein Paar Stacheln bewaffnet. Mancherley Gevögel, besonders Canarienvögel, durchschwärmten die Luft; einige Papagoyen von buntem Gefieder kletterten auf den Palmen und Aloes sehr feierlich; ein indianischer Rabe trank aus dem Becken eines Springbrunnens, der, unfern dem Panorama, seinen Strahl in ein Marmorbecken fallen ließ. Einige Lämmer mit rothen Bändern um den Hals sprangen unsrer Frau entgegen; die Canarienvögel flogen auf ihren Kopf: in dieser Welt war der Mensch noch der Thiere Gott. Die Canarienvögel hielten sich mit ausgebreiteten Flügeln das Gleichgewicht auf ihrem Kopfe und bekamen Zucker, die Lämmer Brod. So ging sie langsam zum Springbrunnen und weidete sich an unsrer Verwunderung und Freude. Wie wurde sie aber selbst überrascht, als sie sich dem Becken des Springbrunnens näherte, und ein Kistlein von Rohr schwimmen sah. Sie hob es aus dem Wasser, fand ein Knäblein, sie wagte es kaum mit zarten Fingern anzurühren, froh verwundert mit aufgehobenen Händen stand sie davor, das Knäblein lächelte und streckte die Arme nach ihr aus. Wir erriethen gleich, daß es der Findling von heute sey, den der Invalide heimlich dahin gebracht, um nicht gegenwärtig seyn zu müssen, auch bestätigte dies die Inschrift einer kleinen Platte, die dabey lag.

Hat ein Andrer mich aus Todeswell gehoben,
Hebe Du mich aus der Taufe Lebenswelle,
Ja dein Herz sey meines Tempels erste Schwelle;
Vater, Mutter, die mir nah, sind all' da droben,
Doch die Liebe bleibt nie ferne müßig stehen;
Freundschaft wird die Hand als Zeugin auf mich legen,
Hoffnung traf ich schon auf meinen Schreckenswegen,
Und dem Glauben kann ich in die Augen sehen.

Unsre liebe Frau sah das Kind zärtlich an, und küßte es, sie winkte einem Unbekannten in schwarzen Kleidern. Er trat hervor und taufte das Kind am Marmorbecken; die Frau gab ihm den Namen Moses, in Erinnerung der Art, wie sie ihn gefunden; wir alle legten als Zeugen die Hände auf; ein Vogel kam und ließ aus seinem Schnabel einen hellen Tropfen auf den Mund des Kindes fallen. Hier möchte ich meine Erzählung schließen dürfen; wir waren so heiter, so zutraulich geworden, daß wir der ganzen Welt hätten vergessen können, aber sie wollte unsrer nicht vergessen. Es trat ein kleiner Offizier ins Zimmer, der Gesandte beugte seine Kniee und begrüßte ihn als seine Fürstin; sie verkündigte ihm begeistert die neuen Hoffnungen für ihr Haus und bestimmte ihn augenblicklich, zu einer wichtigen Bestimmung abzureisen. Der Gesandte versicherte ihr seine völlige Ergebenheit, doch warnte er sie den Regungen des Volks nicht zu viel zu trauen, das immer halb im Taumel der Unempfindlichkeit sey. Sie aber fuhr begeistert auf: Es wacht mein Volk, nichts schläfert es mehr ein, die Zeit ist aus des schönen Traums, der uns Verzweiflung hat versteckt. Kühn war's den Riesen, des Volkes Geist, zu wecken, denn wenn er aufwacht, schlägt er um sich. Freund und Feind in trüben Sinnen sich vermischend und erst am Schrei erkennt er, daß er wache. Dann springt er auf, macht große Augen und frägt: wo ist mein Weib, wo sind die Kinder, wo ist der reiche Vorrath, den ich mühsam sammelte, daß ich von Müh erschöpfet niedersank und schlief? Da sieht er seinen Ring, sieht auch sein Weib dort an der Hand des Feindes jenseit wandern, die Kinder liegen zerschmettert ihm zu Füßen, dem alten Weinfaß ist der Boden ausgeschlagen, die Becher liegen rings in Scherben. Es brennt sein Haus, fort ist der Reitz des häuslich stillen Lebens, er eilt zu seinem Nachbar, sich zu trösten und findet ihn verhungert schon. Nun denkt er aller und vergißt sich selbst, den harten Kampf für Freiheit alle wählen; da mustert er die Seinen, und fühlet seine Schwäche und die Macht von oben. O Herr nur einen Hauch des Glückes, das alle Segel schwellt des Lasters, so flehend sinket er vor einem Felsen nieder. Gleich stürzt ein Strom von dieser Felsenhöhe und stäubt in Dunst auf ihn hernieder, da ruft er tief entzückt: kein Tropfen zu viel, kein Tropfen zu wenig, wie hell und wie kühl, ich wirke nicht tön' ich. — Der Trübsinn, der ihn lähmte, tauft sich von seinem Haupte, und was er je an Freuden ahndete und fand, ist gar nichts gegen diese Seligkeit, ganz eins zu seyn; frey steht er nun, ein starker frommer Held, er schaut hinauf, da leuchtet ihm in tausend Farben, der neuen Erde Hoffnungstagen und thut der Welt nun ewig kund, geschlossen sey der Gnadenbund. — So lebhaft uns die letzten Worte an ein Possenspiel erinnerten, das wir zu jener Zeit oft mit einander spielten, von der Sündfluth, so konnte doch keiner von uns lachen; es ist als wenn jede Begeisterung eine neue Welt anzufangen das Recht hätte, das Alte verliert gleich seine allgemeine Bedeutung. Sie sah die prachtvolle Aussicht mit verächtlichem Lächeln und sprach: Der Morgen, seht, der hinter jenen Bergen hinüber scheint, das sind die Höllenflammen unsres Welttheils, wie ist die Kunst zu schwach den Abgrund zu bedecken mit schönen Schein, doch diese Kunst ist schrecklich, die betrügt, die rechte Kunst ist wahr, sie heuchelt nie den Frieden, wo sie ihn doch nicht geben kann. — Sie wollte gehen bey diesen Worten, doch die Geniale hielt sie und bat flehentlich, sie mitzunehmen: sie wäre zu jeder Anstrengung fähig und könnte sie auch nicht Krieg führen, sie könnte wenigstens den Krieg predigen. Die Fürstin nahm sie in ihre Arme, und hier war unsre erste Trauer, die Trennung von zwey so werthen Genossen unsres Kreises, von dem Gesandten und von der Genialen, wir wollten einander nie vergessen; so vertraulich waren wir, wer weiß, ob wir uns noch grüßen, wenn wir nach ein Paar Jahren uns wiedersehen, oder ob jeder nach andrer Seite sieht, um sich einander die unnütze Mühe zu ersparen. Diese Unterbrechung unsres Festes hatte inzwischen unserer Frau die Kraft gegeben, uns ruhig ihren Plan zu eröffnen, noch heute sich zu verheirathen. Der Geistliche legte die Hand unsrer Frau in die Hand des Winters; nachdem er die Ringe gewechselt, segnete sie er ein, und selig lächelnd sah der Greis sie an, den die vorhergehenden Ereignisse sehr erschüttert hatten. Uns wurde allen wohl bei seinem Anblicke, da sank er starr nieder, seine Ahndung wurde erfüllt, er hatte den Winter nicht überlebt, aber der Ausdruck seines Gesichts blieb ein Vorgenuß ewiger Seligkeit. Unsre Frau war tief gerührt, wie wir alle, aber fest; ihre Sorgfalt ihn zu beleben, war vergebens. Wir eilen dem Traurigen vorüber. Als sie sich kaum von ihrem Verluste überzeugt hatte, trat der Invalide und Ariel, beide in Mänteln mit Reisestöcken ins Zimmer. Der Invalide küßte ihre Hand zum Abschiede und bat um ein Zeichen, das er auf einer Reise um die Welt, als eine trostreiche Erinnerung tragen könne, zugleich empfahl er ihr das Kind. Sie reichte ihm den eben erhaltenen Ring, er neigte sich still und verschwand mit Ariel. Es giebt ein Maaß der Schmerzen, und das geringste Zuviel vernichtet: der Schmerz unsrer Frau durchbrach jetzt die Schranken der Geduld, ihre Brust war beklemmt, schluchzend öffnete sie die Fenster ihres Wintergartens, die Vögel flogen in die Freiheit, die sie nicht ertragen konten, die amerikanischen Gewächse schlossen sich, ihrem vaterländischen Himmel getreu, wo jetzt die Nacht eintrat, nun die Sonne uns aufging; sie schlossen sich für immer in der Kälte, die aufgehende nordische Sonne beschien ein untergehendes Südland. — Nachdem der Schmerz seine erste abhärtende Stärke verloren, ward unsre Frau ernstlich krank, das Kind blieb ihr einziger Trost und Beschäftigung; unsre Gesellschaften waren getrennt. In diesen Zeiten der ersten ernsthaften Betrachtung vernichtete die Trauer, was in ihrem Angedenken noch von jener unseligen Leidenschaft lebte; dem feindlichen Freunde sendete sie sein Bild zurück; es kam zum Troste seiner Verwandten, die eben seinen Tod auf dem Felde der Verzweiflung betrauerten; sie fühlte sich jetzt frei aber freudenlos; o möchte doch die Rückkehr des Weltumseglers ihr neue Freude bringen!